安徽省江淮丘陵区水资源管理实践与发展对策研究

刘开磊　王怡宁　王敬磊　汪亚腾　吴　漩　著

东南大学出版社
SOUTHEAST UNIVERSITY PRESS
·南京·

内 容 提 要

安徽省江淮丘陵区位于淮河、长江之间，受过渡性地理、气候等因素综合影响，区域水资源时空分布不均、旱涝灾害问题频发，显著制约区域经济社会发展。团队多年来深耕江淮丘陵区水资源规划、管理、调配业务领域，相信本书的出版可以为江淮丘陵及相关地区水资源管理提供重要参考，为促进供水保障、确保生态安全提供可靠的实践经验和技术参考，为安徽省进一步落实最严格水资源管理作出贡献。

图书在版编目（CIP）数据

安徽省江淮丘陵区水资源管理实践与发展对策研究 / 刘开磊等著. — 南京：东南大学出版社，2024.3
　ISBN　978 - 7 - 5766 - 0630 - 0

Ⅰ. ①安…　Ⅱ. ①刘…　Ⅲ. 丘陵地—水资源管理—研究—安徽　Ⅳ. ①TV213.4

中国国家版本馆 CIP 数据核字（2024）第 051093 号

责任编辑：韩小亮　　责任校对：张万莹　　封面设计：顾晓阳　　责任印制：周荣虎

安徽省江淮丘陵区水资源管理实践与发展对策研究
Anhui Sheng Jianghuai Qiulingqu Shuiziyuan Guanli Shijian yu Fazhan Duice Yanjiu

著　　者	刘开磊　王怡宁　王敬磊　汪亚腾　吴　漩
出版发行	东南大学出版社
出版人	白云飞
社　　址	南京市四牌楼 2 号（邮编：210096　电话：025 - 83793330）
网　　址	http://www. seupress. com
电子邮箱	press@seupress. com
经　　销	全国各地新华书店
印　　刷	广东虎彩云印刷有限公司
开　　本	700 mm×1000 mm　1/16
印　　张	22
字　　数	481 千字
版　　次	2024 年 3 月第 1 版
印　　次	2024 年 3 月第 1 次印刷
书　　号	ISBN　978 - 7 - 5766 - 0630 - 0
定　　价	138. 00 元

本社图书若有印装质量问题，请直接与营销部联系，电话：025 - 83791830。

编 委 会

主　编　刘开磊　王怡宁　王敬磊　汪亚腾　吴　漩

副主编　司巧灵　潘　亚

编　者　（按姓名笔画排序）

王怡宁（水利部交通运输部国家能源南京水利科学研究院）

王敬磊（中水淮河规划设计研究有限公司）

司巧灵（安徽省水利部淮河水利委员会水利科学研究院）

刘开磊（安徽省水利部淮河水利委员会水利科学研究院）

吴漩（安徽淮河水资源科技有限公司）

汪亚腾（安徽省宿州水文水资源局）

潘亚（安徽城市管理职业学院）

前　言

　　安徽省江淮丘陵区位于淮河以南、长江以北地区，区域总面积约 24 769 km²，主要涉及合肥、淮南、滁州、六安市 4 个地市 19 个区县。受到地势起伏变化大、水资源分布不均等因素影响，江淮丘陵区水资源供需矛盾凸显、农田水利设施不完善、水土流失与水旱灾害损失大等问题突出。近年来安徽省江淮丘陵区合肥、六安、淮南、滁州等地水行政管理部门，积极采取多项措施推进区域水资源管理工作，既包括强化水资源监测监管、严格取水许可及水资源论证、中小河流健康评价、水源地安全保障评估、水资源优化配置与调度等具体业务，也涉及优化水资源规划建设、落实水资源用水总量及效率双控约束、推进县域节水型社会达标建设、强化节水宣传等领域。

　　主编团队持续深耕水资源领域十余年，对照新时期治水思路、流域及区域水资源管理需要，结合安徽省江淮丘陵区概况和水资源开发利用现状，针对水资源规划、取水许可及水资源论证、节水型社会建设、中小河流健康评价、水源地安全保障评估、水资源优化配置与调度等水资源重点业务领域，从业务工作目标与意义、相关技术要求、典型应用实践等方面，系统梳理了安徽省江淮丘陵区重点水资源业务管理实践经验，并提出水资源重点发展方向及对策，为促进区域水源综合治理和可持续利用，全面提升水资源综合管理能力和水平提供借鉴。

　　依据主编团队部分研究成果，编制完成了《安徽省江淮丘陵区水资源管理实践与发展对策研究》一书，全书共分 9 章。第 1 章介绍安徽省江淮丘陵区基本概况，第 2 章介绍研究区水资源现状，第 3 章介绍区域水资源管理重点及发展现状，第 4~9 章分别介绍水资源规划专题实践、取水许可及水资源论证、节水型社会达标建设、中小河流健康评价探索、水源地安全保障评估、水资源优化配置与调度等水资源管理方面的业务实践。

　　本书第 1 章，由王敬磊、刘开磊编写；第 2 章，由潘亚、汪亚腾编写；第 3 章，由刘开磊、王怡宁、王敬磊、吴漩编写；第 4 章，由吴漩、汪亚腾编写；第 5 章，由吴漩编写；第 6 章，由王怡宁、王敬磊编写；第 7 章，由王怡宁编写；第 8 章，由王敬磊编写；第 9 章，由刘开磊、司巧灵编写，全书由刘开磊统筹组稿。本书编委王怡宁、王敬磊、司巧灵、刘开磊、吴漩、汪亚腾、潘亚各自撰写字数分别为 9.1 万字、7.5 万字、5.1 万字、10.3 万字、5.7 万字、5.2 万字、5.1 万字。

　　在此感谢安徽水科院王振龙教高、淮委水文局汪跃军教高在本书过程中所提供的技术思路和解决方案，感谢安徽省（水利部淮河水利委员会）水利科学研究院、淮河水利委员会水文局（信息中心）、宿州市水文水资源局、安徽城市管理职业学院等单位的支持。本书编写过程中还得到了安徽水科院科技攻关计划项目《砂姜黑土区田间土壤水分转化机理与适宜耕作方式研究》（KJGG202303）、水利部重大科技项目《引江济淮输水线路多节点多边界水源保护关键技术研究》（SKS—2022066）等项目支持。

　　本书编写过程中，参考了国内外相关文献资料，在此向所有文献作者表示衷心感谢。书中难免有不完善之处，敬请读者批评指正。

作者

2023 年 7 月

目　录

1 研究区概述

1.1 自然地理

1.1.1 地理位置

安徽省江淮丘陵区是位于淮河以南、长江以北的安徽省中部地区,海拔在 $100\sim300$ m 之间,它连接了江淮平原和淮河流域,是两个地区之间的过渡地带。区域总面积约 24 769 km²,其中主要涉及合肥市瑶海、庐阳等 7 个区县,淮南市大通、田家庵等 3 个区县,滁州市琅琊、南谯等 7 个区县,六安市金安、裕安 2 个区县。

安徽省江淮丘陵区是安徽省内重要的经济区域之一,其经济体量在全省中占据着相当重要的地位,不仅是农业和工业的重要基地,同时也是旅游胜地和经济发展的重要引擎。以农业为主导产业,盛产水稻、小麦、油菜等农作物;在工业方面,江淮丘陵区主要以制造业为主,包括机械、电子、化工、轻工等行业;此外,江淮丘陵区还是安徽省的重要旅游目的地之一,拥有众多的自然和人文景观,如琅琊山、天柱山、巢湖等。

1.1.2 地形地貌

江淮丘陵区是一个地质、地貌和生态条件丰富的地区,主要由华南老地块及华北新构造带的交界处组成,地质构造多样,地势起伏,呈丘陵状,山峦交错,河流纵横交织,植被种类和动物资源相对丰富,拥有独特的自然景观和生态环境。

1) 合肥市

合肥市位于安徽省江淮丘陵区的中部,作为省会城市,是安徽省政治、经济、文化中心,也是国家重要的科教基地之一。此外,合肥市还是长江三角洲城市群的核心城市之一,具有优越的地理位置和交通条件,在安徽省江淮丘陵区拥有重要的地位和资源优势,是江淮丘陵区经济、文化和社会发展的重要中心城市之一。图 1.1.1的合肥市江淮丘陵区各行政区面积及占比情况。

合肥市江淮丘陵区主要涉及瑶海区、庐阳、蜀山区、包河、长丰县、肥东县、肥西县 7 个行政区,面积为 6 726 km²。江淮分水岭海拔高程 $7\sim92$ m,地形总趋

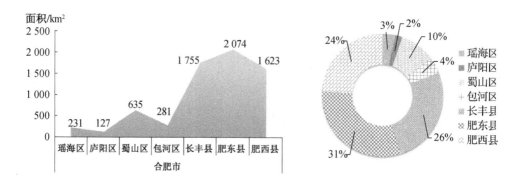

图 1.1.1　合肥市江淮丘陵区各行政区面积及占比图

势自分水岭向东南和西北倾斜。地貌特征为丘陵至平原的河谷地貌,呈低山残丘、波状丘陵和低洼平畈三种地貌类别。江淮分水岭自大别山向东北延伸,在肥西县大潜山入境,蜿蜒逶迤,横贯市境中部,至肥东县元祖山北侧出境。长江流域巢湖沿岸及南淝河、派河、丰乐河、杭埠河等巢湖支流下游两侧为冲积平原,地势平坦,地面高程 7~15 m,淮河流域瓦埠湖洼地最低高程为 18~20 m 左右。

2) 淮南市

　　淮南市位于安徽省中北部,淮河中游,江淮丘陵与黄淮平原的交界处。淮南市江淮丘陵区主要涉及大通区、田家庵区、寿县 3 个行政区,面积为 3 361 km²。地貌类型兼有平原和丘陵的特点,山丘、岗地、平原、湖洼、河流湖库兼而有之,其中以平原为主。淮河自西向东横穿全市,淮河北岸为地势平坦的淮北平原,淮河南岸为丘陵,属江淮丘陵组成部分。淮河以南总体地势为南高北低,平均海拔高度为 20~30 m。淮河以北平原地区为河间浅洼平原,地势呈西北向东南倾斜,海拔 20~24 m。城市建成区主要为冲击一、二级阶地地区(图 1.1.2)。

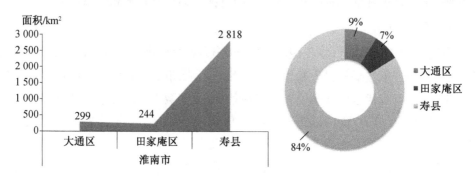

图 1.1.2　淮南市江淮丘陵区各行政区面积及占比图

3）滁州市

滁州市位于安徽最东部,东靠南京、西接合肥、北枕淮河、南临长江。滁州市江淮丘陵区主要涉及琅琊区、南谯区、来安县、全椒县、定远县、凤阳县、明光市 7 个行政区,面积为 11 295 km²。境内地形呈西高东低之态势,最高峰为南谯区境内的北将军岭,海拔 399 m。境内地貌大致可分为山区、丘陵区、平原区三大类。(图 1.1.3)

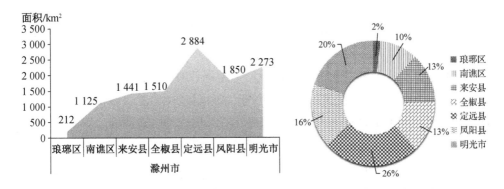

图 1.1.3 滁州市江淮丘陵区各行政区面积及占比图

4）六安市

六安市位于安徽省西部,大别山北麓,湖北、河南、安徽三省交界处,俗称“皖西”。六安市江淮丘陵区主要涉及金安区、裕安区 2 个行政区,面积为 3 387 km²。其中,金安区南部为大别山余脉,地势由南向北倾斜,南部为低山区,海拔 300～500 m;中部为丘岗区,海拔 50～200 m,东南部沿丰乐河的平畈区和西北部的沿淠河平畈区,海拔 30～50 m。江淮分水岭脊线自西向东将金安区一分为二,总的特征是低山、丘陵、平原由南向北过渡,海拔高度在 20～750 m 之间。(图 1.1.4)

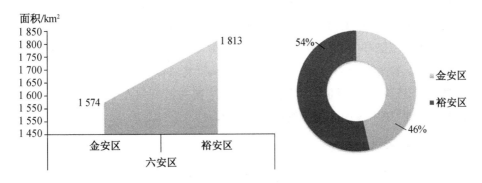

图 1.1.4 六安市江淮丘陵区各行政区面积及占比图

1.1.3 土壤植被

安徽省江淮丘陵区是中国主要的农业区之一,土壤和植被资源丰富多样。土壤植被特征因地区不同而异,淮北平原低山丘陵有棕壤分布,淮北平原上主要为半水成土纲的潮土与砂姜黑土;江淮丘陵岗地,主要是北亚热带的黄棕壤和下蜀黄土母质上发育的黄褐土,东部和西部是由多种母岩风化物发育的黄棕壤,中部多为黄褐土和水稻土。黄棕壤质地黏重,肥力较高,适宜种植水稻、棉花、油菜等农作物。水稻土则主要分布在河谷和山坡地带,具有良好的保水保肥性,是稻米生产的重要基地。

合肥市江淮丘陵区主要林木植被类型为常绿树种和落叶树种组成的混交林,常绿树种主要有樟树、女贞、松、柏、杉、广玉兰等;落叶树木主要有椿、枫杨、槐、柳、榆、桐等;经济林木主要有桃、李、柿、杏、枣、苹果、枇杷、桑、油桐等。

淮南市江淮丘陵区的植被类型属于亚热带至暖温带过渡类型,以落叶阔叶林为主。舜耕山、八公山、上窑山等丘陵和平原上的原始植被经人为垦殖,已荡然无存。现存人工植被(次生植被)大多为建国后营造,沿山脊山坡分布着以刺槐、侧柏、黑松、麻栎等树种为主组成的混交林。

滁州市江淮丘陵区植被类型属于天然次生林和人工林、针叶林和阔叶林相互交错呈块状、带状混交体系。由于处在暖温带向亚热带的过渡地带,亚热带北部的树种或草本植物,常有栽培或分布,天然植被久遭破坏,仅琅琊山、皇甫山等局部山丘地,残存小面积次生落叶阔叶林。

六安市江淮丘陵区植被类型属北亚热带常绿阔叶林植被带、皖中落叶与常绿阔叶混交林地带。金安植被覆盖度达到90%,森林覆盖率35%,主要植被有栽培植被、水生植被和自然植被;栽培植被分布在岗区和农田,主要是人工造林和水稻种植,有少量果园、经济作物,道路、沟渠宅基地前后有落叶阔叶疏林,植物的组成和结构都很单调;水生植被主要是水面水生植物;自然植被主要是贫瘠岗脊人工未开垦的次生植被和潜在植被。裕安区在植被区划中为安徽中部北亚热带落叶、常绿阔叶混交林地带中的江淮分水岭附近及其以北植被片,均为次生植被,未见原生植被分布;植被类型以陆生草本植物为主,植被的特点为人工栽培占绝对优势,没有天然林地,树木多为人工栽植的落叶乔木。

1.1.4 水文气象

安徽省江淮丘陵区是北亚热带气候区向南暖温带气候区的过渡区,东部是该地区的基本气候类型,中、西部是在该基本气候类型基础上受周围环境影响而产生的局地气候,中部气候是干燥型稳定,西部是湿润型稳定。该地区农业气候基本特点是温光适宜、雨热同季、降水分布不均,旱涝等气候灾害频繁。

合肥市江淮丘陵区多年平均气温为 15 ℃,年内最高气温为 7 月,最低在 1 月。极端最高气温为 41 ℃,极端最低气温为 −20.6 ℃;多年平均日照数为 2 036～2 162 h,多年平均无霜期约 227 d;多年平均降水量 1 037 mm,降水时空分布不均,呈现汛期集中,汛期 5～9 月降水量占年降水量的 60% 以上,灌溉期 4～10 月的降水量占年降水量的 77%;降水量南多北少,年际变化大,全市最大最小年降水量极值比为 3.0;多年平均水面蒸发量在 800～920 mm 之间。

淮南市江淮丘陵区四季分明,气候温和,光照充足,热量丰沛,雨量适中,无霜期长,季风显著,雨热同季;多年平均气温为 16.3 ℃;历史极端最高气温 41.2 ℃(1959 年 8 月 23 日),历史极端最低气温 −22.2 ℃(1955 年 1 月 6 日);多年平均降水量 900.1 mm,降雨量年内分配不均,年际变化变化大;最大年降水量 1991 年 1 407.8 mm,最小降水量 1978 年 433.6 mm;汛期 5～9 月份降水量占全年降水量的 67.8% 左右。

滁州市江淮丘陵区四季分明,季风明显,温暖湿润,雨热同季。由于市境地处南北两支冷暖气流交汇地带,6～7 月份冷暖空气势均力敌,形成梅雨,但也有些年份出现少梅或空梅。8 月雨带北移,受副热带高压控制,常有高温伏旱。多年平均气温在 15.2 ℃～16.5 ℃ 之间;多年平均降水量 966.1 mm,降水年际变化大,呈南多北少、东多西少;春季雨水适中,夏季降雨集中,秋冬少雨。

六安市江淮丘陵区四季分明,季风明显;气候温和,温差较大;雨量适中、时空分布不均。其中,金安区年平均气温 15 ℃ 左右,年极端最高气温 41.3 ℃,年极端最低气温 −17.1 ℃;年平均日照时数 2 256 h,无霜期 220 d,年平均风速 2.5 m/s;多年平均降水量 1 126 mm,且南部多于北部,山区多于岗畈,年平均径流由南向北递减,多年平均水面蒸发量 869 mm,降雨年内和年际分配不均,降水主要集中在 5～8 月,占年降水量的 55.8%。年平均降水日为 112～125.6 d,年平均降雪日为 10～12 d,少年仅有 2 d,多年可达 15 d 以上。

1.1.5　水文地质

安徽省江淮丘陵地区的水文条件复杂,地下水资源丰富,主要分布在丘陵山区的山前倾斜带和河谷地带。地下水补给主要接受大气降水补给,降水直接补给地下水,补给受岩性和降水强度以及降水过程影响,河谷地带补给较快,低山丘陵区补给较慢。本区地下水径流方向分为两个方向:淮河流域为南—北向,长江流域为南西—北东向。由于地形地貌、地质环境的不同,河谷地带径流较快,低山丘陵区径流较慢。地下水的排泄方式主要以天然蒸发排泄,次为居民开采地下水。

合肥市江淮丘陵区在地质构造上属于下扬子海槽和淮阳古陆边缘地带。三叠纪的苏皖造山运动,产生了淮阳高地与古大别山。白垩纪的燕山运动,江淮间出现燕山褶皱,形成了江淮丘陵。第四纪的喜马拉雅运动,地壳升降、断裂、波折,出现西东走向的江淮分水岭,形成江淮分水格局。地区断层较为发育,除郯庐深断裂通过其东部外,境内尚有纵横九道断层。除局部地区为太古界、元古界和古生界地层外,大部分为中生界地层。岩质以灰岩和沉积岩为主,太古界片麻岩、元古界震旦纪石英砂岩、页岩、白云岩亦有出露。全市境域内地层上部,广为第四纪松散沉积物覆盖。其裂隙和孔隙均不发育,储水空间极差,降水多形成地表径流排走,因而含水微弱。

淮南市江淮丘陵区的水文地质主要受到地下水和地表水的影响,地下水按不同地区的地质、地貌和水文地质条件的不同,其构成和分布状况也有差异,以其埋藏深度和富集程度约可分为以下三种情况:① 淮河、涸河沿岸及其相邻的涸东平原地区,地面高程在 25.0 m 以下一级阶地,含水层由粉细砂组成,厚度在 5~20 m 以上,属沿淮孔隙富水亚区,当降深为 10 m 时,管径 80 cm 的单井出水量可达 30~50 m³/h;② 处于瓦西丘陵和涸东平原之间的二级阶地,地面高程在 25~30 m 之间,为黏性土孔隙贫水亚区,降深为 10 m 时单井出水量约为 5~10 m³/h;③ 瓦东、瓦西丘陵区,地面高程在 30~80 m 之间,其含水层岩性亦为黏性土,单井出水量在 5 m³/h 左右,在这一地区中以瓦埠湖沿岸的单井出水量居高,至丘岗高埠递减。此外,寿县北缘八公山两侧丘麓分布有著名珍珠泉、玛瑙泉,为石灰岩上升泉,泉水清冽甘美,堪称上等饮料,其涌水量约为 50 m³/h。

滁州市江淮丘陵区地质构造条件决定了区内主要水文地质单元的分布和特征,如新生代以来,本区地壳运动主要为缓慢上升,第四系不发育,是上太古界和奥陶系-震旦系出露区,也是碳酸盐岩裂隙岩溶水和基岩裂隙水分布区。各期褶皱运动及其相伴随的断裂运动表现强烈,不仅控制地层分布,同时形成一定规模的贮水构造。不同规模的断裂加速了地下水对可溶性岩石的熔融,沟通了玄武岩的孔洞,扩大了各类岩石的贮水空间,形成断裂富水带,如明光的女山湖——古城断裂的玄武岩富水带可以作例证。在侵蚀作用盛行的丘陵山区,岩石裸露,大气降水直接通过地表裂隙、溶洞补给地下水成为唯一的补给源,而在山麓地带地下水以泉的形式泄出。丘陵区,地势相对平缓,地下水径流强度较弱,易接受降水补给,除水平运移补充于平原地下水外,一部分则泄于沟谷。在河间平原及河谷区,由于地势平坦、开阔,地下水径流缓慢,水位埋藏较浅,地下水直接受大气降水补给,消耗与蒸发、开采、补排形式以垂直交替为主。

六安市江淮丘陵区属秦岭褶皱带,地层组织复杂,地表上层大部分覆盖 10～25 m 黏土,渗透系数小,土体保水率低;下层至 60～70 m 是侏罗纪红砂岩,富水程度小,为浅层地下水贫乏区;地表 65～70 m 以下有一构造裂隙带,地下水较丰富。地下水的形成和分布受岩性、构造、地貌、气象、水文等多种因素控制和影响,根据地下水的赋存条件,本区地下水类型划分为三种基本类型即松散岩类孔隙水、碎盾岩类孔隙裂隙水、基岩裂隙水。

1.1.6 河流水系

1) 重要河流及湖泊

安徽省江淮丘陵区主要跨市河流包括淮河、淠河、东淝河、窑河、池河、滁河等,主要跨市湖泊有巢湖、瓦埠湖、高塘湖、女山湖、七里湖、花园湖等,下文对各河、湖分别介绍。

淮河发源于河南省桐柏山,流经河南、安徽至江苏的三江营入长江,全长约 1 000 km,集水面积约 19 万 km²。从河源到洪河口为上游,长 360 km,落差 178 m,流域面积 3.06 万 km²;从洪河口至中渡为中游,长 490 km,落差 16 m,中渡以上流域面积 15.82 万 km²;中渡以下至三江营为下游入江水道,长 150 km,落差 6 m,三江营以上流域面积 16.51 万 km²。淮河流经安徽省江淮丘陵区淮南、滁州市,其中淮河淮南段长度 105 km,流域面积 5 582.4 km²。淮河流经滁州市北部边界有两段,西段自蚌埠市沫河口入凤阳县境,到小溪集止,长约 50 km;东段自五河、明光交界处浮山至明光市马岗咀(又称马过咀),长 41 km。开挖泊岗引河后,河道从小柳巷与泊岗间向东流,绕过双沟镇。

淠河流域位于安徽省西南部,属淮河中游右岸水系,发源于岳西和金寨县境内的大别山北麓,流经安庆市、六安市以及淮南市 3 市 7 个县(区),于正阳关入淮河。淠河全长 267 km,流域面积 5 920 km²。流域地势南高北低,两河口以上东、西两源属山区,流经六安后进入浅丘平原。流域北濒淮河,与史河、汲河、瓦埠湖、巢湖等流域毗连。淠河两河口以上分两支,西支称西淠河(淠河西源),东支称东淠河(淠河东源),东西淠河于两河口汇合后,东流至青山,折北至淠河灌区横排头渠首枢纽,以下经苏家埠、黄大窑,折东北流,经陆集、孙油坊,至六安市西,折北经顺河、马头、隐贤、迎河集、大店岗,于正阳关入淮河。

东淝河古称淝(肥)水,流域范围南起江淮分水岭北侧,东与池河、窑河流域为界,西邻淠河流域,北抵淮河。河道全长 166 km,流域面积 4 650 km²。东淝河主源名王桥小河,源于肥西长岗店北,南流至将军岭西,又北流至高店乡唐新圩汇入天河,至寿县董铺汇金河后,形成东淝河主河道,主河道自寿县董铺以下北流寿县城东,再北流入淮河。中下游因淤积形成狭长湖泊,为瓦埠湖。东淝河东岸最大支流庄墓河,源于长丰县下塘集南,集夏店、吴店、吴山庙镇诸水于车王集会合,向西北流经庄墓桥、至徐庙乡汇入东淝河。其下游形成瓦埠湖的向东岔湖。

窑河又称洛河、新河,古称洛涧,位于淮河右岸。发源于凤阳山南麓定远县大金山,汉源多,主源有洛河、沛河(东为沛、西为洛)。窑河以洛河为正源,穿高塘湖入淮河,全长 114 km,流域面积 1 625 km²。洛河西源出自毛山之豁,东源出自狼窝山户山湾。东西源于方家花园汇合南流入芝麻水库,经响水坝折向西,经青洛集过洛河坝西流穿过淮南铁路 24♯桥,于炉桥镇西侧入高塘湖,长 41 km,流域面积约 300 km²。沛河发源于大金山东、西麓,与洛河汇合于青山坝继续南流,于桥头杨东穿过定炉公路进齐顾郑水库,出库流经朱湾、九梓于郭小圩入长丰县境,过沛河集于闫庄折回沿定(远)长(丰)两县边界北流,穿过淮南铁路 25♯桥入高塘湖,长 77.5 km,流域面积 256 km²。

池河位于淮河中游南岸,发源于肥东县青龙场,流经肥东、定远、凤阳、明光和盱眙五县(市),在磨山入女山湖,出旧县闸后经七里湖,于苏皖交界的洪山头入淮河,干流全长 207.5 km,流域面积 5 021 km²,其中安徽省流域面积 4 866 km²。池河石角桥以上为上游,石角桥至明光市区为中游,明光市区以下为下游,上、中、下三段所占河道长度和流域面积约各占 1/3。安徽省池河流域涉及合肥市和滁州市,流域总面积 4 866 km²,其中合肥市面积 634 km²,占全流域总面积的 13.03%,滁州市面积为 4 232 km²,占全流域总面积的 86.97%。

滁河流域地处安徽省东部,位于江淮之间,系长江下游左岸一级支流。滁河发源于安徽省肥东县梁园丘陵山区,干流基本平行于长江东流,沿途流经安徽省合肥、马鞍山、滁州和江苏省的南京等市,于江苏省大河口汇入长江,干流全长 269 km,其中安徽境内长 197 km,江苏境内长 116 km(部分河段为两省界河)。滁河流域总面积 7 829.9 km²,其中安徽境内为 6 150.7 km²。

巢湖是安徽境内最大的湖泊,也是我国五大淡水湖之一。跨合肥市区、肥西县、肥东县、县级巢湖市和庐江县。巢湖水源主要来自大别山区东麓及浮槎山区东南麓的地面径流,现有大小河流 35 条,呈向心状分布,河流源近流短,表现为山溪性河流的特性。巢湖在汇集南、西、北三面来水之后,在巢湖市城南出湖,并经裕溪河向东南流至无为县裕溪口处注入长江。洪水较大时,也可通过与裕溪河相连的牛屯河分洪道流至和县金河口闸处入江。巢湖流域总面积 13 486 km²,约占安徽省总面积的 9.6%,其中巢湖闸以上来水面积 9 153 km²。巢湖湖底高程一般为 5.0~6.0 m,正常蓄水位 8.00 m 时,湖面面积 755 km²,容积 17.17 亿 m³;设计防洪水位 12.50 m 时相应湖面面积 780 km²,容积 52.0 亿 m³。湖盆岸线长度 181.8 km,沿湖岸堤长度 102.2 km。

瓦埠湖位于长丰县、寿县、淮南市交界处,原为东淝河中游河段,因下游淤积形成狭长湖泊,湖水经东淝河闸入淮。瓦埠湖南北长 52 km,东西平均宽 3 km,湖床最低处高程在 14 m 以下。东淝河流域总面积 4650 km²,瓦埠湖支流依次有青龙堰、红旗沟、天河、胜利渠、金小堰、石集航道、北堰河、万小河、红石河、大井水库泄水河、庄墓河、陶店河、陡涧河、寿县护城河等 14 条河流;流域中游为瓦埠湖湖区,蓄水位 17.9 m 时,相应水面面积 159 km²,蓄水库容 2.39 亿 m³。

高塘湖流域属淮河中游右岸水系,跨滁州市、合肥市以及淮南市三市 5 个县(区),总面积 1 625 km²。高塘湖入湖正源为窑河(沛河),支流依次有永康东水、陈瓦房北水、永康西水、古洛河、永丰水库河、青洛河、永康河、严涧河、马厂河等 14 条河流;流域中游为高塘湖湖区,湖盆形状为南北向长带形,南北长约 20 km,东西宽约 2.5 km,湖泊常年水面面积 58.5 km²。

女山湖位于明光市域西北部,是明光市最大的湖泊,也是安徽省著名湖泊之一。南纳池河来水,总来水面积 4 215 km²,湖区南北长 40 km,宽 1~5 km,北经女山湖水利枢纽入七里湖,于洪山头入淮河。1981 年兴建有女山湖水利枢纽,枢纽由节制闸、船闸、翻水站等组成,兼具灌溉、养殖、蓄洪和航运等效益于一体。根据女山湖闸水位统计,闸上历年最低水位 11.64 m,出现在 1977 年,50%、75%、85%、95%、97% 保证率最低水位分别为 13.07 m、12.88 m、12.84 m、11.72 m、11.68 m。女山湖湖底高程 11.0 m,平均水深 2.7 m。女山湖节制闸建成后,湖水位得到合理控制,正常蓄水位 13.5 m 时,对应的水面面积 100 km²,相应蓄水容量 1.78 亿 m³;随着南水北调东线一期工程的建成运行,洪泽湖蓄水位抬高达到 13.5 m 时,女山湖正常蓄水位提高到 14.5 m,水面面积 107 km²,相应蓄水容量 2.80 亿 m³。

花园湖位于淮河南岸临淮关至小溪镇之间,主要承纳小溪河和板桥河来水,集水面积 875 km²。花园湖行洪区总面积 218.3 km²,常年蓄水面积 42.00 km²,耕地 15.60 万亩,区内人口 8.90 万人,分属安徽省滁洲市凤阳县、明光市和蚌埠市五河县等两市三县(市)的 7 个乡镇 41 个行政村和国有方邱湖农场花园湖分场。花园湖水位 12.60 m 时,湖面约 30 km²,蓄水量 1 850 万 m³;水位 13.0 m 时,湖面面积 40.5 km²,蓄水量 0.35 亿 m³;水位 14.0 m 时,湖面面积 53.3 km²,蓄水量 0.85 亿 m³。汛期水位高达 19.00 m,湖面扩至 80 km²,平均水深 3.5 m,蓄水量达 3 亿 m³。

2) 其他区域性河流

(1) 合肥市江淮丘陵区

合肥市江淮丘陵区河流,以江淮分水岭为界分属长江、淮河两大流域,其中分水岭以南为长江水系,分水岭以北为淮河水系。除上述重要河流及湖泊以外,其他河流情况介绍如下:

南淝河古称施水、金斗河,为巢湖支流,发源于安徽省中部大潜山余脉的南部,有南北两源:北源(主源)在肥西县长岗乡邓店村西侧,南源在肥西县将军岭乡将军岭,两源于鸡鸣山北麓汇合,向东南流入郊区,进董铺水库,穿合肥城区,再转向东南流经合肥郊区和肥东县边界,于施口注入巢湖。河道全长 70 km,流域面积 1 464 km²。南淝河主要一级支流有 7 条,左岸有四里河、板桥河、史家河、二十埠河(又名龙塘河)、店埠河、长乐河等 6 条支流,右岸仅有二里河 1 条支流。其中流域面积大于 100 km² 的有四里河、板桥河、二十埠河和店埠河。

派河为巢湖支流,北及西北以江淮分水岭为界与东淝河流域相接,南与丰乐河流域为邻,东至巢湖之滨。派河发源于肥西县中部的周公山,先东北流,穿小蜀山分干渠姚家畈渡槽,下折东南流,经上派、宋坎、中派,至下派入巢湖,河道全长 60 km,流域面积 584.6 km²。派河支流共 8 条,流域面积均小于 100 km²。其中,右岸有梳头河、王老堰河、倪大堰河等 3 条支流;左岸有滚子河、岳小河、斑鸠堰河、祁小河、古埂河等 5 条支流。

杭埠河为巢湖支流,亦名巴洋河,古称龙舒水,清代称前河。流域西及西北以江淮分水岭为界,东北以派河流域为邻,东至巢湖之滨,南与菜子湖、西河水系相接。杭埠河发源于岳西县境大别山区的猫耳尖,河长 145.5 km,流域面积 4 150 km²,跨安庆市岳西县、六安市舒城县、霍山县、市区及合肥市肥西县、庐江县。杭埠河以晓天河为主源,流域面积 100 km² 以上的一级支流有 6 条:左岸有丰乐河,毛坦厂河;右岸有河棚河、龙潭河、孔家河、清水河。

丰乐河古称界河、桃溪,清代称后河,因流经肥西县丰乐镇而得名,系杭埠河左岸支流,发源于六安市横塘岗豪猪岭,经张家店至双河入肥西县境。东流经舒城县桃溪镇、肥西县新仓、丰乐镇至三河镇汇入杭埠河,经新河口入巢湖。丰乐河河道全长 105 km,流域面积 2 080 km²。丰乐河支流众多,在肥西县境内有长堰河、杨弯河、陈家堰河、程老堰河、龙潭河、二里半河、赵小河、肖小河、方桥河等。

沛河又名荒沛河,为窑河东源,源于定远县东架山,西流至长丰县沛河乡,再北流至水家湖镇东汇合朱巷水(中源),形成主河道,北流经高塘湖入淮。窑河在长丰县境内折向西北,过沛河集,于闫庄沿定远、长丰两县边界至新陆桥转北流,穿过淮南铁路 25♯桥至炉桥镇,此段河道为洛河。沛河、洛河共长 77.5 km,流域面积 256 km²。

(2) 淮南市江淮丘陵区

淮南市江淮丘陵区河流均属于淮河水系,除上述重要河流及湖泊以外,其他河流情况:窑河,长度为 7.5 km,流域面积为 15 km²;梁家湖排涝渠,长度为 31 km,流域面积为 247 km²;肖严湖正南排水渠,长度为 41 km,流域面积为 320 km²;陡涧河,长度为 24 km,流域面积为 292 km²;红旗沟,长度为 14.48 km,流域面积为 413.6 km²;南小河,长度为 28.38 km,流域面积为 206 km²;山源河,长度为 36 km,流域面积为 390 km²;金小堰,长度为 27.53 km,流域面积为 211 km²;中心沟,长度为 40.71 km,流域面积为 251.1 km²;万小河,长度为 29.6 km,流域面积为 217 km²;寿西湖截涝沟(护城河)长度为 28.12 km,流域面积为 200 km²。

此外,梁家湖流域位于寿县西南部淠河右岸,发源于寿县众兴镇新店村李家营一带,经幸福涵进入淠河,全长 33.4 km,流域面积 214 km²,保护耕地约 13 万亩;肖严湖位于寿县西北部,流域面积 344 km²。流域涉及正阳关镇、迎河镇、板桥镇、丰庄镇、安丰塘镇和正阳关农场,区内耕地约 26.7 万亩。肖严湖常年水位 19.5 m,相应水面面积 4.6 km²,蓄水量 307 万 m³,历史最高洪水位 23.88 m(2003 年)。

(3) 滁州市江淮丘陵区

滁州市江淮丘陵区河流分属淮河、长江两大流域,分为三大水系。发源于凤阳山麓和江淮分水岭北麓诸水,均流入淮河干流,为淮河水系;发源于江淮分水岭向东延伸地带诸水,向东流入高邮湖,为高邮湖水系;发源于江淮分水岭南麓诸水,流入长江支流滁河,为长江流域滁河水系。除上述重要河流及湖泊以外,其他河流情况介绍如下:

天河古称西濠河,位于淮河右岸,发源于凤阳县境内凤阳山北麓大麦山东西两侧。西侧为主源,出猴山凹,北流经武店、考城、杨庙,至凤(阳)怀(远)蚌(埠)交界处广德村与东源相汇;东源出曹店西圣山凹,北流经刘府,至秦山庙折向西流,右纳一小支,至宫集北,左纳一小支,于广德村与西源汇合流入怀远县境,扩宽为湖,南北长 15 km,水面宽 1 km 左右,湖区经花营至沈岗收缩成河,北流经天河闸,于怀远县涂山以西入淮河。长 40.5 km(其中境内 22 km),流域面积 340 km²,主要为低山丘陵区。天河出口河段底宽 24 m,河底高程 13.0 m。

濠河又名山河,古称濠水,位于淮河右岸,是凤阳县境内最大内河,发源于凤阳山北麓。濠河长 53 km,流域面积为 617 km²。流域内以丘陵区为主,濠河下游称濠河洼。板桥河发源于凤阳山北麓凤阳县白云山、大洪山、光滚山一带,分东西两源。东源经京山北流于小桥郑与西源汇;西源北流大吴家、大倪家入鹿塘水库,出库东北流经路南至小桥郑与东源汇合。两源汇合后北流经板桥、山许,于孙家湾西北入花园湖。长 24 km、流域面积 228 km²。

小溪河位于淮河右岸板桥河东侧,发源于凤阳山东麓定远县境磨脐山、石牛山、白云山一带,诸水汇合后经肖家巷向北进入凤阳县,流经红心进入燃灯寺水库。出库经小溪河集穿过津沪铁路,经大溪河、马家湾入花园湖(河道原经小溪集至大阳山西侧注入淮河),1950 年大水,湖区面积扩大。1952 年在小溪河西黄嘴新开 1 km 河道引湖水入淮,河口建一座节制闸,称花园湖闸。小溪河长 36.0 km,流域面积 329 km²。

白塔河位于淮河右岸高邮湖西侧,自西向东横贯天长市境,是高邮湖水系中最大一条河流,有南北二源。南源为主源,发源于来安县江淮分水岭东部,源头分三支,均在来安县境内。白塔河长 91.5 km,流域面积 1 604 km²(包括杨村河),滁州市境内约 1 303 km²。

小马厂河发源于五尖山,靠近南谯区章广镇小马厂,进入樟木山水库,出库南流于小朱家入全椒县,经西王集收来自昌家湾之西山区之水入岱山水库。出库入肥东县境,于全椒县章辉乡北寺塘入境,又南流经肥全坝、新坝于安前胡入滁河。全长约 30 km,全椒县境内长约 15 km,全流域面积 276 km²,全椒县境内流域面积 109 km²。

大马厂河在全椒县境内,有东西二源。西源之西支出自瓦山林场,东支出自孤山南麓,均于复兴集附近入马厂水库,出库南流于大连陈与源自瓦山东麓喻河汇,又南流于王家河与东源汇;东源出自三合与黄栗树两乡交界处大洼,南流入新光水库,出库向西南流经中陈、河林家等地至王家河与西源汇。两源相汇后南流经大马厂、河姚、西蒋家、大乐家,于大何家穿过合浦公路,南流于芦子坝入滁河。长 37 km,流域面积 232 km²。

清流河是滁州境内滁河最大支流,也是滁河最大支流,又称乌衣河。大部分在南谯区境内,上游有数源,西源为大沙河(清流河主源),中源为盈福河,东源为百道河,三源于南谯区沙河集东三汊河汇合,始称清流河。三源汇后沿津沪铁路东侧南流,于小河湾九面塘与二道河汇,在滁城北陈湾收源自三官乡范郢之水,于滁城东侧五孔桥与小沙河汇,于伏家湾进入来安县,折向东流离开津沪铁路,至来安县汊河集西侧入滁河。长 84.1 km,流域面积 1 252 km²,其中山区占 69%,丘陵区占 27.4%,圩区占 3.6%。总落差 243 m,滁城以上河道比降为 1/2 000。

皂河发源于天长市汊涧镇西南与来安县交界之曾家营,南流进入来安县大河桥水库并进入南京市六合区境,于皂桥东入滁河。全长 37.5 km,流域面积 472 km²,其中来安县境内长 13 km,流域面积 80 km²。

(4)六安市江淮丘陵区

六安市江淮丘陵区河流,以江淮分水岭为界分属长江、淮河两大流域,除前述重要河流及湖泊以外,汲河、三源河、东淝河西源、毛大河等河流向北流入淮河。张母桥河、张家店河、思古潭河等汇入丰乐河,向东经巢湖流入长江。淠史杭大型水利枢纽工程穿越其间,主要有淠河总干渠、淠东干渠、淠杭干渠、瓦西干渠等。

汲河是淮河的一级支流,全长 179.4 km,流域面积 2 170 km²,发源于皖西大别山北麓,有两大源流,分别为西汲河和东汲河,以西汲河为主源,两源并流于裕安区固镇三汊汇合为汲河,北流至霍邱县孟集镇官庄入城东湖,自城东湖闸出湖,北流至新店镇溜子口入淮河。西汲河全长 102 km,流域面积 864 km²;东汲河全长 82 km,流域面积 469 km²。

丰乐河属长江流域巢湖水系,位于江淮分水岭南侧,源出金安区南部山区,自西向东流经金安区、舒城县、肥西县至三河镇下的大潭湾汇合杭埠河水注入巢湖。丰乐河全长 76 km,流域面积 2 082 km²。其中在金安区内全长 8 km,流域面积 884 km²。丰乐河其水源有三支(思古潭河、张家店河、张母桥河),均在金安区境内,三条支流汇合于双河镇至龙嘴河段,以下为丰乐河干流,也是舒城、肥西两县交界的河道。

东淝河西源发源于金安区境内龙穴山北麓,先向北流经三十铺镇进入肥西县,过淠河总干渠金桥渠下涵折西北再流回三十铺镇太平集与源出龙穴山北麓及枣树店的青龙堰水汇合,又向北流至东桥镇李家圩与源出三十铺镇的桃园河汇合,由西南流向寿县,进入瓦埠湖。全长 56 km,流域面积 350 km²,其中金安区境内长 22 km,流域面积 172 km²。

毛大河源头有两个,一条源于霍山县真龙地乡,经青山堰从西环穿毛坦厂镇,向东流过舒城县五显镇入龙河口水库;另一条源为毛坦厂三尖寨,从南向北在浸堰与真龙地水系汇合后,经五显镇入龙河口水库。毛大河全长 14.6 km,在金安区境内称五显河,长 4.7 km,流域面积 44 km²。

思古潭河为丰乐河支流,全长 40 km,流域面积 282 km²。思古潭河位于金安区腹部,流经孙岗、施桥、双河、先生店、中店,入丰乐河。有四条支流,分别为枯水河流经中店、先生店、孙岗、椿树乡镇,河长 18 km;长堰河流经椿树、孙岗乡镇,河长 24 km;花水堰河流经孙岗、双河乡镇,河长 12 km;洪石河流经张店、施桥乡镇,河长 25 km。

张家店河又叫陈家河,为丰乐河支流,全长 46 km,流域面积 283 km²。张家店河位于金安区腹部,流经横塘、东河口、张店、施桥、双河乡镇。张母桥河为丰乐河支流,全长 51 km,流域面积 253 km²。张母桥河位于金安区东南部,源于大山寨骑马岗,至东河口嵩寮岩托儿岭自西来之水,东流经南官亭,穿将军山渡槽至龙嘴,即自西南向东北流经毛坦厂镇、东河口镇、施桥镇、双河镇,于舒城县张母桥镇、棠树乡、柏林乡北界于界河汇合入丰乐河。

但家庙河属淮河流域,为淠河支流,发源于霍山县与金安区交界的望湖寨,自东南向西北经石河、但家庙、山嘴子、下符桥,在团山嘴汇入东淠河,长 33 km,流域面积 278 km²。金安区东河口镇境内但家庙河全长 8 km,流经东河口镇嵩寮岩村、井塘村、花石嘴村。主要支流有洛阳河和洵阳河等。

淠河总干渠水源是淠河上游的佛子岭水库、磨子潭水库和响洪甸水库及上述水库坝下至横排头渠首枢纽工程坝上的区间来水。淠河总干渠自渠首横排头经裕安区樊通桥流过金安区东市街道、中市街道、望城街道、清水河街道、城北乡、三十铺镇,通过罗管闸之后,进入青龙堰(肥西县境),向北流过陶大拐后又流回金安区境内,再向北流经东桥镇马集、六合集进入肥西县境。淠河总干渠全长 104.5 km,六安市境内长 56.8 km。

淠东干渠从淠河总干渠引水,渠首淠东干渠进水闸位于金安区清水河街道,流经城北乡、木厂镇、马头镇葛咀、周郢子进入寿县。淠东干渠在金安区内全长 30.1 km。淠杭干渠自淠河总干渠引水,渠首位于六安经济技术开发区小高堰。南流经城东十五里小庙,转东流至三十铺镇张槽坊,再折东南流至椿树镇邬家坝,然后分成两条水流,一条经双河分干渠分流向东南流去;另一条经椿树镇吴仓坊折向西流,经先生店乡范庵、孙岗镇枣树林店曲折南流至张店镇姜大庄,最后折东南流向施桥打山渡槽。淠杭干渠在金安区境内全长 42.9 km。

瓦西干渠自淠河总干渠引水,渠首瓦西进水闸位于三十铺镇百家堰。东北流向,沿东淝河(西源)与山源河分水岭的西北侧,经三十铺镇九口塘至翁墩乡洞阳,转东南流经东桥镇潘店,折北流经东桥镇黄坦庙,再转西流至翁墩乡桃园,最后折东北流经翁墩乡郑楼流入寿县。瓦西干渠在金安区内全长 27.5 km。

表 1.1.1 安徽省江淮丘陵区主要河流基本情况统计表

河流名称	所属水系	河长/km	境内流域面积/km²	流经市、区
淮河	淮河水系	105	5 582.4	淮南市市区、寿县;滁州市凤阳县、明光市
淠河	淮河水系	267	5 920	六安市裕安区、金安区;淮南市寿县
东淝河	淮河水系	152	4 200	六安市金安区;淮南市寿县;合肥市肥西县、长丰县
窑河	淮河水系	114	1 625	滁州市定远县;淮南市大通区
池河	淮河水系	237	5 021	合肥市肥东县;滁州市定远县、凤阳县、明光市
滁河	长江水系	197	6 150.7	合肥市肥东县;滁州市区
南淝河	长江水系	70	1 464	合肥市肥西县、市区、肥东县
派河	长江水系	60	584.6	合肥市肥西县
杭埠河	长江水系	145.5	4 150	合肥市肥西县、庐江县
丰乐河	长江水系	105	2 080	合肥市肥西县
沛河	淮河水系	77.5	256	合肥市长丰县
梁家湖排涝渠	淮河水系	31	247	淮南市寿县
肖严湖正南排水渠	淮河水系	41	320	
东淝河西源	淮河水系	20.5	110	
陡涧河	淮河水系	24	292	
红旗沟	淮河水系	14.48	413.6	
南小河	淮河水系	28.38	206	
山源河	淮河水系	36	390	六安市金安区、淮南市寿县
金小堰	淮河水系	27.53	211	淮南市寿县
中心沟	淮河水系	40.71	251.1	
万小河	淮河水系	29.6	217	
寿西湖截涝沟	淮河水系	28.12	200	
青洛河	淮河水系	41	300	滁州市定远县
天河	淮河水系	22	340	滁州市凤阳县
濠河	淮河水系	53	617	
板桥河	淮河水系	24	228	

河流名称	所属水系	河长/km	境内流域面积/km²	流经市县、区
小溪河	淮河水系	36	329	滁州市定远县、凤阳县、明光市
沛河	淮河水系	45	256	滁州市定远县
严涧河	淮河水系	25	101	
白塔河	淮河水系	91.5	1 303	滁州市来安县、天长市
小马厂河	长江水系	15	109	滁州市南谯区、全椒县
管坝河	长江水系	25.5	158	滁州市全椒县
大马厂河	长江水系	37	232	
襄河	长江水系	74.1	720	滁州市南谯区、全椒县
土桥河	长江水系	28	95.1	
清流河	长江水系	84.1	1 252	滁州市南谯区、琅琊区、来安县
来安河	长江水系	71	714	滁州市明光市、来安县
五加河	长江水系	36	74.1	滁州市来安县
施官河	长江水系	39.5	280	
皂河	长江水系	13	80	
丰乐河	长江水系	76	2 082	六安市金安区、舒城县;合肥市肥西县
淠河总干渠	淮河水系	104.5	—	六安市裕安区、金安区;合肥市长丰县

1.2　社会经济

安徽省江淮丘陵区 4 市 19 个县级区现有 202 个乡镇、84 个街道办事处、286 个社区、2 609 个行政村。安徽省江淮丘陵主要行政区划情况,见表 1.2.1;安徽省江淮丘陵各行政区乡镇/街道数量、居委会数量、行政区村委会数量统计图,见图 1.2.1~图 1.2.3。

表 1.2.1　安徽省江淮丘陵主要行政区划　　　　　　　　单位:个

序号	地市	区县	乡镇数	街道办事处数	小计	居委会数	村委会数
1		瑶海区	1	14	15	109	0
2		庐阳区	2	9	11	65	14
3		蜀山区	3	14	17	116	64
4	合肥市	包河区	2	9	11	77	31
5		长丰县	14	0	14	35	244
6		肥东县	18	0	18	27	222
7		肥西县	12	0	12	51	238

续表

序号	地市	区县	乡镇数	街道办事处数	小计	居委会数	村委会数
8	淮南市	大通区	4	1	5	20	51
9		田家庵区	5	9	14	100	41
10		寿县	25	—	25	16	263
11	滁州市	琅琊区	0	10	10	40	12
12		南谯区	8	4	12	29	66
13		来安县	12	0	12	18	126
14		全椒县	10	0	10	13	101
15		定远县	22	0	22	40	218
16		凤阳县	15	2	17	23	212
17		明光市	13	4	17	17	135
18	六安市	金安区	17	5	22	32	299
19		裕安区	19	3	22	47	272
合计			202	84	286	875	2 609

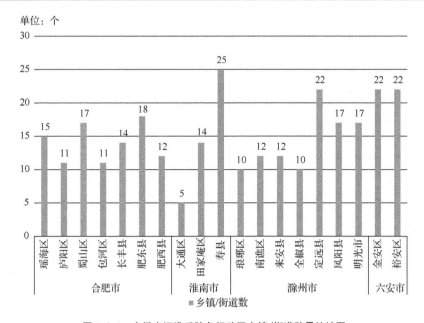

图 1.2.1　安徽省江淮丘陵各行政区乡镇/街道数量统计图

2021年安徽省江淮丘陵区4市19个县级区总人口为1 318.82万人,其中城镇人口712.46万人,城镇化率达到54.02%。分地市可以看出:合肥江淮丘陵区总人口为522.20万人,其中城镇人口为328.40万人,城镇化率为62.9%;淮南江

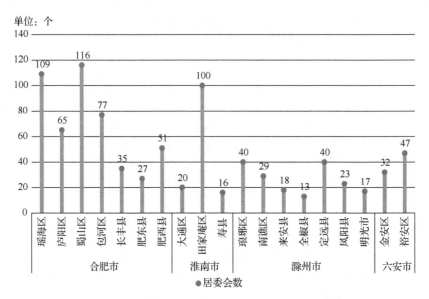

图 1.2.2　安徽省江淮丘陵各行政区居委会数量统计图

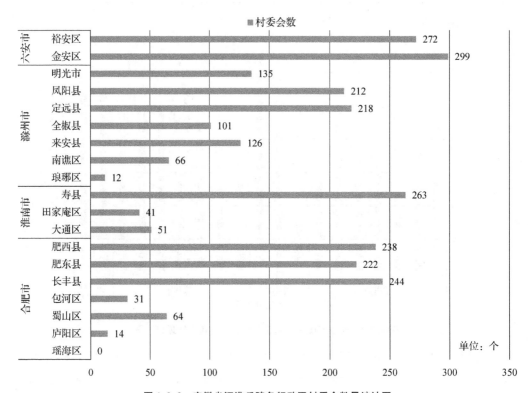

图 1.2.3　安徽省江淮丘陵各行政区村委会数量统计图

淮丘陵区总人口为 217.56 万人,其中城镇人口为 130.55 万人,城镇化率为 60.0%;滁州江淮丘陵区总人口为 391.19 万人,其中城镇人口为 160.58 万人,城镇化率为 41.0%;六安江淮丘陵区总人口为 187.87 万人,其中城镇人口为 92.92 万人,城镇化率为 49.5%。安徽省江淮丘陵各行政区人口及城镇化率情况见表 1.2.2 及图 1.2.4。

表 1.2.2　安徽省江淮丘陵各行政区人口及城镇化率统计表

序号	地市	区县	总人口/万人	城镇人口/万人	城镇化率/%
1	合肥市	瑶海区	49.58	48.98	98.79
2		庐阳区	53.64	52.32	97.54
3		蜀山区	68.46	66.30	96.84
4		包河区	75.42	73.43	97.36
5		长丰县	81.05	24.99	30.83
6		肥东县	108.46	34.05	31.39
7		肥西县	85.60	28.32	33.08
8	淮南市	大通区	18.57	13.53	72.86
9		田家庵区	59.70	57.26	95.91
10		寿县	139.29	59.76	42.90
11	滁州市	琅琊区	28.11	28.11	100.00
12		南谯区	28.88	13.41	46.43
13		来安县	48.33	18.56	38.40
14		全椒县	44.86	18.87	42.06
15		定远县	97.96	32.87	33.55
16		凤阳县	79.06	24.76	31.32
17		明光市	64.00	24.01	37.51
18	六安市	金安区	83.85	41.47	49.46
19		裕安区	104.02	51.45	49.46
合计			1 318.82	712.46	54.02

根据表 1.2.3 安徽省江淮丘陵相关地市的 GDP 指标一览表可以看出:安徽省江淮丘陵区实现地区生产总值 13 893.56 亿元,其中一产 650.90 亿元,二产 5 025.11 亿元,三产 8 217.55 亿元,一、二、三产比重为 4.7∶36.2∶59.1。分地市可以看出:合肥江淮丘陵区实现地区生产总值 10 288.58 亿元,其中一产 241.19 亿元,二产 3 736.33 亿元,三产 6 311.06 亿元,一、二、三产比重为 2.3∶36.3∶61.3;淮南江淮丘陵区实现地区生产总值 694.48 亿元,其中一产 72.71 亿元,二产 197.48 亿

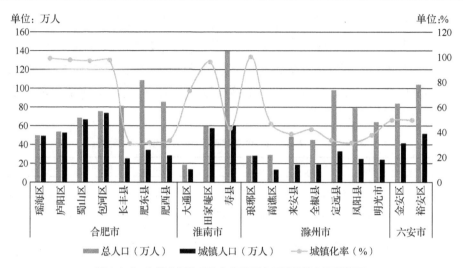

图 1.2.4　安徽省江淮丘陵各行政区人口及城镇化率统计图

元,三产 424.29 亿元,一、二、三产比重为 10.5∶28.4∶61.1;滁州江淮丘陵区实现地区生产总值 2 239.80 亿元,一产 246.10 亿元,二产 889.90 亿元,三产 1 103.80 亿元,一、二、三产比重为 11.0∶39.7∶49.3;六安江淮丘陵区实现地区生产总值 670.70 亿元,一产 90.90 亿元,二产 201.40 亿元,三产378.40 亿元,一、二、三产比重为 13.6∶30.0∶56.4。

表 1.2.3　安徽省江淮丘陵各行政区 GDP 指标一览表　　　　　单位:亿元

市	区县	一产	二产	三产	小计	合计
合肥市	瑶海区	0.58	381.82	628.88	1 011.28	10 288.58
	庐阳区	1.41	231.06	1 001.02	1 233.49	
	蜀山区	4.03	1 430.00	2 176.60	3 610.63	
	包河区	4.69	435.84	1 166.41	1 606.94	
	长丰县	81.22	426.32	366.24	873.78	
	肥东县	82.21	272.37	456.82	811.40	
	肥西县	67.05	558.92	515.09	1 141.06	
淮南市	大通区	7.90	44.90	54.80	107.60	694.48
	田家庵区	6.00	89.50	247.60	343.10	
	寿县	58.81	63.08	121.89	243.78	

续表

市	区县	一产	二产	三产	小计	合计
滁州市	琅琊区	4.00	100.10	137.00	241.10	2 239.80
	南谯区	19.90	81.20	130.70	231.80	
	来安县	27.70	176.20	158.80	362.70	
	全椒县	30.00	138.40	146.90	315.30	
	定远县	73.60	112.90	170.30	356.80	
	凤阳县	47.10	202.60	208.90	458.60	
	明光市	43.80	78.50	151.20	273.50	
六安市	金安区	44.10	103.70	187.30	335.10	670.70
	裕安区	46.80	97.70	191.10	335.60	
合计	安徽省江淮丘陵区	650.90	5 025.11	8 217.55	13 893.56	—

单位：亿元

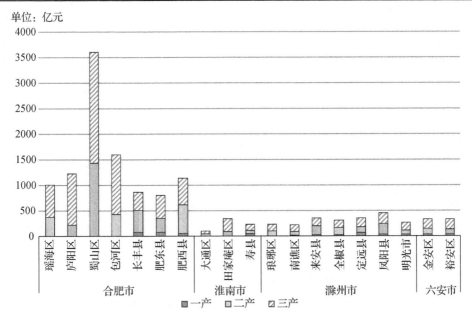

图 1.2.5　安徽省江淮丘陵各行政区 GDP 柱状图

1.3　区域水利工程概况

1.3.1　淠史杭灌区工程

　　淠河、史河、杭埠河均发源于大别山区,其中淠河、史河属淮河流域,杭埠河属长江流域的巢湖水系。依托三大流域丰富的水资源,建国后逐步构建了纵横皖西、横贯皖中、蓄引提相结合的"长藤结瓜式"的淠史杭灌区灌溉体系。淠史杭灌区是一项以灌溉、供水为主，兼有发电等综合利用的大型水资源利用工程，设计灌溉面积 1 198 万亩(1 亩≈666.67 m²)，其中安徽境内设计灌溉面积 1 100 万亩，供水人口超过 1 000 万人，是全国三个特大型灌区之一。

淠史杭灌区主要水源为大别山区已建的佛子岭、磨子潭、响洪甸、梅山、龙河口和白莲崖 6 座大型水库，控制流域面积 6 330 km²，总库容 70.87 亿 m³，兴利库容 30.54 亿 m³。灌区用水主要通过红石咀、横排头渠首枢纽和梅岭、牛角冲进水闸从水源水库引入。红石嘴为史河灌区渠首枢纽，由梅山水库设计引水流量 145 m³/s，设计灌溉面积 285 万亩。横排头渠首枢纽引入佛子岭(含磨子潭、白莲崖)、响洪甸水库泄水，设计引水流量 300 m³/s，设计灌溉面积 660 万亩。梅岭、牛角冲分别为杭埠河灌区杭北干渠和舒庐干渠的进水闸，均直接从龙河口水库引水，设计引水流量分别为 50 m³/s 和 55 m³/s，设计灌溉面积 54.6 万亩和 100.5 万亩。

除以上大型蓄水和引水工程以外，灌区内部尚有中小水库和塘坝，拦蓄当地径流。其中中小水库 1 264 座，总库容 12.19 亿 m³，兴利库容 7.46 亿 m³。灌区除利用蓄水工程自流引水灌溉外，灌区尾部的抽水站还可提周边河(湖)水作为补充水源。现状利用补给水源的灌溉站共有 66 座，总装机 6.63 万 kW，提水能力 145.7 m³/s，设计灌溉面积 198.77 万亩。

1.3.2　引江济淮工程

引江济淮工程从长江下游调水，向淮河中游地区跨流域补充水源，工程建设以城乡供水和发展江淮航运为主，结合灌溉补水和改善巢湖及淮河水生态环境。重点保障沿淮淮北地区城乡生活及工业生产供水安全，改善输水沿线城镇供水和农业灌溉补水条件，退还长期被挤占的农业灌溉水源；结合引江济淮工程，构建江淮大运河，形成平行京杭运河的国家第二条南北水运大动脉，促进长江经济带与中原经济区的协调发展；在加强治污基础上，依托工程条件，通过调水引流改善巢湖水质，退还淮河流域被挤占的河道生态用水和被超采的地下水。

根据引江济淮工程总体布局，淮河以北四条输水线路均在淮河干流布设取水泵站，其中西淝河线路列入引江济淮主体工程(即一期工程)，沙颍河、涡河、淮水北调扩大与延伸工程三条输水线路列入安徽省引江济淮二期工程建设：贯通沙颍河、涡河输水干线，把江水送入阜阳、亳州两市腹地；依托南水北调东线和引江济淮配置水量，建设淮水北调扩大延伸线输水工程，保障宿州和淮北城市用水，并把江水送到安徽的萧县和砀山。

引江济淮工程近期 2030 年和远期 2040 年引江流量分别为 240 m³/s 和 300 m³/s，

相应引江毛水量为 34.27 亿 m³(含航运水量 2.14 亿 m³,含巢湖生态引水量4.98 亿 m³) 和 43.0 亿 m³(含航运水量 2.11 亿 m³,含巢湖生态补水量 4.38 亿 m³);入淮规模 分别为 220 m³/s 和 280 m³/s,相应入淮水量为 20.06 亿 m³ 和 26.37 亿 m³;多年平均 河道外净增供江水量分别为 21.49 亿 m³(其中安徽 16.49 亿 m³,河南 5.00 亿 m³) 和 28.66 亿 m³(其中安徽 22.32 亿 m³,河南 6.34 亿 m³)。根据引江济淮工程一期初 设,2030 年多年平均配置河道外总水量 24.83 亿 m³,其中江水 21.49 亿 m³,淮水 3.34 亿 m³。分省配置情况:安徽省配置江水量 16.49 亿 m³,配置淮水量 3.34 亿 m³ (其中涡河以东片 1.11 亿 m³,涡河以西片 2.23 亿 m³);河南省配置江水量 5.00 亿 m³,配置淮水量 0 亿 m³。

2016 年 4 月 28 日,长江委以长许可〔2016〕97 号批复了引江济淮工程取水许可 申请,明确通过凤凰颈引江枢纽和枞阳引江枢纽引水,设计引江流量均为 150 m³/s, 规划 2030 年多年平均引江水量为 33.03 亿 m³,其中凤凰颈引江枢纽、枞阳引江枢 纽引江水量分别为 8.76 亿 m³、24.27 亿 m³。2016 年 12 月,国家发展改革委以发 改农经〔2016〕2632 号文批复《引江济淮工程可行性研究报告》;2017 年 9 月,水利 部与交通运输部以水许可决〔2017〕19 号文联合批复《引江济淮工程安徽段初步设 计报告》,工程建设内容包括引江济巢段、江淮沟通段两段输水航运线路及江水北 送段的西淝河输水线路,以及相关枢纽建筑物、跨河建筑物、跨河桥梁、交叉建筑 物、影响处理工程和水质保护工程等。2022 年 12 月 30 日,引江济淮主体工程实现 试通水通航。

1.3.3　驷马山引江工程

驷马山引江工程是以灌溉、防洪为主,兼有航运、供水等开发目的的大型综合水 利工程。该工程在长江左岸和县乌江镇设乌江站枢纽,经驷马山引江水道,抽水入滁 河后,再利用滁河干流上游的四级干渠及滁河两岸多级面上抽水灌溉江淮分水岭两 侧的滁河上中游丘圩区及池河上游肥东县和定远县的高丘区,并在池河上游建设大 型水库江巷水库,以调蓄利用当地径流,兼为驷马山定远灌区的反调节水库。

驷马山灌区属大(1)型灌区,为安徽省第二大灌区、全国最大的提水灌区,涵盖 滁河上、中游和池河上游地区。灌区以提引长江水为主,滁河上已建的节制闸起节 制灌溉水位和拦蓄降雨径流作用。规划为五级提水,总扬程 46.5 m,装机 33 台 8.34 万 kW,设计灌溉面积 365.4 万亩,涉及皖苏两省合肥市肥东县、巢湖市,滁州 市定远县、全椒县、南谯区、琅琊区、来安县,马鞍山市含山县、和县,南京市浦口区 等 4 市 10 个县(市、区)。

灌区现状为四级提水,总扬程 30.1 m,装机 14 台套 3.32 万 kW,实际灌溉面积 244 万亩(含南京浦口区 15 万亩)。灌区已建成的骨干工程乌江站、滁河一级站、滁河二级站、滁河三级站 4 座大型抽水站、晋集闸、乌江闸、襄河口闸、汉河集闸 4 座节制闸、驷马山引江水道(总干渠)、肥定干渠中下段、滁河二级站至汉河集闸之间的滁河兼作输水干渠。汉河集闸由滁州市水利局管理,滁河干流、肥定干渠由属地管理,其他工程均由驷马山引江工程管理处管理。规划的滁河四级站、江巷水库、肥定干渠上段等工程待建。

驷马山水利工程自 1971 年运行以来,在灌溉、防洪、航运等方面发挥了重要作用,已累计泄洪 500 亿 m³,先后成功抵御 1987、1991、2003、2008、2015、2016、2020 等年份的特大洪水;累计提引江水超 30 亿 m³,拦蓄水近 50 亿 m³,抗御了 1978、1994、2000、2001、2011、2013、2017、2019 等年份的特大干旱;直接减灾效益 150 多亿元,为皖东及南京市工农业生产、社会稳定做出了巨大贡献,航运、生态效益也十分明显,被皖苏两省人民誉为"遇旱能抗、遇涝能排"的生命工程。

2 江淮丘陵区水资源现状

　　水是人类生存的基本需求,也是推动社会发展的重要基础资源。通过对某一地区或流域水资源进行全面的数量、质量、时空分布特征等方面的调查和评估,可以了解开发利用状况和供需趋势,为制定科学的水资源规划和严格的管理制度提供依据。区域水资源现状分析也是水资源开发、利用、节约、保护和管理工作的前提,为制定流域和区域经济社会发展规划提供依据。水资源现状分析的结果可以指导合理规划水资源的开发和利用,科学保护和管理水环境,是保障水资源可持续利用和实现可持续发展的重要环节。

　　江淮丘陵区在全国和安徽省的科学部署下,经历了三次全区域范围的水资源调查评价工作,工作施行时间分别在 20 世纪 80 年代初、21 世纪初以及 2017 年至 2021 年期间。这些评价工作对江淮丘陵区的水资源总体状况、存在问题以及演变规律进行了系统的调查和评估,全面了解了区域水资源的现状和潜在的开发利用潜力。同时也为科学制定水资源规划、实施重大工程建设、加强水资源调度和管理、优化经济结构和产业布局等方面提供了重要的基础性支持。对区域水资源的管理和可持续发展具有重要的意义。

2.1　区域水资源本底状况评价

　　江淮丘陵区涉及四市十九区县,依据各县区水资源评价成果重新分析得到江淮丘陵区水资源现状评价成果。评价系列与全国第三次水资源调查评价一致,均为 1956—2016 系列;评价的空间尺度主要包括县域、一级水资源分区、江淮丘陵区三种。表 2.1.1 为安徽省江淮丘陵区所涉及各县域基本情况。

表 2.1.1　江淮丘陵区所涉及各县域基本情况表

编号	城市名称	行政区编码	区县名称	面积/km²
1	合肥市	340102	瑶海区	231
2		340103	庐阳区	127
3		340104	蜀山区	635
4		340111	包河区	281
5		340121	长丰县	1 755
6		340122	肥东县	2 074
7		340123	肥西县	1 623
8	淮南市	340402	大通区	299
9		340403	田家庵区	244
10		340422	寿县	2818
11	滁州市	341102	琅琊区	212
12		341103	南谯区	1 125
13		341122	来安县	1 441
14		341124	全椒县	1 510
15		341125	定远县	2 884
16		341126	凤阳县	1 850
17		341182	明光市	2 273
18	六安市	341502	金安区	1 574
19		341503	裕安区	1 813
合计				24 769

2.1.1　地表水资源量

1) 评价基础

地表水资源量主要指受到天气降水补给并可以逐年更新的水量,包括河流、湖泊、冰川和沼泽水量。由于人类活动的影响,实际测量得到的河道流量无法准确反映自然状态下的径流量,必须将人类活动影响的部分从实测流量中还原,以获得天然径流量的估算。

本次评价首先对降雨量、地表水资源量两个变量进行系列分析,选择资料质量好,系列完整、面上分布均匀且能反映地形变化的雨量站、水文站作为评价分析的依据站,选用 1956—2016 年(61 年)系列进行评价。选用的监测站点布局应尽可能均匀,且资料质量、系列长度和站网密度满足降水量评价要求。在降水量空间变化梯度较大的区域,应尽可能加大选用站的密度。当符合条件的站点数量不足时,可选用观测资料系列长度较短的雨量站、水文站,对其资料系列进行插补延长处理,经合理性分析后确定采用值。

江淮丘陵区选用雨量站、水文站共 114 个,长江、淮河流域实测站均为 57 个。其中,长系列雨量站共有明光、望城岗、安丰塘 3 站,雨量监测数据起始时间分别为 1931、1931、1932 年,各长系列站点全部位于淮河流域境内。选用雨量站、水文站的站网密度为 217 km²/站,长江、淮河流域站网密度分别为 172 km²/站、279 km²/站。

在对实际测量的径流数据进行合理性检查后,对于缺失的数据进行插补和延长处理,以逐站逐年进行天然河流径流量的还原计算。资料插补和延长的方法主要包括降雨径流关系法、上下游径流相关法、多年均值法和比值法等。这些方法可以根据雨量和径流之间的关系、上下游河流的相关性以及历年数据的平均值和比值等途径,来填补缺失数据和延长时间序列,以获得更准确的天然河流径流量数据,提高对水资源状况描述的准确性和可靠性。

2) 系列合理性分析

以面积权重法计算江淮丘陵区降雨量,以分项还原法计算区域逐年径流量,综合利用降雨径流关系及天然径流系列一致性检验方法,分析各站天然径流量还原计算成果的合理性,得到具有一致性且能反映近期下垫面条件的天然径流系列。将 61 年系列划分为 1956—2000 年和 2001—2016 年两个年段,分别对两个年段绘制年降水与径流关系曲线和双累积曲线,判断 2001—2016 年系列与 1956—2000 年系列点群相差幅度(5% 以下认为无明显偏离),以及 1956—2000 年与 2001—2016 年系列走势是否相同。

从以下对江淮丘陵区降雨径流关系的对比图中可以看出来(图 2.1.1),两年段的降雨径流关系并未出现显著偏离,2001—2016 年系列降雨径流关系的范围基本包络在 1956—2000 年系列范围内,证明两年段的降雨径流关系并未出现显著变化。从对区域降雨、径流双累积曲线的分析结果中可以看出(图 2.1.2),2001—2016 年系列降雨径流双累积点数据相对 2000 年之前点数据并未出现偏折、偏移、偏离等情况,前后两系列累积曲线的连续性、趋势一致性良好,所选用的评价系列特征稳定,可以作为后续对区域降雨、径流等数据系列时空特征分析的基础。

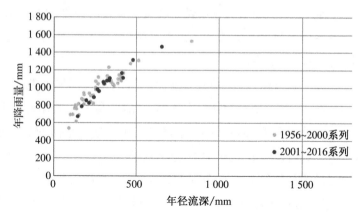

图 2.1.1　安徽省江淮丘陵区降雨径流关系一致性分析示意图

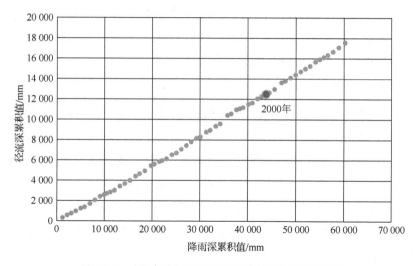

图 2.1.2　安徽省江淮丘陵区降雨径流双累积曲线示意图

3) 变异性及趋势性

江淮丘陵区降水的年际变化较为剧烈,主要表现为最大与最小年降水量的比值(即极值比)较大,年降水量变差系数较大和年际间丰枯变化频繁等特点。根据本次代表站统计结果,江淮丘陵区降水深、径流深的极值比分别为 2.83、9.22。其中 1991 年的降雨深、径流深均为最大,最大值分别为 1 531 mm、834 mm;降雨深、径流深最小值均发生在 1978 年,最小值分别为 541 mm、91 mm。最大与最小年降水深的差值(即极差),从绝对量上反映降水的年际变化。江淮丘陵区降雨深、径流深极差值分别为 990 mm、744 mm,年际差异极大。

变差系数 CV 值的大小反映出降水量、径流量年际变化的程度,CV 值越小,年际变化越小;CV 值越大,年际变化越大,江淮丘陵区年降水深、径流深变差系数 CV 值分别为 0.20、0.46。与之相对的,安徽省淮河流域、长江流域、江南诸河的降水深 CV 值分别为 0.18、0.17、0.18,而径流深 CV 值分别为 0.44、0.33、0.32,统计表明江淮丘陵区的降雨、径流量年际变化程度相对于安徽省所涉及的三个一级区都更加剧烈。

4) 多年平均特征

江淮丘陵区 1956—2016 系列降雨、径流系列如图 2.1.3 所示,从图中可以看出降雨、径流量的丰枯变化过程基本一致,区域降雨量、径流量并未呈现出显著上升或降低等趋势变化。据统计,江淮丘陵区 1956—2016 系列多年平均降雨深 987 mm,折合降雨量 255.9 亿 m³;区域 19 县区中,以六安市裕安区降雨深 1 180 mm 为最大,较淮南市大通区的 901 mm 约多 31%。

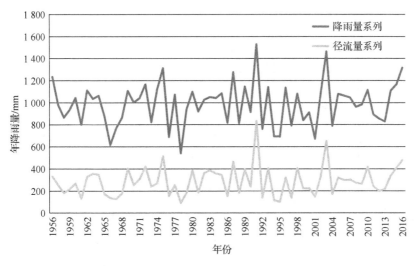

图 2.1.3 安徽省江淮丘陵区降雨径流过程示意图

各县区的降雨量空间分布大致呈现出统一的南多北少、东西多中间少的趋势,并以大别山区降雨量相对最大;而径流深的分布情况则相对散乱,受下垫面、区域辐射条件等方面差异,降雨、径流过程不仅仅与降雨输入有关,还与区域地理地质条件、河流水系连通情况、光照、地表温度等有强烈关系,导致不同区域间的降雨、径流相对丰枯程度并不完全一致。江淮丘陵区各市、县多年平均降雨、径流量统计情况如表 2.1.2 所示。

表 2.1.2　江淮丘陵区各市县多年平均降雨、径流量统计

编号	城市名称	区县名称	降雨量/亿 m³	降雨深/mm	径流量/亿 m³	径流深/mm	径流系数
1	合肥市	瑶海区	2.150	973	0.509 7	231	0.24
2		庐阳区	1.353	988	0.293 8	214	0.22
3		蜀山区	6.407	980	1.609	246	0.25
4		包河区	2.946	979	0.682 6	227	0.23
5		长丰县	17.15	932	5.090	277	0.30
6		肥东县	20.92	949	4.877	221	0.23
7		肥西县	17.58	1037	4.185	247	0.24
8	淮南市	大通区	2.761	901	0.7424	242	0.27
9		田家庵区	2.287	914	0.5855	234	0.26
10		寿县	27.60	924	7.748	259	0.28
11	滁州市	琅琊区	1.990	1036	0.6148	320	0.31
12		南谯区	12.41	1021	3.931	323	0.32
13		来安县	15.05	1004	4.110	274	0.27
14		全椒县	15.75	1020	4.468	289	0.28
15		定远县	27.65	922	7.575	253	0.27
16		凤阳县	17.95	923	4.699	242	0.26
17		明光市	22.49	954	6.302	267	0.28
18	六安市	金安区	18.78	1133	6.856	414	0.37
19		裕安区	22.72	1180	9.798	509	0.43
	江淮丘陵区		255.9	987	74.68	288	0.29

　　从上表中可以看出,长丰县径流系数为 0.30,显著高于周边的大通区、田家庵区,以及合肥市蜀山、肥东等县区,说明长丰县的水土保持能力相对较好、自然植被的蓄养水源能力相对较强。分别针对淮河流域、长江流域水资源一级分区统计江淮丘陵区地表水资源的差异性特征(见表 2.1.3、表 2.1.4)。

表 2.1.3　淮河流域地表水资源量特征值表

地市名称	区县名称	计算面积/km²	降雨量/亿 m³	径流量/亿 m³
合肥市	蜀山区	215	2.106	0.528 8
	长丰县	1 495	13.93	4.135
	肥东县	418	3.962	0.923 5
	肥西县	330	3.418	0.813 8

地市名称	区县名称	计算面积/km²	降雨量/亿 m³	径流量/亿 m³
淮南市	大通区	306	2.761	0.742 4
	田家庵区	250	2.287	0.585 5
	寿县	2 986	27.60	7.748
滁州市	南谯区	73	0.742	0.235 1
	来安县	273	2.745	0.749 3
	定远县	2 983	27.51	7.536
	凤阳县	1 944	17.95	4.699
	明光市	2 002	19.09	5.350
六安市	金安区	735	8.325	3.040
	裕安区	1923	22.69	9.783
合计		15 933	155.1	46.87

表 2.1.4　长江流域地表水资源量特征值表

地市名称	区县名称	计算面积/km²	降雨量/亿 m³	径流量/亿 m³
合肥市	瑶海区	221	2.150	0.509 7
	庐阳区	137	1.353	0.293 8
	蜀山区	439	4.301	1.080
	包河区	301	2.946	0.682 6
	长丰县	345	3.217	0.954 8
	肥东县	1 787	16.96	3.953
	肥西县	1 365	14.16	3.371
滁州市	南谯区	1 143	11.67	3.696
	琅琊区	192	1.990	0.614 8
	来安县	1 226	12.31	3.360
	全椒县	1 544	15.75	4.468
	定远县	15	0.142 4	0.039
	明光市	356	3.400	0.952 7
六安市	金安区	922	10.45	3.816
	裕安区	3	0.035 1	0.015 1
合计		9 996	100.8	27.81

　　作为长江、淮河流域的分水岭,除了江淮丘陵区自身的多年平均降水、径流量以外,研究者还试图分析分水岭南北两侧的降雨量、径流量及产流系数是否存在南

北差异性。统计江淮丘陵区在长江、淮河流域内区域的降雨深、径流深可知,长江流域的降雨深、径流深、径流系数分别为 1 009 mm、279 mm、0.27,相应的淮河流域的降雨深、径流深、径流系数分别为 974 mm、294 mm、0.30。从统计结果来看,江淮分水岭的存在,导致长江、淮河流域降雨、径流特征均呈现出明显差异性,南北降雨深、径流深差异分别约 35 mm、−15 mm,降雨、径流南北变化幅度不一且变化方向并不一致,导致这一现象的原因也值得更多的研究。为便于读者参考,提供江淮丘陵区降雨径流系列以利于参照分析。

表 2.1.5 安徽省江淮丘陵区降雨、径流系列表

年份	降雨深/mm	降雨量/亿 m³	径流深/mm	径流量/亿 m³	径流深统计频率/%
1956	1 234	319.8	332	86.05	35
1957	980	254.2	255	66.01	53
1958	866	224.5	181	47.02	76
1959	935	242.5	218	56.53	66
1960	1 043	270.6	268	69.46	50
1961	800	207.5	131	33.93	92
1962	1 111	288.2	328	85.16	37
1963	1 035	268.5	357	92.69	27
1964	1 063	275.7	347	90.10	29
1965	877	227.3	171	44.37	79
1966	617	159.9	136	35.20	90
1967	765	198.4	127	32.92	94
1968	863	223.9	176	45.75	77
1969	1 107	287.0	404	104.80	18
1970	1 003	260.0	254	65.81	56
1971	1 040	269.2	307	79.69	42
1972	1 166	302.3	421	109.30	10
1973	824	213.6	240	62.27	60
1974	1 121	290.6	271	70.24	48
1975	1 312	340.1	514	133.20	5
1976	689	178.5	154	39.94	82
1977	1 073	278.2	254	65.93	55
1978	541	140.3	91	23.47	98

续表

年份	降雨深/mm	降雨量/亿 m³	径流深/mm	径流量/亿 m³	径流深统计频率/%
1979	941	244.0	184	47.75	73
1980	1 099	284.9	388	100.60	21
1981	921	238.9	185	47.93	71
1982	1 027	266.3	364	94.32	24
1983	1 051	272.6	387	100.30	23
1984	1 042	270.3	359	93.12	26
1985	1 085	281.2	345	89.57	31
1986	818	212.0	152	39.33	84
1987	1 277	331.1	465	120.60	8
1988	814	211.0	183	47.54	74
1989	1 146	297.1	394	102.10	19
1990	916	237.4	239	62.02	61
1991	1 531	396.9	834	216.30	2
1992	761	197.3	139	36.05	87
1993	1 140	295.5	406	105.30	16
1994	694	180.0	115	29.78	95
1995	691	179.3	101	26.17	97
1996	1 135	294.4	323	83.66	39
1997	792	205.2	137	35.40	89
1998	1 081	280.2	408	105.70	15
1999	841	218.0	223	57.88	65
2000	912	236.5	225	58.37	63
2001	672	174.3	146	37.96	85
2002	1 083	280.9	335	86.82	34
2003	1 465	379.7	653	169.30	3
2004	790	204.8	171	44.31	81
2005	1 079	279.8	321	83.14	40
2006	1 064	276.0	300	77.67	45
2007	1 047	271.5	304	78.76	44
2008	963	249.7	275	71.19	47
2009	984	255.2	265	68.65	52
2010	1 115	289.0	419	108.60	11

年份	降雨深/mm	降雨量/亿 m³	径流深/mm	径流量/亿 m³	径流深统计频率/%
2011	894	231.8	243	63.10	58
2012	857	222.1	199	51.59	69
2013	829	214.8	216	55.89	68
2014	1 109	287.5	339	87.84	32
2015	1 167	302.7	412	106.80	13
2016	1316	341.2	479	124.10	6

2.1.2 水资源总量

水资源总量是指当地降水形成的地表和地下产水量,即地表径流量与降水入渗补给地下水量之和,采用补排水量平衡原理计算。江淮丘陵区1956—2016多年平均水资源总量80.30亿 m³,其中淮河、长江流域分别为49.75亿 m³、30.55亿 m³,分别占全区的38%、62%。江淮丘陵区多年平均地表和地下水相互转化不重复量计算量为5.629亿 m³,其中淮河流域为4.346亿 m³,占全省的77%,长江流域为1.283亿 m³,占全省的23%。

水资源总量的空间分布基本与降水量、地表水资源量一致,即由北向南递增、山区大于平原。各县级行政区多年平均水资源总量在0.313 8～10.39亿 m³之间,最大的是六安市裕安区,最小的是合肥市庐阳区。其中,裕安区水资源总量为10.39亿 m³,其次是淮南市寿县9.590亿 m³、定远县7.933亿 m³,三县区水资源总量占全区的比重均超过10%,长丰县、肥东县、肥西县、南谯区、来安县、全椒县、凤阳县、明光市、金安区占全区比重在5%以上,其余县区占全区比重都小于5%。各行政分区、水资源分区水资源总量特征见表2.1.6、图2.1.4。

表 2.1.6 安徽省江淮丘陵区水资源总量特征值表

城市名称	区县名称	地表水资源量/亿 m³	地下水资源与地表水资源不重复量/亿 m³	水资源总量/亿 m³
合肥市	瑶海区	0.509 7	0.007 1	0.517
	庐阳区	0.293 8	0.020 0	0.314
	蜀山区	1.609 0	0.004 3	1.613
	包河区	0.682 6	0.164 5	0.847
	长丰县	5.090 0	0.405 0	5.495
	肥东县	4.877 0	0.240 2	5.117
	肥西县	4.185 0	0.556 2	4.741

城市名称	区县名称	地表水资源量/亿 m³	地下水资源与地表水资源不重复量/亿 m³	水资源总量/亿 m³
淮南市	大通区	0.742 4	0.192 0	0.934
	田家庵区	0.585 5	0.035 7	0.621
	寿县	7.748 0	1.842 0	9.590
滁州市	琅琊区	0.614 8	0.004 1	0.619
	南谯区	3.931 0	0.007 1	3.938
	来安县	4.110 0	0.126 9	4.236
	全椒县	4.468 0	0.063 1	4.531
	定远县	7.575 0	0.358 2	7.933
	凤阳县	4.699 0	0.625 8	5.325
	明光市	6.302 0	0.075 4	6.377
六安市	金安区	6.856 0	0.307 2	7.163
	裕安区	9.798 0	0.594 4	10.392
江淮丘陵区		74.67	5.629	80.30
长江流域		29.27	1.283	30.55
淮河流域		45.40	4.346	49.75

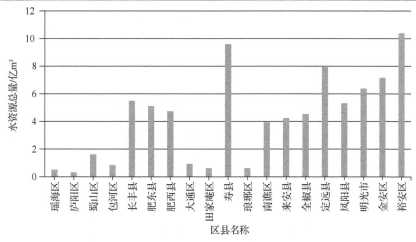

图 2.1.4　安徽省江淮丘陵区各区县多年平均水资源总量对比图

1）空间分布

以产水系数、产流模数分别评价江淮丘陵区产水能力的区域变化。产水系数即大气降水量转化为水资源总量的比例。江淮丘陵区多年平均产水系数为 0.31，其中淮河流域为 0.39。产流模数南北差异较大，由北向南递增，山区大于平原。江淮丘陵区多年平均产流模数为 31.0 万 m³/km²，其中淮河流域为 31.6 万 m³/km²，长江流域为 30.0 万 m³/km²。多年平均产流模数最大的县级行政区为裕安区

53.96 万 m³/km²;多年平均产水模数按行政分区最小为庐阳区,仅为 22.9 万 m³/km²。

2) 变化趋势

江淮丘陵区 19 区县年水资源总量年际变化幅度不大(图 2.1.5),最大值为 1991 年的 224.6 亿 m³,最小值为 1978 年的 26.21 亿 m³,极值比为 8.6。长江、淮河流域的极值比分别为 9.6、8.2,长江流域水资源总量年际变化幅度高于淮河流域。各区域水资源总量统计特征值如表 2.1.7。

表 2.1.7 江淮丘陵区水资源总量统计特征值

区域	统计项目	最大值/亿 m³	最大值所在年	最小值/亿 m³	最小值所在年	多年均值/亿 m³	CV
江淮丘陵区	地表水资源量	216.3	1991	23.47	1978	74.68	0.47
	山丘区河川基流量	31.60	1993	4.945	1967	14.76	0.47
	平原区降水入渗补给量	10.06	1991	2.715	1978	6.542	0.25
	平原区降水入渗补给形成的河道排泄量	2.783	1991	0.768 9	1978	1.844	0.26
	地下水资源与地表水资源不重复量	8.357	1991	2.740	1978	5.629	0.22
	山丘区地下水资源量	32.57	1993	5.816	1967	15.69	0.44
	水资源总量	224.6	1991	26.21	1978	80.30	0.45
淮河流域	地表水资源量	126.4	1991	14.27	1978	45.40	0.47
	山丘区河川基流量	17.93	1993	2.597	1967	7.849	0.47
	平原区降水入渗补给量	8.336	1991	2.198	1978	5.444	0.27
	平原区降水入渗补给形成的河道排泄量	2.470	1991	0.672 4	1978	1.640	0.27
	地下水资源与地表水资源不重复量	6.513	1991	1.963	1978	4.346	0.25
	山丘区地下水资源量	18.50	1993	3.093	1967	8.391	0.45
	水资源总量	132.9	1991	16.23	1978	49.75	0.45
长江流域	地表水资源量	89.90	1991	8.675	1995	29.27	0.50
	山丘区河川基流量	14.12	2003	2.348	1967	6.907	0.46
	平原区降水入渗补给量	1.724	1991	0.517 1	1978	1.098	0.22
	平原区降水入渗补给形成的河道排泄量	0.3127	1991	0.096 6	1978	0.204 2	0.22
	地下水资源与地表水资源不重复量	1.843	1991	0.777 1	1978	1.283	0.16
	山丘区地下水资源量	14.53	2003	2.723	1967	7.296	0.44
	水资源总量	91.75	1991	9.566	1995	30.55	0.48

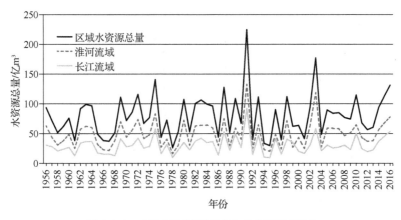

图 2.1.5　安徽省江淮丘陵区各年产水模数示意图

2.2　区域水资源开发利用现状

2.2.1　现状供水量

按取水水源将区域现状供水量划分为地表水源供水量、地下水源供水量和其他水源供水量三种类型统计。江淮丘陵区 2010～2016 多年平均年供水总量 57.93 亿 m³，其中淮河、长江流域分别为 29.80 亿 m³、28.13 亿 m³，分别占全区的 51.4%、48.6%；不同的水源类型中，江淮丘陵区地表、地下和其他水源供水量分别为 55.94、1.21、0.78 亿 m³，分别占供水总量的 96.6%、2.1%、1.3%。各县级行政区、水资源分区供水量特征值见表 2.2.1、图 2.2.1。

表 2.2.1　江淮丘陵区现状供水量特征值表　　　　　　　　　　单位：亿 m³

城市名称	区县名称	地表水源供水量	地下水源供水量	其他水源供水量	总供水量
合肥市	瑶海区	1.178	0.007 1	0.122 9	1.308
	庐阳区	0.847 4	0.02	0.122 9	0.990
	蜀山区	3.460	0.004 3	0.105 7	3.570
	包河区	1.154	0.005 7	0.1	1.260
	长丰县	3.646	0.071 4	0.032 9	3.750
	肥东县	4.947	0.07	0.035 7	5.053
	肥西县	4.413	0.06	0.034 3	4.507
淮南市	大通区	1.281	0.028 9	0.064 3	1.374
	田家庵区	1.498	0.061 7	0.058 6	1.618
	寿县	7.478	0.026 6	0.002 9	7.508

城市名称	区县名称	地表水源供水量	地下水源供水量	其他水源供水量	总供水量
滁州市	琅琊区	1.073	0.004 1	0	1.077
	南谯区	1.869	0.007 1	0	1.876
	来安县	2.743	0.136 5	0	2.879
	全椒县	2.596	0.059 6	0	2.655
	定远县	4.795	0.151 6	0.001 4	4.948
	凤阳县	3.212	0.185 8	0	3.398
	明光市	2.197	0.103 8	0.007 1	2.308
六安市	金安区	4.463	0.117 9	0.047 1	4.628
	裕安区	3.087	0.091 3	0.044 3	3.222
江淮丘陵区		55.94	1.213 4	0.780	57.93
长江流域		28.74	0.492 4	0.568 6	29.80
淮河流域		27.19	0.721 1	0.211 4	28.13

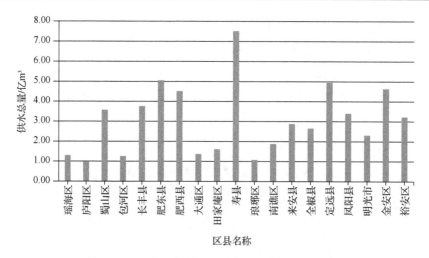

图 2.2.1 江淮丘陵区各区县多年平均供水总量示意图

各区县中,寿县、肥东、定远、金安四地供水量占江淮丘陵区供水总量比重超8%,庐阳、琅琊区供水总量的比重在 2% 以下。分析各区县地表水供水量占总供水量的比重可以看出,瑶海、庐阳、包河区等经济发展水平较高地区地表水占比相对较低,与之相对的上述三区县的其他水源供水量占比分别为 9.4%、12.4%、7.9% 居各区县的前三;滁州市来安县、凤阳县、明光市以及淮南市田家庵区地表水供水占比也相对较小,与之相对的是上述四区县的地下水供水量占比均超过

3.5%,居各区县的前四。

2.2.2　现状用水量

分别按照农业、工业、生活、生态四个类别分别统计各行业用水量,并从其中区分出地下水用水量进行统计分析。江淮丘陵区2010—2016多年平均年用水总量57.93亿 m^3,其中淮河、长江流域分别为29.80亿 m^3、28.13亿 m^3,分别占全区的51.4%、48.6%;不同的行业类型中,江淮丘陵区农业、工业、生活、生态用水量分别为37.65亿 m^3、11.44亿 m^3、7.881亿 m^3、0.9598亿 m^3,分别占用水总量的65.0%、19.7%、13.6%、1.7%。农业用水量在淮河、长江流域用水总量中的比重分别为75.4%、55.2%,江淮丘陵地区中的淮河片区对农业生产用水量相对更大,也表明农业用水在国民经济结构中的比重相对更大(图2.2.2)。

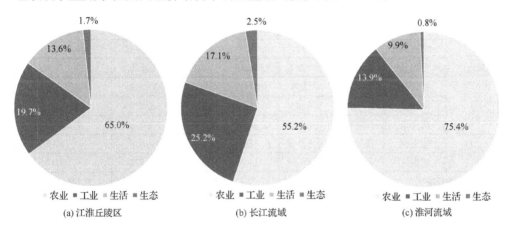

图 2.2.2　江淮丘陵区各行业用水量占比示意图

各县级行政区、水资源分区用水量特征值见表2.2.2、图2.2.3。除瑶海区、庐阳区、蜀山区、包河区、大通区、田家庵区、琅琊区外,其余12县区农业用水量占比均在50%以上;蜀山区、大通区、琅琊区作为以工业、经济开发为主要功能的区域,其工业用水占比在50%以上;包河区、瑶海区、庐阳区的生活用水占比均在50%以上,同时这三个行政区的生态用水量也均在10%以上,生活、生态用水占区域用水总量的比例相对其他区域更高。

表 2.2.2　江淮丘陵区现状用水量特征值表　　　　　单位：亿 m³

城市	区县	农业	工业	生活	生态	总用水量	地下水用水量
合肥市	瑶海区	0.012 8	0.405 9	0.743	0.146 4	1.308	0.007 1
	庐阳区	0.073 1	0.311 3	0.505 1	0.100 7	0.990 2	0.02
	蜀山区	0.236 9	2.196	0.948 2	0.189 3	3.570	0.004 3
	包河区	0.124 3	0.288	0.707 5	0.140 2	1.260	0.005 7
	长丰县	2.805	0.601 5	0.331 8	0.011 7	3.750	0.071 4
	肥东县	3.605	0.936 1	0.495	0.015 7	5.052	0.07
	肥西县	2.990	1.047	0.459 3	0.011 5	4.507	0.06
淮南市	大通区	0.359 4	0.812 9	0.168 3	0.033 1	1.374	0.028 9
	田家庵区	0.392 1	0.718 5	0.442 1	0.065 3	1.618	0.061 7
	寿县	6.688	0.370 3	0.419 2	0.029 9	7.508	0.026 6
滁州市	琅琊区	0.246 5	0.561	0.234 5	0.035 1	1.077	0.004 1
	南谯区	1.188	0.483 7	0.178 7	0.026	1.876	0.007 1
	来安县	2.252	0.384	0.229 9	0.013 3	2.879	0.136 5
	全椒县	2.155	0.272 5	0.217 6	0.010 4	2.655	0.059 6
	定远县	4.250	0.288	0.394 3	0.015 4	4.948	0.151 6
	凤阳县	2.660	0.368 2	0.356 5	0.013 4	3.398	0.185 8
	明光市	1.741	0.273 3	0.284 2	0.009 9	2.308	0.103 8
六安市	金安区	3.567	0.637 9	0.374 6	0.049 2	4.628	0.117 9
	裕安区	2.301	0.486 8	0.390 9	0.043 4	3.222	0.091 3
江淮丘陵区		37.65	11.44	7.881	0.959 8	57.93	1.214
长江流域		16.45	7.523	5.094	0.737 8	29.80	0.492 4
淮河流域		21.20	3.920	2.787	0.222	28.13	0.7211

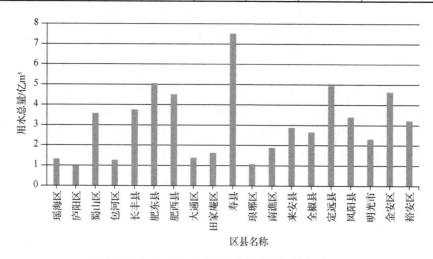

图 2.2.3　江淮丘陵区各区县多年平均用水总量示意图

2.3　水资源双控指标评估

在以用水总量、用水效率为红线的水资源双控制度下,水资源逐步成为地区经济社会发展的限制因素,如何科学判断未来一定时期需水总量、科学制定配套政策和技术升级计划,成为事关地区是否能够实现持续、均衡发展的关键问题。在对安徽省全省 16 地市 1999—2020 年用水效率变化趋势分析基础上,建立了万元 GDP 用水量指标与人均 GDP 的学习曲线方程。据此对安徽省及各地市文件 2025 年双控指标进行预测,并结合相关政策、规划计划分析用水总量与效率指标的可行性。根据初步的研究成果,安徽各地人均 GDP 与万元 GDP 用水量指标呈现显著的负相关关系,预测 2025 年安徽省各地用水总量将缓慢增长至 353 亿 m³,而万元 GDP 用水量可降低至 65 m³/万元。其中,淮南市用水效率指标降低了 57 m³/万元,降幅相对最大。

2.3.1　工作背景

随着工业化、城镇化以及农业现代化的快速发展,我国资源供给相对不充分、水环境水生态恶化等问题愈加凸显,尤其水资源相对短缺已经成为制约我国经济社会发展的瓶颈问题,在对地区发展设定了供水总量上限的同时,促进各地及用水单位积极谋求产业结构转型升级或用水效率提升。2011 年中央一号文件明确提出以"三条红线"为核心的最严格水资源管理制度,通过科学制定用水效率、用水总量等控制性、目标性指标,来把控水资源开发利用的各个环节,并纳入最严格水资源管理制度以用于评价地方以及国家施政水平。

在淮河、长江、黄河生态经济带相继提出的政策背景下,水生态、水环境被提到了前所未有的高度,区域经济社会发展必须考虑生态成本、资源消耗成本,必须要以水而定、量水而行,充分保障人水和谐、保障用水安全。在此背景下,亟需明确区域经济社会发展与用水效率、用水总量之间联系,并增强对区域节水潜力的定量评估与预测分析能力,以科学评估一定时期内地区用水总量及用水效率双控指标,合理均衡经济社会发展与资源消耗压力。

随着社会发展、经济技术水平逐渐提升,水资源节约集约利用工艺不断改进、涉水各环节的节水潜力被不断挖掘,促进生产效率、用水效率改善。如果将社会生产过程中对水资源的消耗视作生产成本,则在分析单位产值水资源消耗随产值的增加而呈现的规律变化时,即可引入学习曲线的概念,以反映随着经验积累与技术进步,社会在水资源节约集约利用方面取得的积极进展。

2.3.2 数据介绍

安徽省位于我国华东腹地东经 114°54′~119°37′、北纬 29°41′~34°38′范围内，全省面积 14.01 万 km²，约占全国总面积的 1.46%。有长江、淮河由西向东穿过，将安徽省划分为淮北、江淮、江南三片。2020 年底，全省户籍人口 6103 万，其中城镇人口 3 560 万，占 58.33%。在安徽省的 16 个省辖市中，合肥、阜阳两市分别以 937 万、820 万的人口数占据全省人口前两位。

安徽省多年平均降水量 1 175 mm，降水空间分布自北向南递增。淮北 800~900 mm，江淮之间 900~1 500 mm，江南 1200~2 100 mm。全省径流年内分配受降水、下垫面等因素影响，安徽省多年平均天然径流量为 660.64 亿 m³，相应径流深 473.7 mm。淮河流域径流量 184.45 亿 m³，占全省的 27.9%；长江流域径流量 409.20 亿 m³，占全省 61.9%；钱塘江流域径流量 67.00 亿 m³，仅占全省的 10.2%。受水资源等因素综合影响，安徽省经济发展水平也呈现显著的南北区域差异特征。

根据 2020 年安徽省统计公报、水资源公报，安徽省综合人均 GDP 为 6.34 万元，其中，合肥市以 10.72 万元的人均 GDP 位居各市发展水平的首位，马鞍山与芜湖市人均 GDP 也在 10 万元以上。纵向对比安徽省各市人均 GDP 可以发现，人均 GDP 在全省平均水平以下的地市均分布于淮河以北地区，而长江以南如黄山、铜陵等市均高于全省平均水平。地方经济发展水平呈现出与水资源丰沛程度正相关的现象。

安徽各市人均 GDP 呈现由西向东、由北向南增长趋势，且沿江、沿淮地区万元GDP 用水量均较高，相应的用水效率偏低，而且随着距离大江、大河的距离变远，地区万元 GDP 用水量逐渐降低，用水效率相应提高。例如，淮河穿流而过的淮南、蚌埠等市，万元 GDP 用水量在 63~149 m³/万元范围内，而亳州、宿州等地区的相应指标则在 31~57 m³/万元范围内变化。但是地区用水效率的相对高低与地形并无确定性关联，例如相对远离长江的宣城、黄山两市万元 GDP 用水量指标分别为 85 m³/万元、52 m³/万元，远低于沿江各城市相应指标值的变化范围 79~122 m³/万元。

本节所采用的原始数据来自《安徽省水资源公报（1999—2020 年）》《安徽省统计公报（1999—2020 年）》。以安徽省及 16 个地市行政区作为基本分析单元，梳理人均 GDP、万元 GDP 用水量等逐年指标，形成 1999—2020 年共 22 年的时空二维数据用于分析研究。

在分析全省及各行业用水总量及效率变化趋势前提下，对安徽省各地市用水数量、效率的变化情况基本了解；进一步的，通过将基于学习曲线的用水量统计分析成果与区域规划、经济发展政策相结合，探讨可用于评估区域节水潜力的量化方法及其适用性。

2.3.3　取用水现状分析

在淮北、江淮地区内分别选取两市,在江南地区选择三个市,对上述 7 个地市及安徽全省作为典型区域,分析 1999—2020 年期间取用水变化情况。其中,淮北地区选取宿州市、阜阳市,江淮地区选择安庆、合肥市,江南地区选择池州市、宣城市,新安江流域选择黄山市。筛选地表水供水量、农业灌溉用水量、人均用水量、人均 GDP 及万元 GDP 用水量作为评价指标,对各典型区域水源结构、不同行业供水总量、经济总量、经济发展水平、用水效率五个方面进行趋势分析与现状评价。其中,地表水供水量、农业灌溉用水量、人均用水量、万元 GDP 用水量等用水总量及效率指标均绘制在主坐标轴(左侧纵轴),人均 GDP 作为经济发展水平指标绘制在次坐标轴(右侧纵轴);为使主坐标轴各系列的上下限范围基本一致、以便展示变化趋势,将地表水供水量、农业灌溉用水量放大 10 倍后制图。

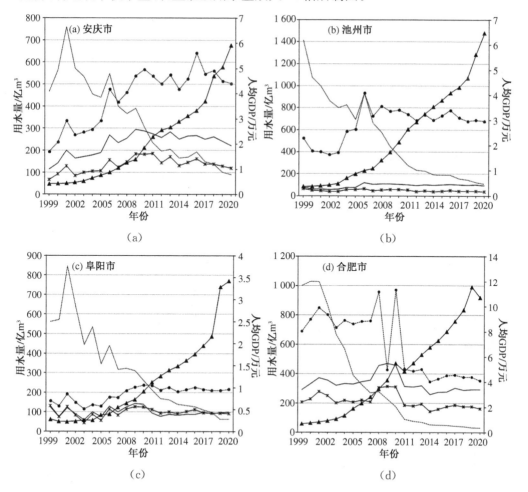

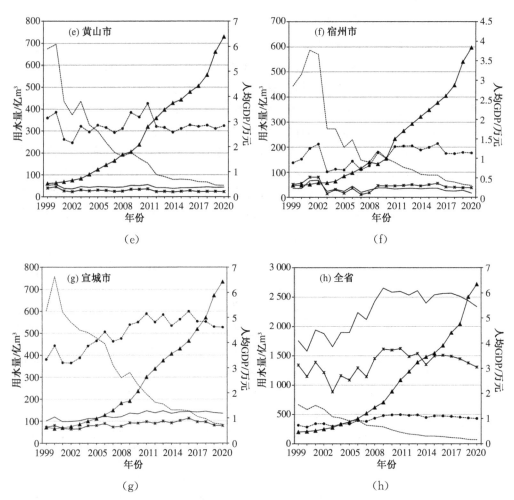

图例： —— 地表水供水量 —✳— 农业灌溉用水量 ------ 万元GDP用水量 ···•··· 人均用水量 —▲— 人均GDP

图 2.3.1 安徽省及 7 个典型地市取用水及经济指标逐年变化

图 2.3.1(a)~(h)中可见安徽省各地市人均 GDP 的上升趋势,其中合肥市人均 GDP 由 1999 年的 0.688 万元上升到 2020 年 10.72 万元、平均年增幅 0.48 万元,从安徽省第四上升至第一位。与之相对的,安徽省各市的万元 GDP 用水量指标呈现显著下降趋势,其中合肥市万元 GDP 用水量指标由 1999 年的 1 001 m³/万元降低至 2020 年的 30.8 m³/万元,降幅达到 97%,用水效率提高程度、现状用水效率均居于全省首位;其余各市的万元 GDP 用水量降幅均在 78%~92% 之间。

图(h)中,安徽省人均 GDP 由 0.47 万元上升至 6.34 万元,平均增长率为 0.28 万元/a;而万元 GDP 用水量则从 667 m³/万元降低至 69 m³/万元,年均降幅

28 m³/万元。从用水量的变化趋势上看,地表水供水量呈现上升趋势,由 1999 年的 175.22 亿 m³,增长到 2020 年的 233.83 亿 m³ 在,涨幅 33%;农业灌溉用水量则呈现 震荡下降趋势,从 1999 年的 133.99 m³ 亿降低至 2020 年的 130.57 亿 m³,降幅 3%。

为能够更准确地分析安徽省及各地市 1999—2020 年期间用水量、用水效率及 经济社会指标的变化情况,将各市上述指标的变化情况、变化幅度以列表形式展示 在表 2.3.1 中。从表中可以看出,安徽省及各市万元 GDP 用水量均呈现显著下降 趋势,各市万元 GDP 用水量降幅在 1 362 m³～246 m³ 之间,其中合肥市的降幅及 下降比例相对最大,淮北市万元 GDP 用水量相对最小。安徽省及各市的 GDP、人 均 GDP 指标均呈现显著的上升趋势,其中合肥、马鞍山、芜湖三市的人均 GDP 变 化在 9 万元以上,而池州市人均 GDP 的相对变幅最大,达到了 1637%;淮南市的人 均 GDP 变幅相对最小为 607%(未考虑通胀等因素)。

分析各地市的用水量变化情况,发现安徽省 16 地市中有 13 个地市的用水量 呈现上涨趋势,与全省用水量的变化趋势一致;另有 8 个地市农业灌溉用水量呈现 下降趋势,与安徽省农业用水变化趋势一致。可见,随着安徽省地区经济社会发 展,用水量也同步增长,表现总供水显著增长,其中用水总量涨幅 38%、地表水涨 幅 33%、区域水资源承载压力增大;而农业用水的逐步降低,也体现了安徽省逐渐 从劳动、资源密集型的传统产业结构向技术、服务型产业结构转向政策的施行成 效。安徽省农业用水降幅为 3%,而其余各地市农业用水量的降幅在 10%～42% 之间、相应农业用水减少量在 1.28 m³～5.72 亿 m³ 之间。其中,以六安市农业用 水下降量最大为 5.72 亿 m³、相应降幅 25%,这与六安市水利局、淠史杭灌区管理 总局近年来持续推进的计划用水、节水灌溉、灌渠配套改造以及终端监控管护等水 资源节约集约利用工作密不可分,这也在一定程度上对淮南、阜阳、合肥等地市农 业节水工作起到了示范、带头作用,促进了安徽省农业用水总量降低。

2.3.4 学习曲线构建

从上述对安徽省及各市用水总量、效率及社会经济发展水平的比较中可以明 显看出,各地经济社会发展均呈现向好的趋势,随之而来的地区用水量总体呈现增 长趋势;而部分地市农灌用水降低甚至用水总量也呈现下降趋势,则进一步表明了 GDP 增长与用水总量并不能用简单的单调增减关系进行描述。从用水效率与 GDP 增长的关联性上,也可以看出两者呈现出显著的负相关关系,随着地区经济 社会水平的逐步增长,以万元 GDP 用水量为指标的用水效率呈现逐渐优化的趋

表 2.3.1 安徽省及各地市用水量、效率及经济社会指标变化情况统计表

分区	地市	用水量指标变化值/亿m³		用水效率指标变化值/万元·m³	人均GDP变化值/万元	2000年较1999年部分指标变化率/%				
		用水总量	农灌	万元GDP用水量		用水总量	农灌	万元GDP用水量	GDP	人均GDP
淮北地区	宿州市	0.98	-1.28	-396	3.53	11.17	-25	-89	972	1139
	淮北市	1.13	0.76	-246	5.15	40.79	136	-88	1119	981
	亳州市	7.13	3.33	-483	3.31	230.74	152	-90	3135	1082
	阜阳市	-1.88	-4.08	-498	3.14	-9.56	-31	-89	703	1113
	蚌埠市	2.27	-0.85	-578	5.77	19.54	-10	-90	1075	1051
	淮南市	2.56	-1.49	-1235	3.78	14.70	-13	-89	1043	607
江淮地区	滁州市	3.36	0.56	-677	6.76	18.45	4	-90	1126	1158
	合肥市	1.47	-4.27	-970	10.03	4.99	-21	-97	3097	1458
	六安市	-4.53	-5.72	-1362	3.53	-16.91	-25	-91	882	1285
	安庆市	10.8	5.41	-375	5.51	93.34	82	-81	961	1326
江南地区	马鞍山市	18.21	3.55	-554	9.07	218.08	87	-82	1751	861
	芜湖市	20.85	3.62	-384	9.10	232.96	67	-83	1821	1017
	铜陵市	7.94	0.60	-416	6.65	218.13	33	-78	1549	660
	池州市	1.57	-2.68	-1302	6.10	19.50	-40	-92	1506	1637
	宣城市	3.18	0.76	-518	5.80	30.49	11	-86	859	917
	黄山市	-0.8	-1.64	-622	5.86	-15.24	-42	-92	1029	1102
安徽省		58.61	74.24	-598	58 719	5.87	38.26	-90	1 259	1 247

势。如表 2.3.2 所示,颜色越深表明相关系数越高,在排除总供水量与地下水供水量等同类指标相关,以及人均用水量与地下水供水量等伪相关之后,可见万元GDP 用水量指标与人均 GDP 指标之间相关系数为－0.88,呈现显著的负相关关系。

表 2.3.2　安徽省供用水量、用水效率与经济社会发展指标相关系数统计表

指标		供水量			用水量			经济社会发展指标	
		地表水供水量	地下水供水量	总供水量	农灌用水量	工业用水量	人均用水量	GDP	人均GDP
用水效率	万元 GDP 用水量	－0.84	－0.83	－0.87	－0.51	－0.89	－0.84	－0.87	－0.88
经济社会发展指标	人均 GDP	0.67	0.73	0.71	0.43	0.62	0.65	1.00	
	GDP	0.65	0.72	0.70	0.42	0.61	0.64		
用水量	人均用水量	0.99	0.92	0.99	0.86	0.93			
	工业用水量	0.93	0.80	0.93	0.63				
	农灌用水量	0.85	0.80	0.85					
供水量	总供水量	1.00	0.92						
	地下水供水量	0.88							

本研究拟采用学习曲线构建经济社会发展与水资源利用效率之间关系方程式,以量化评估两类指标在 1999～2020 年期间的相对变化趋势,评估在不同时期的地区节能潜力,并对"十四五"期间安徽省各地区所能达到的用水效率及总量控制指标进行推算预测,可为安徽省及各地市高效合理分配利用水资源提供参考。学习曲线在不同环境下的学习曲线表现形式有所不同,按照不同的划分标准可以分为成本型和时间型两种。美国斯坦福研究院提出的斯坦福(B)曲线(Stanford(B) Curve)是其中较为流行的一种成本型学习曲线,其表现形式如下:

$$y_x = C_1 (x+B)^b \tag{2.3.1}$$

其中,y_x 是生产规模为 x 时,单位产值资源消耗;x 指示经济发展水平;b 是学习常数,与社会(行业)生产效率提高快慢有关,生产效率提高越快,b 就越大,反之越小。参照上述内容,选择人均 GDP 作为自变量,以万元 GDP 用水量作为因变量,绘制 x-y 散点图(见图 2.3.2),并参照方程(2.3.1)给出学习曲线拟合方程及相关系数(见表 2.3.3)。

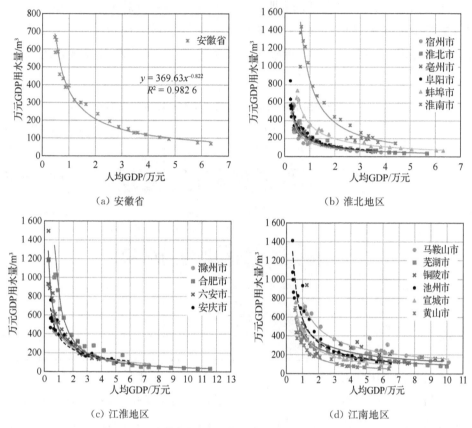

（a）安徽省　　　　　　　　　　（b）淮北地区

（c）江淮地区　　　　　　　　　　（d）江南地区

图 2.3.2　安徽省及各市用水效率与人均 GDP 指标关系图

从图 2.3.2 中可以明显看出,安徽省及各市万元 GDP 用水量与人均 GDP 之间呈现显著的负相关关系,与表 2.3.2 的成果互相印证,说明两类要素之间关系可以用幂指数为负的 Stanford(B) Curve 近似描述。随着各地人均 GDP 增长,相应区域的万元 GDP 用水量呈现单调下降趋势;但是这种下降趋势不是无限制的,随着经济社会发展水平的提高,学习曲线下降趋势变缓,"学习"效率逐渐降低,每提高一单位的人均 GDP,相应万元 GDP 用水量的降低幅度越来越小。例如,安徽省 2010 年较 2009 年人均 GDP 提高了 0.45 万元,相应的万元 GDP 用水量减小了 53 m^3;而 2011 年人均 GDP 为 2.54 万元,比 2010 年的 2.09 万元提高了 0.45 万元,相应万元 GDP 用水量则减少了 42 m^3。

从图 2.3.2 中 x-y 的单调递减可以推断,公式(2.3.1)中 b 值为负值、C_1 值为正。又考虑到,当人均 GDP 继续增大时万元 GDP 用水量无限趋近于 0,为方便计算起见可设定 B 为 0。由下文中表 2.3.3 的统计结果可知,上述参数取值均能够取得较好的拟合效果。

表 2.3.3 学习曲线方程及相关系统统计表

地市名称	C_1	b	拟合相关系数	地市名称	C_1	b	拟合相关系数
淮南市	852.92	−1.168	0.98	滁州市	431.78	−0.81	0.98
蚌埠市	361.18	−0.862	0.99	马鞍山市	777.51	−0.693	0.96
淮北市	204.29	−0.928	0.98	铜陵市	534.94	−0.62	0.85
宿州市	160.61	−0.849	0.96	芜湖市	417.76	−0.642	0.98
阜阳市	196.89	−0.814	0.98	宣城市	444.61	−0.831	0.99
亳州市	183.14	−0.831	0.98	黄山市	317.68	−0.98	0.99
合肥市	824.2	−1.296	0.98	池州市	581.43	−0.811	0.97
六安市	454.41	−0.767	0.97	安徽省	369.063	−0.822	0.99
安庆市	373.69	−0.666	0.96				

从表 2.3.3 中可以看出,在取以上参数值时,以幂指数为负的 Stanford(B) Curve 对 1999—2020 年期间用水效率、经济社会发展水平系列的拟合效果较好,安徽省各地市拟合相关系数在 0.85~0.99 之间;且除铜陵外,其余各市的相关系数均在 0.96 以上。可见学习方程适用于描述安徽省及各地市的万元 GDP 用水量、人均 GDP 指标之间的相关关系。学习曲线揭示了单位产值水资源消耗随着经济发展的规律性变化。例如根据图 2.3.2、表 2.3.3 中的学习曲线方程,任取一点的人均 GDP 值,即可计算出相应某地区水资源负荷;也可以依据经济发展趋势预测结果,以未来某一时刻人均 GDP,推测相应水资源消耗。

2.3.5 "十四五"双控目标分析

从图 2.3.2 中可以看到,随着地区经济水平逐渐提升,用水效率的提升幅度逐渐减小;当用水效率达到一定水平之后,无论该地区采用怎样的技术措施,进一步地实现水资源节约利用变得极为困难。因而现实中,往往关注在现有或未来一定时期,在技术上成熟、经济上合理的可实现的用水效率提升。本研究以学习曲线为理论依据,依据安徽省"十四五"规划 GDP 增长目标,分析"十四五"期末万元 GDP 用水量指标值;进而可以根据 2025 年规划 GDP 总量及预测用水效率指标,推算 2025 年用水总量控制指标。

依据安徽省"十四五"规划,安徽省"十四五"期间平均年 GDP 涨幅 6.5%。在此背景下,设定安徽省各市均以相同增速发展、人口保持基本不变,依据公式(2.3.1)、表 2.3.3 推算各市 2025 年万元 GDP 用水量、用水总量控制指标见表 2.3.4。

表 2.3.4　安徽省各地市万元 GDP 用水量及用水总量预测结果

区域	地市名称	2020 年统计指标			2025 年预测指标		
		人均 GDP/万元	万元 GDP 用水量/m³	GDP 总量/亿元	万元 GDP 用水量/m³	万元 GDP 用水量变幅/m³	用水总量/亿 m³
淮北地区	淮南市	4.41	149	1 438	93	56	20
	蚌埠市	6.32	67	2 119	51	16	17
	淮北市	5.68	35	1 204	28	7	5
	宿州市	3.84	48	2 117	36	12	12
	阜阳市	3.42	63	2 815	52	11	22
	亳州市	3.61	57	1 853	45	12	13
江淮地区	合肥市	10.72	31	9 413	22	9	32
	六安市	3.80	133	1 760	119	14	32
	安庆市	5.92	91	2 633	87	4	35
	滁州市	7.34	71	2 985	61	10	28
江南地区	马鞍山市	10.13	122	2 289	117	5	41
	铜陵市	7.65	117	1 130	117	0	20
	芜湖市	10.00	79	3 711	73	6	41
	宣城市	6.43	85	1 660	67	18	17
	黄山市	6.39	52	1 497	34	18	8
	池州市	6.47	111	915	91	20	13
安徽省		6.34	72	39 539	65	7	353

依据表 2.3.4 预测结果可知,预计安徽省 2025 年万元 GDP 用水量可降至 65 m³,全省用水总量增长至 353 亿 m³。截至 2025 年,安徽省各市的万元 GDP 用水量也将持续减少、用水效率进一步提升,较 2020 年可降低 0～56 m³。其中以淮南市用水量降低幅度最大,以铜陵市万元 GDP 用水量的降幅最小。淮北地区产业结构中,传统的能源消耗型工业企业及农业灌溉占比相对较高,相应的在淮南市、六安市预测万元 GDP 用水量较高、节水潜力较大。尤其淮南市目前正处于从传统的严重依赖煤矿资源的资源枯竭型城市转型升级的进程中,依托于淘汰落后产能、绿色发展等举措,可进一步降低区域经济社会发展对水资源的依赖。而六安市是安徽省农业种植面积最大的地区,其境内淠史杭灌区是我国三个特大灌区之一,种植作物以水稻为主,因而万元 GDP 用水量在 2025 年依然可能保持在较高的水平,但是随着我国乡村振兴、新农村建设等一批配套政策、工程相继出台上马,六安市农业用水及总用水量的潜力可以得到继续挖掘。

在淮北地区,除淮南市以外,如阜阳等市的节水潜力相对较小,结合相关配套水利工程建设计划以及地区经济结构对预测结果合理性进行分析。自 2021 年起引江济淮工程开工建设,拟打通江淮运河将长江水引入巢湖及淮河流域,并通过提高对安徽省合肥市、亳州市、阜阳市、宿州市等地供水份额,降低淮河以北地区本地供水压力、保障生产生活等用水需求,其中对阜阳市、亳州市供水量较大,分别为 4.41 亿 m^3、3.80 亿 m^3,在一定程度上引致上述地区的节水紧迫性较淮南市低。而在另一方面,阜阳等地市 2020 年的万元 GDP 用水量指标在 $35\sim67$ m^3 之间变化,明显小于淮南市的 149 m^3,节水潜力相对也较小。综合配套水利工程、现状用水效率指标分析可以认为,预期 2025 年阜阳等地市用水效率及万元 GDP 用水量变幅均比淮南市偏小的结果相对合理。

在江淮地区,六安市的 GDP 总量相对最小,而农业种植面积及农业产业规模占比相对最大、农灌用水量相对最大,因而现状及 2025 年预测万元 GDP 用水量显著高于其他各市。在江南地区中,受皖浙新安江跨省跨流域生态补偿对赌协议影响,黄山市将受益于该对赌协议并在供用水保障、水资源节约集约利用政策与技术等方面发挥较大的节水潜力。另外,随着长江生态经济带逐步提升到国家层面,得到了各省市越来越大力度的支持,以江淮地区及合肥等地市务必会在相关政策的带动下,进一步提升水生态、水环境建设能力,提升供水保障、水资源节约集约利用能力,在表 2.3.4 中表现为上述地区的大多数地市万元 GDP 用水量变幅将处于全省平均水平之上。

本研究在对安徽省及其 16 地市用水现状、趋势变化分析的基础上,提出并验证了 Stanford(B) Curve 型学习曲线在模拟用水效率与区域经济发展水平之间关系的适用性、可靠性。以 $1999\sim2020$ 年系列数据模拟验证结果表明,学习曲线能够较为准确模拟万元 GDP 用水量与人均 GDP 之间的相关关系,能够正确地表现出随着人均 GDP 增长用水效率逐渐优化、单位用水量逐渐降低的趋势。在对"十四五"期末双控目标预测结果分析中,学习曲线预测结果符合地区产业结构、社会经济发展水平特点,能够与地区配套政策相互印证,进一步验证了学习曲线在评估未来一定时期用水效率控制指标的可靠性。

预测 2025 年用水效率目标,安徽省万元 GDP 用水量指标约能达到 65 m^3/万元的水平,相应的全省用水总量增长到 353 亿 m^3。其中马鞍山、芜湖、安庆、合肥、六安五个地市的用水总量均将超 30 亿 m^3;除六安、马鞍山、铜陵的万元 GDP 用水量

依然超 110 m^3 以外,其余 13 地市的万元 GDP 用水量将能够控制在 100 m^3 以下。本节所建立的学习曲线方法以相对简易的方程,准确地模拟了用水效率与经济社会发展水平之间的相关关系,并在与历年各地社会经济、用水等统计指标的验证中,表现出了较好的可靠性能,预测"十四五"双控目标也符合地方实际。该方法可以在安徽省及全国其他省份进一步推广应用,以期为制定用水总量及效率双控目标提供有价值、科学的技术支撑。

3 水资源管理重点及发展现状

江淮丘陵区位于中国的江苏、安徽两省交界处,地势起伏变化大、水资源分布不均,导致水资源供需矛盾凸显、农田水利设施不完善、水土流失与水旱灾害损失大等问题突出。山区常年缺水,水资源匮乏;而平原地区受到洪水威胁,存在水资源过剩的情况。江淮丘陵区部分地区缺乏引水提水灌溉设施,农田用水困难、保障程度偏低,影响了农业生产的稳定性和水资源的高效利用。此外,江淮丘陵区地势较为复杂,山区、丘陵区地形陡峭,容易发生水土流失和洪灾,对水资源的保持和利用造成了不利影响,平原区防洪除涝标准偏低,洪涝灾害对农田、居民和基础设施一度造成严重损失。解决这些水资源问题需要采取针对性措施,其中既包括强化水资源监测监管、严格取水许可及水资源论证、中小河流健康评价、水源地安全保障评估、水资源优化配置与调度等具体业务,也应当从优化水资源规划建设、落实水资源用水总量及效率双控约束、推进县域节水型社会达标建设、强化节水宣传等领域,从政策、规划、宣传等方面做好区域水资源管理配套服务。

从近二十年来安徽省合肥、六安、淮南、滁州等地水资源业务重点内容来看,各地区均已不同程度采取了优化水资源规划建设、加强水土保持、提升水资源利用效率等措施。六安、滁州等地通过修建大中型水库、水利工程,调整水资源的分布,提高水资源的利用效率,满足不同地区的用水需求。六安市水利局、淠史杭灌区管理总局等单位,通过推广节水灌溉技术、加强农田水利建设等途径,提高水资源的利用效率,促进了工业和农业用水结构的调整,优化水资源利用结构,提高用水效益。

3.1 区域水资源管理体系简介

中国的水资源管理体系包括中央、地方、工程三个方面的机构,其中水利部作为中央层面水资源主管部门,负责制定水资源管理的具体政策、法规和标准,协调跨省水资源的调配和管理。地方上在水资源管理事务中也有很大的分权和自治权;省级人民政府水行政主管部门负责制定本地区的水资源管理规划和政策,通过地方各级水利部门进行具体的水资源管理和监督。水资源管理中的重要一环是水利工程建设和管理,除南水北调、三峡工程由水利部设专门司局管理外,地方也会视当地工程管理的需要适当设置水利工程建设、管理单位。

江淮丘陵区跨长江、淮河两大流域，覆盖安徽省四地市以及梅山、江巷等六大水库、淠史杭和驷马山两大灌区，又有引江济淮工程穿流而过，流域管理机构、地方水行政主管部门和水工程管理单位水资源管理体系相对复杂。

3.1.1　流域管理机构

水利部淮河流域水利委员会、水利部长江流域水利委员会都是水利部直属、派驻各流域的管理机构，分别在淮河流域（及山东半岛）、长江流域（及西南诸河）区域内行使水行政管理职责，负责流域的水资源管理、水资源保护、水土保持、采砂管理、河湖管控、行政许可服务与监督执法等工作。

水利部长江流域委员会总部位于武汉市，是 1950 年 2 月在扬子江水利委员会的基础上改建成立的副部级单位，1988 年开始行使水行政管理职能，并于 1994 年将水行政管理范围从长江流域扩展至西南诸河。水利部长江流域委员会与全球60 多个国家、地区和国际组织开展了广泛的科技交流与合作，提供水利水电工程咨询服务、水文监测预警和水生态环境保护等业务，这些业务遍布于 50 多个国家和地区。随着《长江保护法》的实施，水利部长江流域委员会不断在供水安全保障、流域防洪减灾、水生态环境保护和修复，以及流域综合管理等方向发力，支持长江经济带的高质量发展，为流域经济社会的高质量发展提供有力的水利支撑和保障。

水利部淮河水利委员会是淮河流域水资源综合规划、治理开发、统一调度和工程管理的专职机构。为中华人民共和国水利部直属派出机构，机构规格为正厅局级，总部位于安徽省蚌埠市。1950 年成立治淮委员会，1953 年沂、沭、泗、运各河的治理开发工作划归治淮委员会统一管理，旨在加强淮河流域的水资源管理和水利工程建设。1990 年，为进一步加强对淮河流域的综合管理和开展水利工作，正式更名为水利部淮河委员会。淮河委员会的职责涵盖了淮河流域的水资源管理、水利规划、水利工程建设、水环境保护等多个方面，负责制定淮河流域的水利政策和计划，组织淮河流域的水资源调度工作，推进水利工程建设和水环境治理，保障淮河流域水资源的合理利用和生态环境的可持续发展。

3.1.2　省市水行政主管部门

江淮丘陵区范围内具有省市县三级水行政主管部门，其中安徽省水利厅是该地区最高级别地方水行政主管部门，为正厅级；六安市水利局、淮南市水利局、滁州市水利局、合肥市水务局是主管各市范围内水行政管理的市人民政府组成部门。图 3.1.1 是江淮丘陵区水行政管理体系示意图。

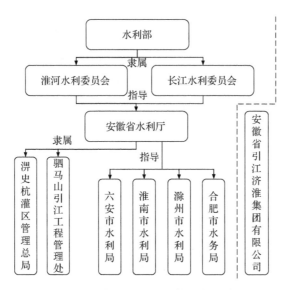

图 3.1.1 江淮丘陵区水行政管理体系示意图

3.1.3 水工程管理单位

江淮丘陵区范围内涉及淠史杭灌区、驷马山引江工程、引江济淮工程等三处重大水利工程,各工程均由安徽省水利厅或省政府设立专门的管理机构或企业单位,分别为淠史杭灌区管理总局、驷马山引江工程管理处和引江济淮集团有限公司。

淠史杭灌区创始于1958年,为有效利用淠河、史河和杭埠河的水资源进行农田灌溉成立淠史杭灌区管理处。淠史杭灌区管理总局依据安徽省政府授权,负责大别山六大水库灌溉期水资源的统一调度和合理配置。负责灌区农业灌溉供水服务,并提供工业生产、城镇居民生活及生态保护的供水服务。依据省水利厅授权,负责直接管理范围内的水行政执法,涉河项目审查、审批,跨行政区域水事纠纷调处,开展管辖范围内的水资源保护。灌区实行"统一管理,分级负责"的管理体制,渠首和跨地市的总干渠、干渠工程,设立省管机构淠史杭灌区管理总局管理。灌区其他干渠以下骨干工程由所在市、县(区)设专管机构管理,支渠以下田间工程由乡村群管组织管理。

安徽省驷马山引江工程管理处成立于1972年,正处级建制,隶属于安徽省水利厅管理,属全额拨款,公益一类事业单位。管理处地处和县乌江镇,下辖乌江站、滁河一级站、滁河二级站、滁河三级站、滁河四级站、襄河口闸管理所、分洪道管理所七个基层单位,以及质量与安全监督站、科技与信息管理中心、水情测报中心、驷马山乌江船闸管理所、规划办公室、综合服务中心、驷马山防汛抢险机动队等直属单位。

安徽省引江济淮集团有限公司是安徽省人民政府批准设立的省属大型国有独资企业。2017 年 4 月,安徽省引江济淮集团有限公司在安徽省工商局注册登记,注册资本金 400 亿元,负责投资、建设、管理、运营引江济淮工程,进行主体工程沿线土地、岸线、水资源、生态旅游综合开发和经营。安徽省引江济淮工程有限责任公司是隶属安徽省引江济淮集团有限公司的一级全资子公司,具体负责引江济淮工程建设管理工作。

3.2　近年水资源管理成效概述

在最严格水资源管理制度、安徽省"十三五"水利发展规划等制度文件指导下,江淮丘陵区各级水行政、水工程管理单位结合区域实际,严格区域取用水总量与地下水取水总量控制,区域用水总量、用水效率和重要江河湖泊水功能区水质达标率等各项指标全面达标并优于国家目标,为区域经济社会高质量发展提供了有力的水资源支撑。[①]

3.2.1　水资源刚性约束制度得以强化

安徽水利厅组织细化分解全省"十四五"用水总量和用水效率控制指标,经安徽省政府同意制定印发《关于落实"十四五"用水总量和强度双控目标的通知》。在此基础上,江淮丘陵区各市将指标同步分解到县,各市县进一步明确"十四五"期末用水总量和用水效率控制指标,省、市、县三级水资源消耗总量和强度指标体系全面建立。同时,以区县为单元明确地下水取用水量、地下水水位管控指标体系,并将地下水管控指标作为各地区地下水开发利用的管理目标。

按照"应分尽分"原则,安徽在"十三五"期间新增完成 36 条跨市、21 条跨县河流(湖泊)水量分配工作,基本实现省内跨行政区河流水量分配全覆盖,其中涉及江淮丘陵区的跨市河湖共有高塘湖、涠河、瓦埠湖、巢湖、天河湖、池河、滁河、杭埠河 8 处。另外,由水利部淮河水利委员组织开展的史灌河、淮河、池河流域和引江济淮工程水量分配、水量调度工作已逐步铺开,涠史杭灌区、驷马山引江工程年度水量调度方案与供水计划制定工作亦常态化开展,在协调工程、流域、地方水资源调度与供需水保障中发挥积极作用。

---

① 部分内容参考如下链接内容:http://slt.ah.gov.cn/xwzx/mtgz/121355701.html

3.2.2 取用水实时监管能力显著提升

依托于统一建设的安徽省水资源实时监测与管理系统、安徽省水资源管理系统、全国取用水管理专项整治信息系统等系统平台,基本覆盖全区域内年取水量地表水 5 万 m³、地下水 3 万 m³ 以上非农取水户,非农业取水许可量监控比例超过 90%。安徽省及各级水行政主管部门持续强化了江淮丘陵区取用水监督管理,规范了取水许可管理和水资源费征收工作,全面掌握江淮丘陵区 1 887 个取水口分布和取用水现状(表 3.2.1)。区域取用水的事前、事中、事后管理获得显著加强,取水许可电子证照数据治理与回头看行动成效显著,严厉整治违规取水问题,全面提升区域取用水管理规范化水平。

表 3.2.1 江淮丘陵区取用水现状分布情况表

地市名称	取水户数量/个	取水口数量/个	许可水量/万 m³
滁州市	205	1 375	176 910
合肥市	119	246	162 572
淮南市	28	33	16 674
六安市	111	233	486 447
江淮丘陵区合计	463	1 887	842 603

依托动态更新的水资源基础数据台账,安徽水利厅、淠史杭灌区管理总局等部门和单位精准掌握区域水资源分布及变化趋势,并将数据充分运用于水资源规划编制、政策制定、监督管理等工作中,为科学合理分水、优化水资源配置提供了科学有效的支撑。同时依托于"省级统一部署、市县分级使用"模式,在全国率先完成取水许可电子证照应用推广。

3.2.3 水资源水生态保护能力大幅提升

根据安徽省印发的"十四五"时期复苏河湖生态环境实施方案,以及《安徽省重点河湖生态流量(水位)控制目标》,江淮丘陵区的史河、淠河、杭埠河、高塘湖、滁河、巢湖等 6 条河湖的生态流量、水位控制断面及管控目标得以明确。与之配套的,为落实生态流量监测、预警、调度等各项管控职责,各级水行政主管部门和水文机构联合实施生态流量月通报制度,将生态流量管控工作落实情况纳入安徽省及各地市水行政主管部门实行最严格水资源管理制度考核。

安徽及各级水行政主管部门以"水量保证,水质合格,监控完备,制度健全"为目标,严格饮用水水源取水许可审批,规范取水口设置,对列入国家名录的重要饮用水水源地开展达标建设工作,安徽省 18 个列入国家名录的重要饮用水水源地均已达到优秀等级。同时,开展流域水源地调查,印发《安徽省县级以上集中式饮用水水源地名录》,进一步强化饮用水水源地保护。

3.2.4　水资源领域改革进一步深化

得益于安徽省全域水资源论证区域评估制度基本建立,江淮丘陵区目前已全面推行取水许可告知承诺制,遵照执行《关于开展安徽省水资源论证区域评估工作的意见》《水资源论证区域评估技术导则》等相关文件要求。截至2022年12月,安徽132个省级及以上和6家省级以下开发区水资源论证区域评估工作已全部完成,其中滁州、池州等6个市的16家企业率先实现取水许可告知承诺制,水资源领域"放管服"改革取得新成果。

围绕刚性约束、取用水监管、生态流量管控、地下水管理保护等水资源管理重点工作,江淮丘陵区各级水行政主管部门及水工程管理单位全面启动水资源管理规范化建设,聚焦水资源管理重点任务和薄弱环节,遵照《关于安徽省水资源管理规范化体系建设的指导意见》,以县域为单元全面提升水资源管理规范化水平。

在水权确权工作基础上,江淮丘陵区各级水行政主管部门还积极探索构建多模式水权交易新格局。2019年,六安市金安区作为全省首个水权确权试点地区,共计发放水资源使用权证900本,确权水量1.47亿 m^3,完成安徽省首宗水权交易,在中国水权交易所正式挂牌。2021年,合肥市选取安徽巢湖经济开发区开展地热水水权交易试点,统筹协调区域内地热水管理和地下水保护问题,完成安徽省首宗地热水水权交易。2022年,六安、滁州等7个市相继完成13宗水权交易,总交易水量244.87万 m^3。这一系列探索推动了安徽省生态资源权益交易,推动了生态产品价值实现,促进了安徽水资源节约集约利用和优化配置。

3.3　水资源规划建设

水资源综合规划主要是对区域水资源数量评价、水资源质量评价、水资源开发利用调查、水污染以及水生态环境状况调查,在此基础上,结合区域社会经济发展规划进行了未来二十年需水预测、节水规划、水资源配置、水资源保护、重要饮用水源地安全保障规划、水资源监测规划及规划实施效果评价。

目前,江淮丘陵相关区域水资源综合规划的编制与实施已经成为区域水资源开发、利用、治理、配置、节约、保护与管理工作的重要依据,江淮丘陵区内各市县近年来均开展了区域水资源综合规划的编制。如2011年《淮南市水资源综合规划》编制完成,2017年又进一步开展了水资源综合规划的修编工作;2013年《合肥市水资源综合规划》编制完成,2021年又进一步开展了水资源综合规划的修编工作;2014年《六安市水资源综合规划》编制完成,并在2021年进一步开展规划修编。

通过编制区域、地方水资源综合规划,可明确未来水资源可持续利用的战略目标、总体思路、开发利用与节约保护的控制性指标,保障区域水资源安全的对策及水资源高效利用、水生态环境保护和促进区域协调发展,为城市全面建设小康社会,支撑区域性城市建设和生态文明建设提供有力保障。

3.4 取水许可及水资源论证

3.4.1 水资源论证的发展

水资源论证在中国的发展可以总结为初期经验总结、法律依据确立、制度建设、持续优化完善四个阶段。① 在水资源管理方面,国家计委和水利部于1997年联合下发了《关于建设项目办理取水许可预申请的通知》,在实践中,一些省份积极组织了建设项目的水资源论证工作,并取得了一定的效果。这一阶段的经验总结为后续建设项目水资源论证导则的制定奠定了基础。② 1997年,根据国家计委制定的《水利产业政策》(国发〔1997〕35号),要求国民经济总体规划和重大建设项目的布局必须考虑防洪安全和水资源条件,并进行科学论证。随后,水利部确定了组织建设项目水资源论证是其管理职责之一。这些文件为建立水资源论证导则提供了法律依据。③ 2000年,国务院下发了《关于加强城市供水节水和水污染防治工作的通知》(国发〔2000〕36号),明确要求建立建设项目水资源论证制度和用水、节水评估制度。此外,2002年实施的《建设项目水资源论证管理办法》为建设项目水资源论证提供了具体的管理指导和程序要求。这些制度文件为建设项目水资源论证导则的完善提供了框架和指引。④ 随着实践的发展和经验的积累,建设项目水资源论证导则不断优化和完善。各部门、地方和专家学者在工作实践中逐步积累了一系列有效的论证方法和技术,不断提升论证质量和效果。同时,国家发展改革委等部门不断修订和发布相关指导文件,进一步推动建设项目水资源论证工作的规范化。

3.4.2 发展现状

2012年1月,国务院发布了《关于实行最严格水资源管理制度的意见》,意见中明确要求"严格执行建设项目水资源论证制度,对擅自开工建设或投产的一律责令停止。严格取水许可审批管理,对取用水总量已达到或超过控制指标的地区,暂停审批建设项目新增取水;对取用水总量接近控制指标的地区,限制审批新增取水。"自此,取水许可和水资源论证已进入了完善阶段。

2013 年水利部正式发布《建设项目水资源论证导则》(SL 322—2013),之后《采矿业建设项目水资源论证导则》(SL 747—2016)、《建设项目水资源论证导则》(GB/T 35580—2017)、《火电建设项目水资源论证导则》(SL 763—2018)、《农田灌溉建设项目水资源论证导则》(SL/T 769—2020)等导则相继开始实施,为水资源论证的开展明确了工作方向,同时也宣告了水资源论证已正式成为项目建设前期需要开展的一项重要工作,与我们日常的生活已息息相关。

3.4.3 管理重点

水资源论证的目的是解决建设项目在用水方面的核心问题,即"需要用多少水,能够用多少水,区域可供应多少水,以及企业可排放多少水",从而确保取用水的合理性和可持续性。项目的建设应符合区域最严格水资源管理制度要求,项目取水不能超出区域用水总量控制指标;项目在生产中应加强自身节水水平,其主要产品用水指标、循环用水率等应满足国家和当地用水定额管理要求;项目应加强自身退水治理,一方面退水中主要污染物指标应满足退水水质标准要求,一方面应尽可能将自身退水经处理达标后回用于生产,既降低自身排污量,又可以降低新鲜水取用量。

3.5 节水型社会达标建设

安徽省一直致力于节水优先、深化节水行动、全面推进节水型社会建设,在完成年度各项任务上取得圆满成果。安徽省 2022 年用水总量控制在 306 亿 m³ 以内,万元 GDP 用水量和万元工业增加值用水量比 2020 年分别下降 16.57%、22.62%,农田灌溉水有效利用系数提高到 0.564 2,重要江河湖泊水功能区达标率提高到 88.5%,安徽省连续三年获得国家实行最严格水资源管理制度考核优秀等次。

3.5.1 组织领导

安徽省委省政府高度重视节水工作,2021 年成立了安徽省最严格的水资源管理制度领导小组,该小组由省委常委、省长担任组长,省政府副秘书长、省水利厅厅长、省发展改革委主任担任副组长,省直有关部门负责人担任成员。该领导小组负责研究解决与水资源管理和节约用水相关的问题,并统筹部署相关工作。此外,还将节水工作纳入对市县政府的年度绩效考核中,以压实各级政府的节水责任。

为推动区域节约用水工作,安徽省建立了协调机制,并制定了《国家节水行动安徽省实施方案》。该方案明确提出了 22 项重点任务,具体规定了工作内容和要求,明确了各部门的责任分工,并通过加强协同联动,共同推进实施。在总量控制和强度管理、农业节水提效、工业节水减排、城镇节水降损、重点地区节水增源、科技创新引领以及政策和机制推动等方面取得了显著成效。这些举措有力地推动了省级节约用水工作的进展。另外,印发了《安徽省"十四五"节水型社会建设规划》,明确总体要求,提出分区布局和主攻方向,凝练五个方面主要任务,围绕农业节水、工业节水、城镇节水、非常规水利用等重点领域,提出了建设内容、重点工程和有关指标,分年度安排县域节水型社会达标建设及各类节水载体创建名录,为"十四五"期间全面推进节水型社会建设提供了重要依据。

3.5.2　工作进展

　　截至 2022 年底,安徽省各项节水措施取得显著成效,主要体现在以下三个方面:① 加强重点取用水单位监控。建立了重点监控用水单位的动态调整机制,共有 430 家用水单位纳入国家、省、市的重点监控名录。其中,省市两级的 345 家重点监控用水单位在年实际用水总量上相比计划总量减少了 4.39 亿 m^3。此外,在地下水超采区新建了 32 个地下水监测站,组织各市制定了地下水自备井的年度封闭计划,推动地下水压采和水源置换。② 加强节水监管。利用省节水调水平台对取用水户的日常进行监控和预警,严格执行了超计划累进加价制度,促使节水措施落地见效。同时,安徽省水利厅 2021 年派出 4 个督查组对 65 家重点用水户进行了专项督查,对发现的 26 个问题采取了"一市一单"的形式,督促其限期整改。目前,已经全部完成整改,有效解决了用水管理问题。③ 严格执行节水标准。在水资源论证、区域评估、计划用水、节水评价和载体创建等环节,严格执行了行业用水定额,推动节水措施真正见效。严格实施了节水评价制度,对 92 个规划和 392 个建设项目进行了节水评价,累计节约水量达到了 33 469.8 万 m^3,推进节水评价从建立机制到严格管理的转变,有效控制了不合理的用水需求。最后,注重区域推进,加强了县域节水型社会建设,54 个县区通过水利部的复核命名,另有 19 个县区通过省级验收。全省累计有 71 个县区达到了节水型社会建设的标准,县级行政区节水型社会建设覆盖率达到了 68.3%。合肥市、淮北市、临泉县被选为全国典型地区再生水利用配置试点城市,进一步推动了安徽省节水工作的开展。安徽省还通过节水载体建设、合同节水等工作,在节水型社会建设方面取得创新成果。[①]

---

① 部分内容参考如下链接内容:http://slt.ah.gov.cn/public/21731/120830761.html

3.6　中小河流健康评价探索

3.6.1　评价依据

　　安徽河流健康评价参照水利部印发的《河湖健康评价指南(试行)》的评价指标和评价方法,结合河流自身特点,从生态系统结构完整性、生态系统抗扰动弹性、社会服务功能可持续性3个方面建立河湖健康评价指标体系与评价方法,从"盆"、"水"、生物、社会服务功能4个准则层对河湖健康状态进行评价。评价过程中创新性对指标层各项指标采用"层次分析法"确定指标权重,具体为按照健康评价指南中设定的必选、备选属性以及结合工作重要程度对每个准则层内的指标进行排序,按照重要程度将同一准则层内的指标两两进行比较构造判断矩阵,并进行相应的计算,从而得到各指标层权重分配值。指标层权重的确定使得河湖健康评价体系更加科学,得分更加合理,评价结论更加真实。

3.6.2　工作进展

　　河流健康评估工作的展开不仅能帮助各级相关部门准确了解河流的健康状况,还为河长组织在河流管理与保护工作中提供了重要的参考依据。在开始工作之前,首先需要合理确定评估指标体系。通常参考水利部河长办发布的《河湖健康评估指南(试行)》,来进行河流健康评估工作。所有地区都将河流的自然岸线状况等7个指标作为必选指标,并结合河流的水资源状况、水生态环境状况以及河流的主要功能等实际情况,来合理确定评估指标体系。鼓励各地根据实际情况选择特色指标,以使评估结果更加准确地反映河湖的健康状况。其次,需要明确河湖健康评估的目标和任务。根据安徽省的总体安排,预计到2023年底,已设立县级以上河湖长的河湖、列入安徽省湖泊保护名录的湖库以及列入第一次水利普查河湖名录的河湖基本完成健康评估,并在2024年3月31日之前全面建立健康档案。对于位于无人区或交通不便地区的河湖,可以暂不进行健康评估工作。

　　河流健康评价的重点工作还包括切实做好跨界河流健康评价。发挥跨界河流联合河长制作用,共同推进跨界河流健康评价、健康档案建立工作。跨界河流涉及各方要加强对接协调,按照河流左岸主动对接右岸、岸线长的主动对接岸线短的、下游主动对接上游,湖泊水域面积大的主动对接面积小的原则,落实牵头组织评价单位,确定统一评价方案,明确具体指标体系,协调评价资料收集、评价成果使用、评价信息共享,夯实跨界河湖联防联控联治基础。同时,加强河湖健康档案动态管理。各地组织开展河湖健康评价时,同步填写河湖健康档案的基本信息表、健康状况信息表（皖河长办〔2022〕1 号文印发），并作为评价成果报告的附件。河湖健康评价完成后 1 个月内，需将评价河湖的基本信息、健康状况信息录入省河长制决策支持系统。每年 3 月 31 日前，在全国系统中准确填报上年度完成评价的河湖健康档案。2023 年 6 月 30 日前，各市对已录入省系统中的河湖健康档案信息开展一次全面复核，确保有关信息及时、完整、准确。省河长办将组织对各市河湖健康评价、健康档案建立情况开展抽查，抽查情况纳入年度对各市的河湖长制工作考核激励内容。

3.7 水源地安全保障评估

3.7.1 评估背景及工作要求

水源地安全保障评估是指对饮用水水源地的环境、设施、管理等方面的安全状况进行评估的过程，其主要目的是确保饮用水源水质优良、水量充足、水生态良好，保障水源地供水安全。实行最严格的水资源管理制度，针对饮用水水源地，实现"一个保障""一个达标""两个没有""四个到位"，是确保饮用水源水质优良、水量充足、水生态良好，保障水源地供水安全的重要举措。开展饮用水水源地安全保障评估工作，对照《全国重要饮用水水源地安全保障评估指南（试行）》等相关技术规范、标准要求及饮用水水源地达标建设评估结果，分析水源地存在问题及达标建设差距，并从工程措施和非工程措施等角度提出针对性的整改措施及建议，对于保障人民群众的健康和生命安全、促进水源地的保护和管理、推动水源地的可持续发展以及为政府制定水源地保护政策提供科学依据都具有重要意义。

为了保障饮用水水源地的安全，党中央、国务院和各级地方人民政府高度重视饮用水安全保障工作，陆续出台了一系列政策文件和相关规定，要求开展水源地安全保障评估工作。《国务院办公厅关于加强饮用水安全保障工作的通知》（国办发〔2005〕45 号）文件提出：各级部门要充分认识保障饮用水安全的重要性和紧迫性，认真组织规划编制工作，加强水资源保护和水污染防治工作，加大农村饮用水工程建设力度，加快城市供水设施建设和改造，加强饮用水安全监督管理，建立储备体系和应急机制。《国务院关于实行最严格水资源管理制度的意见》（国发〔2012〕3 号）文件第"十四 加强饮用水水源保护"要求：各省、自治区、直辖市人民政府要依法划定饮用水水源保护区，开展重要饮用水水源地安全保障达标建设……，县级以上地方人民政府要完善饮用水水源地核准和安全评估制度，公布重要饮用水水源地名录。加快实施全国城市饮用水水源地安全保障规划和农村饮水安全工程规划……，强化饮用水水源应急管理，完善饮用水水源地突发事件应急预案，建立备用水源。2008年，国务院办公厅印发了《全国城市饮用水水源地环境保护规划》，要求各地开展饮用水水源地安全保障评估工作。该规划指出，水源地安全保障评估是水源地保护和饮用水安全的重要措施之一，旨在全面掌握水源地的安全状况，及时发现和解决潜在的安全问题。2010年6月，我国第一部饮用水水源地环境保护规划，即《全国城市饮用水水源地环境保护规划（2008—2020年）》，指导各地开展饮用水水源地环境保护和污染防治工作，进一步改善我国城市集中式饮用水水源地环境质量。2015年4月，国务院发布实施《水污染防治行动计划》，明确提出保障饮用水水源安全。

　　为了切实保障饮用水水源安全，水利部于2011年启动全国重要饮用水水源地安全保障达标建设工作，对重要饮用水水源地实行核准和安全评估制度，先后印发《关于开展全国重要饮用水水源地安全保障达标建设的通知》（水资源〔2011〕329号）、《全国重要饮用水水源地安全保障评估指南（试行）》（办资源函〔2015〕631号）等文件，提出了针对饮用水水源地安全保障的评估指标、评估方法和评分标准，旨在全面评估饮用水水源地安全保障水平，发现和解决潜在的安全问题，提高饮用水水源地保护和管理水平。此外，为进一步指导和规范全国重要饮用水水源地安全保障达标建设工作，生态环境部（原环境保护部）发布了《全国重要饮用水水源地安全保障评估指南（试行）》，建立了饮用水水源地安全保障评估指标体系，共分为水量评估、水质评估、监控评估、管理评估4个一级指标和25个二级指标，明确了饮用水水源地安全保障的内容、工作程序、指标体系、赋分标准和评估方法，具有科学性、可操作性和实用性，为各地开展饮用水水源地安全保障评估工作提供了指导和规范，有助于推动饮用水水源地安全保障工作的开展。

3.7.2　工作进展

　　安徽省江淮丘陵区4市19个县级区现状28个县级以上饮用水水源地均属于河道型或湖库型水源地，且均已完成水源地保护区划分工作，采取了多项措施来推进水源地安全保障评估工作，相关地市主要工作进展情况介绍如下：

　　合肥市积极建立全市乡镇级及以下饮用水水源地名录，完善名录水源地准入、退出机制，实施了动态管理；推进水源地安全保障达标建设评估和饮用水水源环境状况评估工作，整合饮用水水源地范围、保护区边界、取水口、取用水台账、水质监测信息等水源基础信息，形成水源监管一张图；开展水源地环境巡查，严格落实饮用水水源网格化监管和问题排查整治三联签制度，对可能影响水源地水质的违法行为做到及时发现、立即制止、快速查处;组织全市水源地县级互查,将省级"清零行动"问题、督查反馈、市级巡查抽查、县级互查中发现的问题全部纳入水源环境问题清单,明确整改要求、时限和标准,每月跟踪督促,直至整治完成;提升水源地风险防控能力,全面排查饮用水水源保护区及周边各类环境风险源,建立风险源名录,完善高风险区域及上游连接水体防护工程设施建设,及时修订应急预案,定期开展应急演练,提高饮用水水源风险防范能力;实施水源地保护区交通管控,有毒有害物质、危险化学品运输采取限重限类限行等管控措施,加强定位监控,穿越饮用水水源保护区的船只配置防止污染物散落、溢流、渗漏设备;强化水源地水质监测预警,加强供水设施建设和运行管护水平,规范开展水源水、出厂水、管网水、末梢水的水质监测,全流程保障供水水质安全。

淮南市实行了"水量保证、水质合格、监控完备、制度健全"的饮用水水源地安全保障达标建设,并建立了水源地保护区划分、水源地保护、水功能区划、水资源保护等管理制度;开展饮用水水源地环境保护专项行动,对全市饮用水水源地进行集中检查,并委托第三方监测机构对全市在用"万人千吨"饮用水水源地开展例行监测,确保饮用水水源地水质安全。此外,淮南市还采取其他措施加强饮用水水源地保护和管理,包括实施了绿化工程和生态修复工程,改善水源地环境;加强了对水源地周边排污企业的监管,防止污染饮用水水源;建立了水源地日常巡查和应急处置机制,及时发现和解决潜在的安全问题;同时,还加大了对违法行为的打击力度,保障饮用水水源地的安全。

滁州市开展"强监管、保人饮"水质提升行动,加强了饮用水水源地风险源排查,建立了风险源名录,划定了江巷水库水源地保护区,编制了江巷水库饮用水水源地突发环境事件应急预案;实施常态化巡查,对全县15处饮用水源地每月进行巡查,建立"一体化"监管台账,完成38家入河排污口排查;稳步推进农村黑臭水体治理,滁州市编制了相关县域农村黑臭水体治理方案、农村生活污水治理专项规划等,推进农村黑臭水体治理等。

六安市制定实施《六安市城区集中式饮用水水源地环境保护规划》,对饮用水水源地实行分级保护;建立水源地保护区划分技术规范和饮用水水源地核准和安全评估制度,对全市饮用水水源地进行集中检查;开展饮用水水源地环境保护专项行动,对全市饮用水水源地进行集中检查,加大了对违法行为的打击力度,建立了水源地日常巡查和应急处置机制,及时发现和解决潜在的安全问题;加强农村供水工程维修养护,实施700处维修养护项目,保证工程长期发挥效益;严格落实农村供水水质检测制度,定期检测水样,确保水质达标;扎实做好水源地保护工作,推进县级以上饮用水水源地安全保障达标建设评估;修订印发《六安市水源地突发环境事件应急预案》和《六安市东、西淠河和淠河总干渠"一河一策一图"环境应急响应方案》,提高水源地安全保障水平。

3.8　水资源优化配置与调度

　　根据中共中央和国务院《关于加快水利改革发展的决定》《关于实行最严格水资源管理制度的意见》等文件要求,全国各地部署建设最严格水资源管理制度、明确水资源管理"三条红线"的主要目标,提出在合理的水资源总量、利用效率水平红线控制下,科学合理地进行水资源开发利用和节约保护,保障经济社会可持续发展。然而,我国水资源南多北少的自然条件决定了各地的水资源禀赋条件、水资源承载力差异巨大,尤其安徽省南北跨钱塘江、长江、淮河三大流域,气象、水文、水资源条件的区域差异大、不均衡特征显著,亟需开展水资源优化配置与调度工作,以确保各地用水总量与双控目标实现,保障水资源的合理配置与高效利用体系任务目标的实现。

3.8.1　调度原则

　　水资源调度应当遵循节水优先、保护生态、统一调度、分级负责的原则。开展水资源调度,应当优先满足生活用水,保障基本生态用水,统筹农业、工业用水以及水力发电、航运等需要。水资源调度应当服从防洪调度、水量应急调度;区域水资源调度应当服从流域水资源统一调度;水力发电、航运等调度应当服从流域、区域水资源统一调度。水资源调度原则详述如下:① 统筹兼顾、生态保护原则。强化水资源刚性约束,统筹生活、生产、生态用水需求。优先保障城乡供水安全;坚持保护优先、自然恢复为主,加强河道内下泄流量(水量)管控;兼顾上下游、左右岸用水权益,合理配置生活、生产和河道内生态用水。② 统一调度、分级负责原则。在统一调度前提下,流域内有关部门和单位,按照相应管理权限,分别负责相应的调度管理工作。区域水资源调度服从流域水量统一调度;水资源调度服从防洪调度和抗旱应急调度;供水、灌溉等调度服从水量控制要求。③ 联合调度、管控水量原则。以河道重要控制断面下泄水量为保障目标,将河道的分县区水量控制指标与各用水户在河道取水的年度取用水计划相结合,实施重要取水口联合调度。④ 监测预警、适时调度原则。根据设定的预警值和不同时段的水资源调度控制情况,结合降雨及来用水等情况适时预警,及时对水量进行调度。

3.8.2　工作进展

按照安徽省水资源调度管理细则规定,安徽省水利厅负责落实国务院水行政主管部门及其流域管理机构的统一调度要求,组织、指导、协调、监督全省水资源调度工作,具体负责淠史杭灌区、驷马山灌区及重要跨设区市的江河流域水资源调度管理工作。各市、县级水行政主管部门负责落实上级水行政主管部门统一调度要求,按照管理权限负责组织、协调、实施、监督本行政区域内水资源调度工作。安徽省淠史杭灌区管理总局、驷马山引江工程管理处等省厅直属水工程管理单位负责执行水资源调度指令,开展水资源调度工作。

安徽省水利厅组织确定需要开展水资源调度的跨设区市江河流域、调水工程名录。市级水行政主管部门确定本行政区内需要开展水资源调度的跨县(市、区)江河流域、调水工程名录,报省水利厅备案。凡列入开展水资源调度名录的江河流域和调水工程,应当编制年度调度计划,根据需要编制水资源调度方案。水资源调度方案、年度调度计划应当包括调度起止日期、年度水量分配、调度控制要素、调度管理职责、控制性水工程及其调度、调度预警等内容,明确年度调度目标。

截至 2023 年 6 月,由水利部淮河水利委员会、水利部长江水利委员会等水利部派出机构组织编制的河湖、水工程水量分配或调度方案中,涉及江淮丘陵区的主要有淮河、史灌河、池河、滁河、引江济淮工程、驷马山引江工程等。安徽省跨市河湖水量调度方案仅批复了涡河、杭埠河、黄浒河三条;而已获批复水量分配方案的 32 条河湖中,涉及江淮丘陵区的包括高塘湖、漯河等 7 处,淠史杭灌区、驷马山灌区年度水量调度方案与供水计划制定工作亦常态化开展。市级水行政主管部门也会视情自行组织编制跨县区河湖水量分配/调度方案,例如六安市已批复了沣河、丰乐河、汲河、漯河、史河 5 条河流水量分配方案。

按照分级管理、分级负责、分级监督的原则,开展水资源调度流域所涉及县级及以上地方人民政府水行政主管部门应当按照《中华人民共和国水法》《水资源调度管理办法》等法律法规的规定,落实主要领导负责制,对所辖范围内水资源调度执行情况的监督管理。开展水资源调度应遵循先节水再调水的原则,将水量分配方案的实施纳入地方经济社会发展规划,按照确定的水量份额,调整经济结构和产业结构,合理配置水资源,实行用水总量控制。落实节水优先方针,强化用水需求管理,推广农业节水灌溉技术,发展高效节水灌溉;强化工业和服务业节水技术改造,提高公众节水意识,促进水资源高效利用,建设节水型社会。

4 水资源规划专题实践

4.1 水资源规划编制目的与意义

随着经济社会的飞速发展,水资源已经成为制约人类生活和工农业发展的瓶颈,农田水利建设滞后仍然是影响农业稳定发展和国家粮食安全的最大硬伤,水利设施薄弱仍然是国家基础设施的明显短板,水资源问题已经深刻地影响着社会经济生活的各个方面,直接关系到国家经济安全与社会稳定和可持续发展。

为认真贯彻中央关于新时期治水的方针政策,全面落实国家实施可持续发展战略的要求,适应经济社会发展和水资源形势的变化,着力缓解水资源短缺、生态环境恶化等重大水问题,水利部和国家发展计划委员会部署开展全国水资源综合规划编制工作,并以水规计〔2002〕83号文批复了《全国水资源综合规划任务书》,水利部以水规计〔2002〕330号文印发了《全国水资源综合规划技术大纲》,之后全国各地均逐步完成区域水资源综合规划的编制。之后水资源综合规划成为区域水资源开发、利用、节约、保护和管理的重要依据,《规划》的制定和实施对指导今后一个时期区域水资源宏观配置、开发利用、节约保护与科学管理工作,着力解决区域突出的水资源问题,积极应对气候变化,推动水资源可持续利用,促进经济长期平稳较快发展和社会和谐发展,具有十分重要的现实意义和战略意义。

4.2 规划编制要求与内容

4.2.1 规划编制原则

(1) 因地制宜、协调发展:以水资源可持续利用支持经济社会可持续发展,着力建设与经济社会发展目标、规模、水平和速度相适应的区域水资源配置工程体系与管理体系;经济社会发展要根据所在区域的水资源条件和水环境承载能力,合理安排和调整城市规模、产业布局、产业结构。

(2) 全面规划、统筹兼顾:根据区域经济社会发展需要和水资源开发利用现状,对水资源开发、利用、治理、配置、节约、保护和管理等做出总体安排。坚持兴利除害结合,防洪抗旱并举,节约保护并重,妥善处理上下游、左右岸、城市与农村、开发与保护、建设与管理、近期与远期等各方面的关系。

（3）合理配置、高效利用：积极推进节水防污型社会建设，抑制需水过快增长、减少废水超标排放，从源头上尽可能地减轻水资源开发和保护压力。根据区域水资源条件和水资源保护要求，合理配置地表水与地下水、当地水与外调水、常规水源与非常规水源等多种水源，合理开发、有效保护、高效利用。

（4）近远结合、保障重点：根据需要与可能，围绕饮水安全、粮食安全、生态安全和城市化、工业化进程等重点领域，明确水资源开发、利用、配置、节约、保护、治理的重点，有序安排骨干水源工程建设规模与时机，着力加快跨流域或区域调水、重要城市应急备用水源、重要河湖水资源保护等重点工程的建设。

（5）划定红线、严格管理：建立水资源开发利用控制、用水效率控制、水功能区限制纳污三条红线管理制度，对水资源实行最严格管理。协调生活、生产、生态用水，确保重要区域、重要领域和重要水域用水安全，制定特殊干旱年、水污染突发事件下水资源调配应急对策，提高应急应变能力。

4.2.2 规划目标与任务

（1）规划目标：规划编制应根据国民经济和社会发展总体部署，按照自然和经济规律，确定水资源可持续利用的目标和方向、任务和重点、模式和步骤、对策和措施，统筹水资源的开发、利用、治理、配置、节约和保护，规范水事行为，促进水资源可持续利用和生态环境保护。

（2）规划任务：根据水资源综合规划的编制要求及规划所在市（县）的实际情况，确定开展规划工作的主要任务，具体包括水资源数量评价、水资源质量评价、水资源开发利用调查、水污染以及水生态环境状况调查，在此基础上，结合规划所在市（县）社会经济发展规划进行未来二十年需水预测、节水规划、水资源配置、水资源保护、重要饮用水源地安全保障规划、水资源监测规划以及实施效果评价等相关内容。

（3）技术思路：根据《水资源综合规划有关技术细则》，水资源综合规划的各个环节及各部分工作是一个有机组合的整体，相互之间动态反馈，需综合协调。

4.2.3 规划重点

突出水资源调查评价、水资源承载能力和水环境容量分析、水资源配置等方面。通过水资源调查评价，摸清水资源和可利用水资源的现状以及未来的变化趋势，客观反映水资源开发利用中存在的问题，为规划方案制定以及水资源管理提供可靠的基础。在节约、保护的前提下，研究分析水资源承载能力。根据水资源开发潜力分析和经济社会发展预测，研究水资源宏观调配指标，确定不同地区、不同行业的合理用水指标，制定水资源合理配置方案。根据水资源合理配置方案，为经济社会发展和生产力布局、经济结构调整以及水资源管理等提供政策性建议。

做好规划要注意以下几点：① 在注重水资源问题的同时，更要重视其与经济社会的紧密联系，做到水资源与生态环境和经济社会发展协调；② 在注重工程项目布局和规划的同时，更要加强管理等非工程措施的安排；③ 在注重水资源开发利用的同时，更要重视水资源的节约与保护，实现水资源的可持续利用。水资源综合规划要突出水资源配置思路、格局、措施的总体安排，规划的对策措施要有指导性、有效性和可操作性。

4.3　规划子专题主要内容与技术要求

4.3.1　水资源调查评价

1）水文气象条件

（1）统计分析规划范围内各代表站降水特征值，计算分析各水资源分区历年逐月降水量、年降水量和连续最大 4 个月降水量，分析计算 20％、50％、75％、95％保证率年降水量；分析计算不同频率（$P=20％$、50％、75％、95％）典型年和多年平均的降水月分配。分别绘制区域多年平均降水量等值线图以及多年平均连续最大4 个月占全年降水量百分比图；分析各分区不同年代降水量的变化趋势；选择测站长系列降水资料，分析其降水量的年际变化特征，包括丰枯周期、连丰连枯、极值比等；分析降水量系列代表性；计算区域年降水量均值，分析其变化趋势。

（2）选择观测年数长、资料质量好、蒸发器型号不变的蒸发站，分析水面蒸发量的多年变化趋势，绘制多年平均水面蒸发量等值线图，并分析地区分布特征；选取年、月资料齐全的水面蒸发代表站，分析计算多年平均水面蒸发量的月分配；选择长系列站蒸发资料，分析水面蒸发量的多年变化；绘制干旱指数等值线图并与降水、水面蒸发能力等值线图对照进行合理性分析。

（3）河流泥沙是反映河川径流特性的一个重要因素，对水资源开发利用和治理有较大的影响。应选择一些河段查勘调查进行冲淤量分析计算；结合类似重点区域小流域治理情况，选择典型区域，分析水土保持、生态建设对河流含沙量和输沙量的影响等。

2）地表水资源量条件

地表水资源量是指河流、湖泊、冰川等地表水体中由当地降水形成的、可以逐年更新的动态水量，用天然河川径流量表示。

（1）地表水资源数量

单站径流资料统计分析是地表水资源量评价的基础，将水文站实测径流系列还原为天然径流系列,分析计算其特征值(均值、CV 等),绘制同步期多年天然径流系列均值及 CV 等值线图。计算主要河流及控制站历年逐月径流量及其特征值。计算多年径流量系列、统计参数和不同频率($P=20\%$、50%、75%、95%)的年径流量,进行地表水资源时空分布特征分析。对分区水量、等值线进行合理性检查,并分析其年际变化趋势和空间分布特征。

(2) 地表水资源质量

地表水水质是指地表水体的物理、化学和生物学的特征和性质。地表水水质评价内容包括各水资源分区地表水的水化学类型、现状水质(含污染状况)、水质变化趋势、地表水供水水源地水质以及水功能区水质达标情况等。要求广泛收集各有关部门的水质监测资料,并注意对其口径与标准的均一化。

地表水资源质量评价涉及区域所有水域,评价断面为境内现状所有水质监测断面和补充监测断面,选择多年的水质监测资料,按水资源分区评价以下几个方面的内容:地表水化学类型分析、河道现状水质监测和评价、重污染河道底质补测和评价、主要控制站水质趋势分析、供水水源地水质监测和评价、水资源分区水质评价、水功能区水质达标分析。

① 河流水质现状评价

评价项目为 pH、硫酸根、氯离子、溶解性铁、溶解氧、高锰酸盐指数、五日生化需氧量、氨氮、硝酸盐氮、亚硝酸盐氮、氟化物、挥发酚、总氰化物、总砷、总汞、总铜、总铅、总锌、总镉、六价铬、总磷、石油类、水温、总硬度等 24 项。一般来说,必须评价溶解氧、高锰酸盐指数和氨氮这三个项目;其他的项目根据各地的需求进行选择评价,如五日生化需氧量、氟化物、砷、总氰化物、总汞、总铜、总铅、总锌、总镉、六价铬、石油类等。评价执行国家标准《地表水环境质量标准》(GB 3838—2002)。

采用单指标评价法(最差的项目赋全权,又称一票否决法)确定地表水水质类别,评价代表值采用汛期、非汛期和年度平均 3 个值,评价结果按河长统计,并以Ⅲ类地面水标准值为界限,给出超标率和超标倍数等特征值。

② 湖泊(水库)水质现状评价

湖泊(水库)水质现状污染评价项目要求同河流水质现状评价。富营养化评价项目增加总磷、总氮、叶绿素、透明度和高锰酸钾指数 5 项;营养程度按贫营养、中营养和富营养三级评价。有多测点分层取样的湖泊(水库),评价年度代表值采用由垂线平均后的多点平均值。

③ 现状底质污染评价

对污染较重的河流、湖泊(水库),要求进行底质污染现状调查评价。评价项目选用 pH、总铬、总砷、总铜、总锌、总铅、总镉、总汞、有机质(用 TOC 表示)9 项。采用《土壤环境质量标准》判别底质是否超标。TOC 的污染判别采用《中国土壤元素背景值》中"有机质"的区域"顺序统计量"的 95％含量值再乘以系数 0.6 作为相应区域 TOC 的判定值;其他评价项目的污染判别采用《中国土壤元素背景值》中相应的"顺序统计量"的 95％含量值作为相应项目的判定值。对已富营养化的湖泊(水库),除评价上述项目外,还需调查底质中总磷、总氮的含量。

④ 水质变化趋势分析

选择具有代表性的水质监测控制站,进行水质变化趋势分析。水质变化趋势分析的指标选用总硬度、高锰酸盐指数、五日生化需氧量、氨氮、溶解氧等 5 项;湖泊(水库)还应增加总磷、总氮(缺少总氮数据可用氨氮加硝酸盐氮代替)。近期水质变化趋势分析,可选用近 10 年的水质数据,用肯德尔检验法进行短系列分析。

3) 地下水资源条件

(1) 地下水资源量

收集整理区域地形、地貌、水文气象资料、地下水动态监测资料、各类地下水开采量资料、灌溉资料、试验资料等;分析研究给水度、弹性释水系数、渗透系数、导水系数、压力传导系数、降水入渗补给系数、潜水蒸发系数、河道渗漏补给系数、渠系渗漏补给系数、渠灌田间入渗补给系数及井灌回归补给系数等水文地质参数;绘制地下水资源评价类型区分布图,并计算和统计其面积。进行补给项和排泄项的计算,并进行水均衡分析,按照水资源综合规划的分区进行地下水资源量的计算。计算地下水水源地的多年平均地下水资源量等参数。绘制多年平均降水入渗补给量模数分区图和多年平均地下水资源量模数分区图。

(2) 地下水资源质量

地下水水质是指地下水的物理、化学和生物学特征和性质。包括浅层地下水(含岩溶水和基岩裂隙水)和深层承压水。评价内容包括地下水水质现状评价、地下水水质变化趋势及地下水污染分析等。

① 地下水水质现状评价

地下水水质现状评价根据选用地下水水质监测井的监测资料,对各计算分区的地下水水质现状进行评价。地下水水质评价项目主要包括 pH、矿化度(M)、总硬度(以 $CaCO_3$ 计)、氨氮、高锰酸盐指数、总大肠菌群等 6 项。也可根据实际情况,增选氟化物(以 F 表示)、氯化物、氰化物、碘化物、砷、硝酸盐、亚硝酸盐、铬(六价)、汞、铅、锰、铁、镉、化学需氧量以及其他有毒有机物或重金属等水质监测项目中的一项或多项进行地下水水质现状评价。

评价方法为单指标评价法,地下水的超标程度采用超标指数和超标率两个指标衡量。

② 水质变化趋势分析

选用质量较好、监测年份多且具有代表性的地下水水质监测井,作为地下水水质变化趋势分析的选用水质监测井,根据选用水质监测井的水质监测资料,通过点绘各水质监测项目监测值的动态曲线,分析水质历年变化情况。

③ 地下水污染分析

地下水污染是由于人类活动导致污染物进入地下水体中,从而改变地下水的物理、化学或生物特性,降低其原有的使用价值。调查工作需要关注可能导致地下水污染的污染源。这些污染源包括水质较差的地表水体(如排污河道、受污染的湖库塘坝等)、污染农田(如农药和化肥施用较多的农田)以及废弃物堆放场等。在地下水污染分析中,重点关注污染源周围的区域,特别是位于污染源附近的地下水水源地。

4) 水资源总量条件

一定区域内的水资源总量是指当地降水形成的地表和地下产水量,即地表径流量与降水入渗补给量之和,水资源总量可采用下式计算:

$$W = R_s + P_r = R + P_r - R_g \tag{4.3.1}$$

式中:W——水资源总量;

R_s——地表径流量(即河川径流量与河川基流量之差值);

P_r——降水入渗补给量(山丘区用地下水总排泄量代替);

R——河川径流量(即地表水资源量);

R_g——河川基流量(平原区为降水入渗补给量形成的河道排泄量)。

根据不同地貌类型采用不同水资源总量计算方法,扣除地表水、地下水重复计算水量,分别计算多年水资源总量系列、统计参数和 20%、50%、75%、95% 保证率的水资源总量。根据各分区的降水量(P)、地表径流量(R_s)、降水入渗补给量(P_r)和水资源总量(W),分析计算地表产流系数(R_s/P)、降水入渗补给系数(P_r/P)、产水系数(W/P)和产水模数(W/F),结合降水量和下垫面因素的地带性规律分析各项系数(模数)的地区分布情况,检查水资源总量计算成果的合理性。

4.3.2 水资源情势评价

1) 水资源可利用量条件

在可预见的未来,需要综合考虑生活、生产和生态环境对水资源的需求,在协调河道内外用水的基础上,通过经济合理和技术可行的措施,最大限度地提供可供河道外一次性利用的水量(不包括回归水的重复利用)。地表水资源的可利用量应该按照流域水系进行分析和计算,以反映流域上下游、干支流、左右岸之间的相互联系和整体性。在估算地表水资源可利用量时,应从以下几个方面加以分析:

(1)在考虑地表水资源开发时,必须确保合理利用。合理利用意味着要确保地表水资源能够在自然水文循环中得到恢复和补充,不对生态环境产生显著影响。可利用地表水资源量受生态环境用水的限制,尤其在脆弱的生态环境地区,这种影响更为显著。控制地表水资源的开发利用程度在合理可利用量内,即实现合理开发,既能促进和保障经济社会发展,又不会破坏生态环境。过度开发利用地表水资源会给生态环境带来不可避免的破坏,甚至可能导致灾难性后果。

(2)在考虑地表水资源可利用量时,必须将回归水、废污水等次生水源排除在外,这些水量不能计入地表水资源可利用量内。

(3)确定的地表水资源可利用量是指根据水资源条件、工程和非工程措施以及生态环境条件,可以一次性合理开发利用的最大水量。然而,由于河流径流量在年内和年际上变化很大,很难通过建设足够大的调蓄工程来完全调节河流径流量。因此,实际上不可能通过工程措施将所有河流径流量全部利用。此外,还需要考虑河道内的用水需求以及国际界河的国际分水协议等因素,因此地表水资源可利用量应小于河流径流量。

(4)随着经济社会的不断发展和科学技术水平的提高,人们在开发利用地表水资源方面将会增加更多的手段和措施。同时,河道内的用水需求和对地表水资源开发利用的生态环境要求也会不断变化。因此,地表水资源可利用量在不同时期将会发生变化。

2)水资源演变情势分析

水资源的演变情势指的是由人类活动改变地表和地下产水条件所导致的水资源量、可利用量和水质在时空上发生变化的态势。为了准确评估水资源情势变化的影响,重点需分析近20年来人类活动对水资源情势的改变。这包括土地利用和水资源开发对产水量的影响,以及平原地区地下水数量和可开采量受地表水开发利用方式和农业节水措施影响的情况。根据各个典型区域的资料情况,可以采用经验相关法或流域水文模型等方法进行分析。

针对地表水资源演变情势的分析,可以采用年降水量与地表水资源量相关法、次降雨径流相关法以及流域模型法等。同时还需考虑地下水位下降对降雨入渗补给量的影响,可以通过分析降雨入渗补给系数与地下水埋深之间的关系等来评估地下水资源的演变情势。此外,还需要研究节约用水、水污染防治以及水资源调蓄、配置等工程措施的实施对未来水资源情势的影响,以及水资源的形成和转化对未来水资源情势的影响。通过以上方法和研究途径,可以全面评估近 20 年来人类活动对水资源情势的影响,以及未来水资源情势的变化。

4.3.3 需水预测

1)基本要求

需水预测的用水户分生活、生产和生态环境三大类,要求按城镇和农村两种供水系统分别进行统计与汇总,并单独统计所有建制市的有关成果。生活和生产需水统称为经济社会需水。生活需水包括城镇居民生活用水和农村居民生活用水。生产需水是指有经济产出的各类生产活动所需的水量,包括第一产业(种植业、林牧渔业)、第二产业(工业、建筑业)及第三产业(商饮业、服务业)。生态环境需水分为维护生态环境功能和生态环境建设两类,并按河道内与河道外用水划分,用水行业分类详见表 4.3.1。

表 4.3.1 国民经济和生产用水行业分类表

三大产业	部门	部门	部门
第一产业	农业	农业	农业
第二产业	高用水工业	纺织	纺织业、服装皮革羽绒及其他纤维制品制造业
		造纸	造纸印刷及文教用品制造业
		石化	石油加工及炼焦业、化学工业
		冶金	金属冶炼及压延加工业、金属制品业
	一般工业	采掘	煤炭采选业、石油和天然气开采业、金属矿采选业、非金属矿采选业、煤气生产和供应业、自来水的生产和供应业
		木材	木材加工及家具制造业
		食品	食品制造及烟草加工业
		建材	非金属矿物制品业
		机械	机械工业、交通运输设备制造业、电气机械及器材制造业、机械设备修理业
		电子	电子及通信设备制造业、仪器仪表及文化办公用机械制造业
		其他	其他制造业、废品及废料
	电力工业	电力	电力及蒸汽热水生产和供应业
	建筑业	建筑业	建筑业

三大产业	部门	部门	部门
第三产业	商饮业	商饮业	商业、饮食业
	服务业	货运邮电业	货物运输及仓储业、邮电业
		其他服务业	旅客运输业、金融保险业、房地产业、社会服务业、卫生体育和社会福利业、教育文化艺术及广播电影电视业、科学研究事业、综合技术服务业、行政机关及其他

2）预测方法简介

（1）生活需水预测

生活需水分为城镇居民和农村居民两类。可以通过人均日用水量的方法进行预测。根据经济社会发展水平、人均收入水平、水价水平、节水器具推广与普及情况等因素，结合生活用水习惯、现状用水水平以及已制定的城市（镇）用水标准，参考类似地区的生活用水定额，分别确定城镇和农村居民的生活用水定额。根据供水预测结果、供水系统的水利用系数以及人口预测结果，进行生活净需水量和毛需水量的预测。城镇和农村的生活需水量在一年内相对稳定，可以按照年内月平均需水量确定年内需水过程。对于年内用水量变幅较大的地区，可以通过典型调查和用水量分析，确定生活需水的月分配系数，从而确定年内需水过程。

（2）农业需水预测

农业需水包括农田灌溉和林牧渔业需水。首先是农田灌溉需水。针对井灌区、渠灌区和井渠结合灌区，根据节约用水的成果，分别确定渠系和灌溉水利用系数，并计算净灌溉需水量和毛灌溉需水量。农田净灌溉定额根据农作物需水量、田间灌溉损失等因素计算，毛灌溉需水量则根据净灌溉定额和灌溉水利用系数预测。为确定农田灌溉定额，可结合典型农作物的灌溉定额和农作物播种面积预测结果或复种指数进行综合。另外，可以参考农业部门或研究单位在灌溉试验中所得到的成果。有条件的地区可以采用降水长系列计算方法设计灌溉定额，还可以根据水资源情况选择充分灌溉或非充分灌溉定额。然后是林牧渔业需水，包括林果地灌溉、草场灌溉、牲畜用水和鱼塘补水。根据试验资料、典型调查等确定林果地和草场灌溉的净灌溉定额，根据灌溉水源和灌溉方式确定渠系水利用系数，并结合林地和草场发展面积预测指标预测灌溉需水量。鱼塘补水量根据鱼塘维持一定水面面积和水深所需补充的水量进行计算，使用亩均补水定额方法，定额可根据鱼塘渗漏量、水面蒸发量和降水量之间的差值确定。

（3）工业需水预测

工业需水预测分为高用水工业、一般工业和火（核）电工业三类。对于高用水工业和一般工业的需水量，可以采用万元增加值用水量方法进行预测。而火（核）电工业分为循环式和直流式两种用水类型，需水量预测则采用发电量单位（亿 kW·h）用水量方法，并结合单位装机容量（万 kW）用水量方法进行复核。可以参考国家相关部门编制的工业节水方案的成果来预测高用水工业的需水量。同时，要充分考虑各类因素对用水定额的影响，如行业生产性质、用水水平和节水程度、企业规模、生产工艺和设备技术水平、用水管理和水价水平等。工业需水在年内的分配相对均匀，对于年内用水变化较大的地区，可以通过典型调查和用水过程分析，计算工业需水量的月分配系数，从而确定年内需水过量。

（4）建筑业和第三产业需水预测

建筑业需水预测以单位建筑面积用水量法为主，以建筑业万元增加值用水量法进行复核。第三产业需水可采用万元增加值用水量法进行预测，根据这些产业发展规划成果，结合用水现状分析，预测各规划水平年的净需水定额和水利用系数，进行净需水量和毛需水量的预测。

（5）生态环境需水预测

① 目标与准则

生态环境用水是指为维持生态与环境功能和进行生态环境建设所需要的最小需水量。我国地域辽阔，气候多样，生态环境需水具有地域性、自然性和功能性特点。生态环境需水预测要以《生态环境建设规划纲要》为指导，根据本区域生态环境所面临的主要问题，拟定生态保护与环境建设的目标，明确主要内容，确定其预测的基本原则和要求。

② 内容与方法

按照修复和美化生态环境的要求，可按河道内和河道外两类生态环境需水口径分别进行预测。根据各分区、各流域水系不同情况，分别计算河道内和河道外生态环境需水量。

河道内生态环境用水一般分为维持河道基本功能和保护河道景观娱乐功能的需水量的用水。河道外生态环境用水分为城镇生态环境美化和其他生态环境建设用水等。

不同类型的生态环境需水量计算方法不同。城镇绿化用水、防护林草用水等以植被需水为主体的生态环境需水量，可采用定额预测方法；湖泊、湿地、城镇河湖补水等,以规划水面面积的水面蒸发量与降水量之差为其生态环境需水量。对以植被为主的生态需水量,要求对地下水水位提出控制要求。其他生态环境需水,可结合各分区、各河流的实际情况采用相应的计算方法。

3)成果合理性分析

为了保障预测成果具有现实合理性,要求对经济社会发展指标、用水定额以及需水量进行合理性分析。合理性分析主要为各类指标发展趋势(增长速度、结构和人均量变化等)和国内外其他地区的指标比较,以及经济社会发展指标与水资源条件之间、需水量与供水能力之间等关系协调性分析等。为此,各省(自治区、直辖市)可通过建立评价指标体系对需水预测结果进行合理性分析。

4.3.4 供水能力预测

1)基本要求

供水预测中的供水能力是指区域(或供水系统)的供水能力。区域供水能力是指在系统来水条件、工程状况、需水要求以及相应的运用调度方式和规则下,供应不同用户、不同保证率的供水量。需要在对现有供水设施的工程布局、供水能力、运行状况以及水资源开发情况进行综合调查分析的基础上,进行水资源开发利用的前景和潜力分析。

在估算可供水量时,要充分考虑技术经济因素、水质状况、对生态环境的影响以及开发不同水源的有利和不利条件。预测不同水资源开发利用模式下可能的供水量,并进行技术经济比较,制定水资源开发利用方案。需对当地水资源的可利用量和耗水量进行分析计算,以水资源可利用量为上限,检验当地水资源开发潜力以及可供水量预测结果的合理性,确保区域水资源的耗用量不超过可利用总量。

重点对大型和重要的中型水利工程进行分析统计,对其他中小型水利工程按计算分区进行统计,汇总各类水利工程开发利用潜力。预测计算过程中要充分吸收和利用相关专业规划以及流域、区域规划的成果(如全国及各地的地下水开发利用规划、污水治理再利用规划、雨水集蓄利用规划、海水利用规划,以及各流域规划与区域水资源综合规划等),并根据本次规划要求和新的情况变化对成果进行适当调整。

2)地表水供水预测

(1)开发原则

地表水资源开发一方面要考虑更新改造、续建配套现有水利工程可能增加的供水能力以及相应的技术经济指标,另一方面要考虑规划的水利工程,重点是新建大中型水利工程的供水规模、范围和对象,以及工程的主要技术经济指标,经综合分析提出不同工程方案的可供水量、投资和效益。

(2) 地表水可供水量计算

地表水可供水量计算,要以各河系各类供水工程以及各供水区所组成的供水系统为调算主体,进行自上游到下游,先支流后干流逐级调算。大型水库和控制面积大、可供水量大的中型水库应采用长系列进行调算,得出不同水平年、不同保证率的可供水量,并将其分解到相应的计算分区,初步确定其供水范围、供水目标、供水用户及其优先度、控制条件等,供水资源配置时进行方案比选。其他中型水库和小型水库及塘坝工程可采用简化计算,中型水库采用典型年法,小型水库及塘坝采用兴利库容乘复蓄系数法估算。复蓄系数可通过对不同地区各类工程进行分类,采用典型调查方法,参照邻近及类似地区的成果分析确定。一般而言,复蓄系数南方地区比北方大,小(2)型水库及塘坝比小(1)型水库大,丰水年比枯水年大。

引提水工程根据取水口的径流量、引提水工程的能力以及用户需水要求计算可供水量。引水工程的引水能力与进水口水位及引水渠道的过水能力有关;提水工程的提水能力则与设备能力、开机时间等有关。引提水工程可供水量可用下式计算:

$$W_{可供} = \sum_{i=1}^{t} \min(Q_i, H_i, X_i) \tag{4.3.4}$$

式中,Q_i、H_i、X_i 分别为 i 时段可引水量、工程的引提能力及用户需水量;t 为计算时段数。对规划工程来说,需要考虑与现有工程的联系并与其组成新的供水系统,然后按照新的供水系统进行可供水量的计算。对于双水源或多水源用户,需要避免重复计算供水量。

在跨省(自治区、直辖市)的河流水系上进行新的供水工程布设时,需要符合流域规划,并充分考虑对下游以及对岸水量和供水工程的影响。按照统筹兼顾上下游、左右岸各方利益的原则,合理规划新增水资源开发利用工程。对于存在争议的工程,未经流域规划确定,不能将该工程新增的可供水量列入计算结果中。

3) 地下水供水预测

以矿化度不大于 2 g/L 的浅层地下水资源可开采量作为地下水可供水量估算的依据。采用本次评价的浅层地下水资源可开采量成果确定地下水可供水量时,要考虑相应水平年由于地表水开发利用方式和节水措施的变化所引起的地下水补给条件的变化,相应调整水资源分区的地下水资源可开采量,并以调整后的地下水资源可开采量作为地下水可供水量估算的控制条件;还要根据地下水布井区的地下水资源可开采量作为估算的依据。

(1) 地下水可供水量计算

地下水可供水量与当地地下水资源可开采量、机井提水能力、开采范围和用户的需水量等有关。地下水可供水量计算公式为:

$$W_{可供} = \sum_{i=1}^{t} \min(H_i, W_i, X_i) \tag{4.3.5}$$

式中:H_i、W_i、X_i 分别为 i 时段机井提水能力、当地地下水资源可开采量及用户的需水量;t 为计算时段数。

(2) 当地地下水可开采量估算

当地的地下水可开采量是指布井区范围内的浅层地下水可供开采的量。根据地下水资源评价绘制的浅层地下水可开采量模数分区图,并确定规划水平年的布井区范围,在此基础上估算规划水平年供水范围内的地下水可供开采量。考虑规划水平年与现状条件相比的变化及地下水计算参数(渠系渗漏补给系数、渠灌田间入渗补给系数、可开采系数等),以及灌溉渠系渗漏和渠灌田间入渗补给量的变化,对上述可开采量进行修正。

修正浅层地下水可开采量的步骤:根据规划水平年与现状条件相比,渠系灌溉条件的变化(如渠首引水量、渠系衬砌情况、渠灌定额、灌水次数等),分析有关计算参数及渠系渗漏和灌溉入渗补给量的变化。根据计算参数和入渗补给量的变化程度,确定修正系数,对地下水可开采量进行修正。

(3) 地下水超采区的供水预测

根据地下水超采程度及引发的生态环境灾害情况,将地下水超采区划分为严重、较严重和一般三类。在控制和管理地下水超采区方面,采取禁止开采、限制开采和巩固现状措施。在严重超采区,实施禁止开采措施,即终止一切开采活动;在较严重超采区,实施限制和控制开采措施,强制减少现有开采量;一般超采区,要采取措施,严格控制地下水开采。禁采区、控制限制开采区以及严格控制区,并与相应的超采区范围保持一致。

地表水和地下水之间存在复杂的转换关系,某些地区的地下水开发利用可以增加地表水向地下水的补给量(例如深井泉、山前区侧向补给、河流涵养补给)。只有当地下水开采量超过当地地下水可供开采量与增加的地表水补给量之和时,才会出现地下水超采的情况。

在供水预测中,各地应充分考虑当地政府已经采取或将要采取的措施。对于近期内没有其他替代水源的一般超采区(或限制、控制开采区),可以在保持地下水环境不继续恶化或逐步改善的前提下,适度开采一定数量的地下水。

4)其他水源开发利用

(1)雨水集蓄利用

雨水集蓄利用主要指收集储存屋顶、场院、道路等场所的降雨或径流的微型蓄水工程,包括水窖、水池、水柜、水塘等。通过调查、分析现有集雨工程的供水量以及对当地河川径流的影响,提出各地区不同水平年集雨工程的可供水量。

(2)污水处理再利用

城市污水经集中处理后,在满足一定水质要求的情况下,可用于农田灌溉及生态环境。对缺水较严重城市,污水处理再利用对象可扩及水质要求不高的工业冷却用水,以及改善生态环境和市政用水,如城市绿化、冲洗马路、河湖补水等。污水处理再利用于农田灌溉,要通过调查、分析再利用水量的需求、时间要求和使用范围,落实再利用水的数量和用途。部分地区存在直接引用污水灌溉的现象,在供水预测中,不能将未经处理、未达到水质要求的污水量计入可供水量中。

根据水资源分区和县区行政区划,将现状生活、生产和生态用水需求以及相应的供水水量和水质综合考虑在计算单元上。进行水资源供需现状分析,以了解资源开发利用现状和主要问题。对水资源供需结构、利用效率和工程布局的合理性进行分析,提出现状水资源供需分析的指标,如供水满足程度、余缺水量、缺水程度、缺水性质、缺水原因及其影响、水环境状况等,并评估现状工程布局的合理性。

4.4 水资源综合规划应用示例

4.4.1 规划总体要求

近年来全国各市县均完成了水资源综合规划编制,此处以宿州市埇桥区为例,介绍水资源综合规划编制的具体情况。宿州市埇桥区近年来经济社会发展迅速,水资源的开发利用和保护管理面临许多新情况和新问题。主要体现在以下几个方面:① 水资源供需矛盾日益加剧,工业与生活、城市与农村争水矛盾突出,水资源紧缺制约了工业企业和城市规模的发展,亟须解决水资源与经济社会发展不匹配的问题;② 用水结构及配置方案不合理,过分依赖地下水,地下水位降落漏斗逐年增加;③ 水资源浪费依然严重,工业、城镇生活及农业节水潜力较大。

当前,根据国家十部委及安徽省水利厅关于进一步实行最严格水资源管理制度及三条红线指标考核落实的总体部署要求,党和国家在新形势下对水资源管理也提出了新的要求。为了更好地适应当前社会经济快速发展的需要,以水资源的合理开发、高效利用、有效保护及科学配置支撑社会经济可持续发展的新要求,需要及时编制埇桥区水资源综合规划,从而适应水资源管理、水资源保护、水资源配置和三条红线指标分解考核的新要求。

1）规划目标

拟通过对水资源综合规划的编制,进一步查清埇桥区水资源及其开发利用现状及存在问题,根据埇桥区水资源条件和经济社会发展对水资源、水环境安全保障的要求,提出水资源合理开发、有效保护、优化配置、全面节约、高效利用和科学管理等综合措施,提高水资源安全保障程度。构建水资源总量控制、定额管理、纳污总量控制为核心的水资源管理体系,促进埇桥区人口、资源、环境和经济的协调发展,以水资源的可持续利用支撑经济社会的可持续发展,建设节水型社会和环境生态城镇。

严格实行用水总量控制,遏制不合理用水过快增长。2020 年多年平均用水总量控制在 4.57 亿 m³;2030 年多年平均用水总量控制在 4.35 亿 m³ 左右。到 2020 年,万元 GDP 用水量较现状年下降 30% 以上;万元工业增加值用水量较现状年下降 25% 以上;灌溉水利用系数提高至 0.68;城镇供水管网漏损率降低到 13% 以下,节水器具普及率达到 98%。到 2030 年,万元 GDP 用水量较 2020 年下降 30% 以上;万元工业增加值用水量较 2020 年下降 30% 以上;灌溉水有效利用提高到 0.71;城镇供水管网漏损率降低到 10% 以下,节水器具普及率达到 100%。

河湖水环境得到有效保护,水功能区水质目标逐步实现。到 2020 年,通过污染源治理和入河排污总量控制,实现集中式饮用水供水水源地水质全面达标,河湖功能区水质总体达标率提高到 85% 以上。通过水资源调配改善生态用水状况,使区域内重要河湖和湿地最小生态水量得到保障,水生态系统得到有效保护;到 2030 年,全面实现入河排污总量控制目标和功能区水质达标要求,重要河湖生态用水得到有效保障,水生态系统和生态功能恢复取得显著成效,基本实现区域水生态系统的良性循环。

2）规划内容

（1）水资源及开发利用调查评价

着重分析研究埇桥区的水资源及开发利用特点,旨在全面系统地掌握该地区水资源及其开发利用现状。对埇桥区水资源数量、可利用量及其演变情势和面临的水资源形势进行了系统的分析;通过对埇桥区地表和地下水体质量状况的全面评价,摸清了区域水资源质量状况;在统计分析现状供水工程、供水量,现状用水量与构成的基础上,分析研究了埇桥区供用水变化趋势、用水水平及效率、水资源开发利用程度及存在的问题。

(2)埇桥区水资源保护及水环境修复规划

在分析评价现状水质的基础上,提出有效的水资源保护对策措施,科学合理地划分水功能区,分阶段制定水资源保护目标,分河段确定地表水的污染物控制总量;协调地下水不同使用功能之间的关系,分区划定地下水的开采区,确定水环境容量和地下水限制开采量,初步估算了工程投资和工程效益,提出了分期实施意见和建议。

(3)埇桥区城市饮用水水源地安全保障规划

根据城市饮用水水源地安全保障规划以及水利部《关于开展全国城市饮用水水源地安全保障规划编制工作的通知》(办规计〔2005〕120号)的要求:"查清我国城市水源地饮水安全的现状、合理确定饮用水水源地安全建设方案、科学制定饮用水水源地保护和管理对策和措施,统筹协调好生活、生产和生态用水关系,为今后一个时期城市饮用水水源地建设、保护和管理提供依据"。

(4)埇桥区节约用水及节水型社会建设规划

对埇桥区现状条件下水资源开发利用状况及供需平衡进行深入分析;在需水量和可供水量预测的基础上,进行未来规划水平年的水资源供需平衡分析,客观描述埇桥区水资源的供需前景,以充分暴露社会和经济发展进程中水资源供需矛盾,从而为未来区域水资源供需矛盾的解决奠定基础。分析了埇桥区的用水定额和节水潜力,提出节水规划目标与控制目标,确定节水方案措施与保障措施,分析节水效益,提出农业节水、工业节水和生活节水工程投资估算及分期实施意见。

(5)埇桥区地表水蓄水、调水工程与产业结构布局协调发展规划

根据埇桥区水资源特点,结合埇桥区社会经济发展和人民生活的必然需求以及宿州市淮水北调配水方案,明确全区产业发展战略方向和产业布局,从全局出发,协调好各区间产业发展与布局的关系、统筹安排产业发展布局与城镇规划建设布局、基础设施配套和生态环境保护协调等问题。

(6)埇桥区水资源配置方案及水资源配置工程规划

根据经济社会发展和环境改善对水资源的要求及水资源的实际条件,进行各规划水平年水资源供需分析,在水资源节约和保护的基础上,建立水资源配置的宏

观指标体系,提出协调生活、生产和生态用水,区域之间多种水源(包括外调水)水资源合理配置方案;制定提高水资源利用效率的对策措施,包括调整产业结构与生产力布局,建立合理的水价形成机制和节约用水措施等,使经济社会发展与水资源条件相适应。

(7) 水资源管理的对策和措施规划

以健全的法制和法规手段规范水事活动,以行政手段界定水事行为,以经济手段调节水事活动和用科学技术手段开发利用和管理水资源,大幅度提高地下水水价。合理确定政府、市场、用户三者在水资源开发、利用、治理、配置、节约、保护中的责任、义务和权力。逐步建立以政府宏观调控、用户民主协商、水市场调节三者有机结合的体制为基础的有效的水资源管理模式和高效利用的运行模式。

4.4.2　水资源数量及可利用量

1) 降水

(1) 站点的选择与资料的收集

选择资料质量好、系列完整、面上分布均匀且能反映地形变化的雨量站作为评价分析的依据站,系列选用 1956～2015 年同步系列。选取宿州市埇桥区 16 个具有 40 年以上资料系列的雨量站作为此次分析的站点,对其中不足 60 年(1956～2015 年)资料系列的雨量利用其与相邻不少于 60 年资料系列雨量的同步资料建立相关关系,进行插补、延长,并对所选雨量站的历年雨量资料、特别是特殊年份的雨量资料进行合理性检查,确保雨量资料的可靠性。评价选用站网密度为 180 km²/站。

(2) 面雨量及不同频率降水量

根据代表雨量站 1956～2015 年系列降水资料分析,埇桥区多年平均降水量为 872.1 mm,降水总量 25.4 亿 m³。

对埇桥区各流域分区、行政分区的年降水量系列采用最小二乘法进行频率计算,以 P-Ⅲ 型曲线适线法进行频率计算,并用目估适线法调整参数,计算其不同频率降水量。经计算,埇桥区频率为 20%、50%、75%、95% 的降水量分别为 1 024.3 mm、854.9 mm、733.6 mm 和 582.7 mm。

2) 蒸发

蒸发是反映区域水分消耗量的一个指标,在干旱或半干旱地区对水资源量更有重要影响。蒸发能力是指充分供水条件下的陆面蒸发量,近似用 E_{601} 型蒸发器观测的水面蒸发量代替,蒸发能力主要受气压、气温、地温、湿度、风速、辐射等气象因素的综合影响。宿州市埇桥区境内没有蒸发监测站点,其周边有三处监测站点,分别是浍塘沟闸站、临涣闸站和杨楼站。

利用浍塘沟闸站、杨楼站和临涣闸站这三站同步年雨量蒸发观测的资料分别直接计算干旱指数,其中浍塘沟闸站多年平均干旱指数为 0.97,临涣闸站多年平均干旱指数为 1.12,杨楼站多年平均干旱指数为 1.24,三站的最小年干旱指数均出现在 2003 年,2003 年雨量充沛,蒸发量小,宿州市大范围遭受暴雨灾害,属于洪涝灾害典型年;杨楼站最大干旱指数出现在 1988 年,据《宿州市水利志》记载 1988 年全市发生了春旱、夏秋旱和冬旱,给农业造成严重损失,而浍塘沟闸站和临涣闸站最大干旱指数出现在 2001 年,2001 年属严重干旱年。1984～2015 年浍塘沟闸站干旱指数大于 1.0 的有 12 年,占全系列的 37.5%;杨楼站干旱指数大于 1 的有 24 年,占全系列的 75%;临涣站干旱指数大于 1 的有 18 年,占全系列的 56.3%,南北差异较大。埇桥区的多年平均干旱指数大于 1.0,并且大于 1.0 的年份超过 50%,说明宿州市偏于干旱。

3) 地表水资源量

地表水资源量是指河流、湖泊、冰川等地表水体中由当地降水形成的、可以逐年更新的动态水量,用天然河川径流量表示。本次评价是通过实测径流还原计算和天然径流系列一致性分析与处理,分析得出一致性较好的、反映近期下垫面条件的天然年径流系列。

(1) 计算分区

按全国及安徽省水资源统一分区,埇桥区在水资源一级分区中属淮河区,二级分区中属淮河中游区,三级分区中属蚌洪区间北岸区,根据埇桥区水资源开发利用特点将埇桥区水资源分区套地级市的分区作为计算分区。

(2) 评价方法

通过降雨径流法、上下游径流相关法、多年均值法、比值法等方法对缺测的单站径流资料进行插补延长;基于水量平衡原理,对径流站区域内的农灌耗水量、工业和生活耗水量、蓄变量、分洪水量进行还原计算,得到控制断面的天然径流量;对计算单元内有一个或数个水文径流控制站的采用控制站水量系列的面积比缩放法、控制站水量系列的降水量和面积比缩放法、移用径流特征值法、等值线法等方法推求计算单元的地表水资源量;对短缺水文径流控制站的计算单元则选用径流特性相似的邻近区域的水文控制站作为参证,根据均值比计算年径流系列。

（3）分区地表水资源量

根据上述评价方法，对各计算分区分别计算其地表水资源量后再根据面积权重计算出水资源分区及行政分区的地表水资源量，根据多年计算成果，宿州市埇桥区地表径流深为 134.8 mm、地表水资源量为 3.919 亿 m^3。

（4）地表水资源频率分析

埇桥区地表水资源量频率计算采用 P-Ⅲ型曲线，取偏差系数 $CS=2CV$，用目估适线法调整，适线时除了考虑曲线通过点群中心外，着重考虑水资源量较小点的适线。经计算，埇桥区频率为 20%、50%、75%、95% 的地表水资源量分别为 59 507 万 m^3、32 121 万 m^3、17 615 万 m^3、5 932 万 m^3。

4）浅层地下水资源量

（1）评价范围与内容

浅层地下水是水资源的重要组成部分，是指赋存于地表面以下岩土孔隙中的饱和重力水，包括潜水和微承压水。本次评价的浅层地下水资源量是指地下水中参与水循环且可以更新的动态水量，按水利部及安徽省水资源综合规划技术细则的要求，本次对埇桥区近期下垫面条件下多年平均浅层地下水资源量及其分布特性、可开采量进行全面评价。

埇桥区国土总面积 2 907 km^2，其中平原区面积 2 801 km^2、占总面积的 96.4%，山丘区面积 106 km^2、占总面积的 3.6%。在进行浅层地下水资源量计算时，山丘区的计算面积按实际划分的面积进行计算；由于人口的增长、城镇化水平的提高及交通道路的迅速发展，不透水面积和水面几乎不形成对地下水的补给，也不产生潜水蒸发，因此，本次评价的计算面积为各分区的总面积扣除水面面积与不透水面积。评价全区不透水面积为 226 km^2，计算面积为 2 681 km^2。

（2）评价类型区的划分

地下水的补给、径流、排泄情势受地形地貌、地质构造及水文地质条件的制约，同一水文地质单元其水文及水文地质条件比较相近，浅层地下水资源量评价是按照水文地质单元进行，然后归并到规划分区中的。

浅层地下水评价类型区划分的目的是确定各个具有相似水文地质特征的均衡计算区。均衡计算区是选取有关水文地质参数值和进行各项补给量、排泄量、地下水蓄变量和浅层地下水资源量计算的最小单元。根据区域地形地貌特征，埇桥区属一般平原区，依据埇桥区包气带的两种不同岩性（亚砂土、亚砂土与亚黏土互层）和 1980～2015 年期间年均地下水埋深分区相互切割的区域作为均衡计算区；根据埇桥区地下水埋深的特点,地下水埋深 Z 分区采用 1 m<Z≤2 m、2 m<Z≤3 m、Z>3 m,同一均衡计算区具有相同的包气带岩性和 1980~2015 年期间相同年均地下水埋深。

按照上述划分要求,本次评价将埇桥区划分为 7 个平原区浅层地下水均衡计算区,达到简化计算和提高地下水资源评价成果精度的目的。

(3)区域浅层地下水资源补给量

埇桥区多年平均地下水总补给量为 4.222 亿 m³,总补给模数为 14.5 万 m³/(km²·a)。在总补给量中,降雨入渗补给量、地表水体灌溉入渗补给量、井灌回归补给量、地表水体渗漏补给量所占的比例分别为 97.0%、1.0%、0.8%、1.2%,以降水入渗补给为主。

(4)浅层地下水排泄量

计算浅层地下水的排泄量是为了进行地下水水均衡分析及地下水资源量的合理性分析,总排泄量包括:浅层地下水实际开采量、潜水蒸发量、河道排泄量和越流补给量。

埇桥区浅层地下水多年平均总排泄量为 4.544 亿 m³,其中,潜水蒸发量、实际开采量、河道排泄量和越流补给量分别占总排泄量的 49.3%、14.2%、20.4% 和 16.1%。

(5)浅层地下水资源量

对各分区的浅层地下水资源量系列进行频率计算,以 P-Ⅲ型曲线适线,并用目估适线法调整,计算其不同频率年浅层地下水资源量。经计算,埇桥区频率为 20%、50%、75%、95% 的浅层地下水资源量分别为 51 093 万 m³、42 060 万 m³、35 644 万 m³、27 628 万 m³。

5)中深层、深层地下水资源量

埇桥区地下水为宿州市厂矿及城镇集中供水主要目的层,水质较好。按抽水试验资料分析,本含水层可分为强富水区、富水区、中等富水区。

中深层、深层地下水资源主要来自浅层地下水的垂直越流补给、侧向补给及其本身的弹性释放。在天然条件下,中深层、深层地下水循环交替十分缓慢,在开采条件下水循环交替加快,形成了特有的水资源环境。

浅层地下水越过隔水层黏性土孔隙向中深层地下水补给,即为中深层地下水的越流补给量。随着中深层地下水的开采,降低了黏性土孔隙水压力和孔隙水对上覆地层的支撑力,中深层地下水水位下降,引起含水层弹性释水,形成了中深层地下水的弹性释放水资源。中深层地下水在开采条件下,外围补给区或开采强度较小的地段向开采强度较大的地段径流补给,形成中深层地下水的侧向补给水资源,埇桥区的侧向补给量主要来源于西北部从山东省单县、河南省虞城县的补给及东北部从江苏省丰县的补给。在合理开采条件下,中深层地下水资源量等于有保证的各项补给量之和:

$$W_{中深面} = W_{越} + W_{弹} + W_{侧} \qquad (4.4.1)$$

式中:$W_{越}$——上覆浅层地下水向下越流补给量;

$\quad W_{弹}$——中深层含水层承压水头降低时本身弹性释放量;

$\quad W_{侧}$——自外围边界沿中深层含水层向计算区内流入的侧向补给量。

埇桥区中深层地下水资源量为 6 093.6～9 515.9 万 m³/a,平均约 7 805 万 m³/a,折合 14.9 万 m³/d,其中越流补给量、弹性释水量、侧向径流补给量分别占中深层地下水资源量的 93.7%、3.4%、2.9%。

6) 水资源总量

水资源总量包括地表水资源和地下水资源两部分,是指当地降水形成的地表和地下产水量,即地表径流量与降水入渗补给地下水量之和。基本表达式为:

$$W = R_s + U_p = R + U_p - R_g \qquad (4.4.2)$$

式中:W——水资源总量;

$\quad R_s$——地表径流量(即河川径流量与河川基流量之差);

$\quad U_p$——降水入渗补给地下水量;

$\quad R$——河川径流量(即地表水资源量);

$\quad R_g$——河川基流量(平原区为降水入渗补给量形成的河道排泄量)。

根据《水资源调查评价导则》,在浅层地下水开采强度较大的平原区,地下水位一般低于河底高程(河道水位),河川基流量 R_g 可按"零"处理,水资源总量为当年河川径流量与降水入渗补给量之和。

埇桥区为浅层地下水开采强度较大的平原区,在计算水资源总量时,仅考虑地表径流量及由降水入渗补给形成的浅层地下水资源量。根据计算,埇桥区多年平均水资源总量为 72 814 万 m³,产水模数为 25.0 万 m³/km²。

7) 地表水可利用量

地表水资源可利用量是指在可预见的时期内,在统筹考虑河道内生态环境和其他用水的基础上,通过经济合理、技术可行的措施,可供河道外生活、生产和生态环境用水的一次性利用的最大水量(不包括回归水重复利用量)。水资源可利用量是从资源的角度分析可能被消耗利用的水资源量。

(1) 可利用量计算方法

地表水可利用量计算方法有倒算法和正算法(倒扣计算法和直接计算法)两种。

① 倒算法:是用多年平均水资源量减去不可以被利用的水量和不可能被利用水量中的汛期下泄洪水量的多年平均值,得出多年平均水资源可利用量。按下式计算:

$$W_k = W - W_{xmax} - W_q \tag{4.4.3}$$

式中:W_k——地表水可利用量;

  W——地表水资源量;

  W_{xmax}——河道内需水量外包值;

  W_q——洪水弃水。

不可以被利用的水量是指考虑河道内生态环境及航运、水力发电、水产养殖和景观等生态、生产需水要求,不允许利用的水量,即必须满足的河道内的用水量;不可能被利用的水量是指受种种因素和条件的限制,无法被利用的水量,主要包括:超出工程最大调蓄能力和供水能力的洪水量,在可预见的时期内受工程技术水平和经济条件等因素的制约不可能被利用的水量,以及超出最大用水需求的水量。

② 正算法:是根据工程最大供水能力或最大用水需求的分析成果,以用水消耗系数(耗水率)折算出相应的可供河道外一次性利用的水量,作为地表水资源可利用量。

根据水资源评价技术细则要求,本次规划采用倒算法推算埇桥区当地的地表水资源可利用量。

(2) 地表水可利用量计算成果

① 河道内需水量:包括河道内生态环境需水量和河道内生产需水量。由于河道内需水具有基本不消耗水量、可满足多项功能以及水量重复利用等特点,因此在河道内各项需水量中选择最大的作为河道内需水量。

生态需水采用 Tennant 法。Tennant 法(也称蒙大拿法)是美国中西部为了保护河流的健康环境而规定的最小流量方法,该方法将年天然径流量的百分比流量作为河流生态环境需水量,不同百分比代表可以达到不同的河道生态系统状态,通常以 10%～30%的年天然径流量作为河流生态环境需水量。此方法通常在优先度不高的河段流量时使用。10％的平均流量:对大多数水生生命体来说,是建议的支撑短期生存栖息地的最小瞬时流量。此时,河槽宽度、水深及流速显著地减少,水生栖息地已经退化,河流底质或湿周有近一半暴露,旁支河道将严重地或全部脱水。要使河段具有鱼类栖息和产卵、育幼等生态功能,必须保持河流水面、流量处于上佳状态,以便使其具有适宜的浅滩水面和水深。

埇桥区多年平均年径流量为 39 192 万 m^3,其 10％为 3 919.2 万 m^3,折算成平均流量约为 1.24 m^3/s,综合考虑,河道内需水流量按 1.24 m^3/s 考虑。

② 汛期难以控制利用的洪水量:在可预期的时期内,不能被工程措施控制利用的汛期洪水量。由于洪水量年际变化大,在总弃水量长系列中往往一次或数次大洪水期水量占很大比重,而一般年份、枯水年份弃水较少,甚至没有弃水。因此,计算多年平均情况下的汛期难以控制利用洪水量,不宜采用简单的选择典型年的计算办法,而应以未来工程最大调蓄与供水能力为控制条件,采用天然径流量长系列资料逐年计算。

③ 地表水资源可利用量计算成果

根据以上计算,河道内生态环境及生产需水流量为 1.2 m^3/s,由于汛期河道内水量较大并有洪水下泄,汛期河道内生态环境及生产需水量能得到满足,仅需在非汛期考虑河道内生态环境及生产需水,按非汛期 182 d 计算,需水量约为 1 949.9 万 m^3。计算的多年平均汛期下泄洪水量为 24 700.7 万 m^3。埇桥区多年平均年径流量为 39 192 万 m^3,减去以上两项,得到多年平均地表水资源可利用量为 12 541.4 万 m^3,地表水资源可利用率达到 32％。

8) 地下水可开采量

地下水资源可开采量指在可预见时期内,通过经济合理、技术可行、不致引起生态、环境恶化的条件下允许从含水层中获取的最大水量。这个最大水量是遍布在计算区内的水量,由于不可能在面上布满井来开采地下水,并且各井还有降落漏斗,故实际开采时不能到达此值。在计算地下水可开采量时仅考虑浅层地下水,评价采用可开采系数法计算埇桥区浅层地下水资源的可开采量,计算公式为:

$$Q_{可开} = \rho Q_{总补} \tag{4.4.4}$$

式中:$Q_{可开}$——地下水可开采量(万 m^3/a);

ρ——可开采系数(无因次);

$Q_{总补}$——地下水总补给量(万 m^3/a)。

以浅层地下水均衡类型区为单位,根据各区域土壤岩性和控制水位 H_{max} 的不同将埇桥区划分为 7 个调节计算分区(与浅层地下水均衡类型区一致)。以旬为调节时段,分别对 7 个分区进行地下水多年调节计算,计算得到埇桥区浅层地下水资源多年平均可开采量为 23 811 万 m³,频率为 20%、50%、75%、95%年份的可开采量分别为 26 931 万 m³、23 610 万 m³、21 155 万 m³、17 934 万 m³。

9)水资源可利用总量

水资源可利用总量是指在可预见的时期内,在统筹考虑生活、生产和生态环境用水的基础上,通过经济合理、技术可行的措施在当地水资源中可以一次性利用的最大水量。

本次评价水资源可利用总量的计算,采用地表水资源可利用量与浅层地下水资源可开采量相加扣除两者之间重复计算量的方法估算,重复计算量主要是平原区浅层地下水的渠系渗漏和田间地表水灌溉入渗补给量的开采利用部分。计算公式为:

$$Q_{总} = Q_{地表} + Q_{地下} - Q_{重} \tag{4.4.5}$$

式中:$Q_{总}$——水资源可利用总量;

$\quad Q_{地表}$——地表水资源可利用量;

$\quad Q_{地下}$——浅层地下水可开采量;

$\quad Q_{重}$——重复计算量。

经计算,埇桥区多年平均水资源可利用总量为 33 633 万 m³,水资源可利用率为 46.2%。其中,地表水可利用量为 12 541 万 m³,占水资源可利用总量的 37.3%,地表水资源可利用率为 32.0%;浅层地下水可开采量为 23 811 万 m³,占水资源可利用总量的 70.8%,可开采率为 55.6%;重复计算量为 2 720 万 m³,占水资源可利用量的 8.1%。

对埇桥区各分区的水资源可利用总量进行频率计算,埇桥区频率为 20%、50%、75%、95%的水资源可利用总量分别为 40 827 万 m³、32 846 万 m³、27 259 万 m³、20 410 万 m³。

4.4.3 供需平衡分析

1)供水量

(1)供水工程

综合考虑埇桥区现状供水工程、供水能力以及工程规划情况,分析区域蓄水工程、提水工程、地下水工程、污水及雨水回用工程、自来水工程等的供水能力。蓄水工程主要指把降水形成的径流储蓄起来供生产生活利用的水利工程,埇桥区有 29 座小型水库,塘坝 220 座,总库容 1 997 万 m^3。提水工程扬水泵站从河道、湖泊等地表水体提水的工程(不包括从蓄水工程、引水工程中提水的工程),主要是各种类型的泵站工程:全区现有机电排灌站(含排管结合站)114 处,设备 215 台,装机 8 827 kW,提水规模 84 m^3/s,设计灌溉面积 25 万亩。地下水源供水工程指利用地下水的水井工程,据调查,2015 年全区规模以上机电井为 15 576 眼,总供水量 15 976 万 m^3,规模以下机电井为 243 967 眼,总供水量 7 134 万 m^3。污水处理回用工程指城市污水集中处理后直接用于回用的工程设施。集雨工程指用人工收集储存屋顶、场院、道路等场所产生径流的微型蓄水工程。目前,全区已建或在建的污水处理厂共 4 座,总污水处理能力为 31 万 m^3/d。埇桥区现有城市自来水厂 3 座,供水水源均为地下水,设计供水能力 20 万 m^3/d,实际供水量 12.8 万 m^3/d。

(2) 供水量

埇桥区现状供水包括开采中深层、深层地下水为主的工业生产、城市生活用水;以开采浅层地下水和地表水为主的农田灌溉、生态环境、乡镇工业及煤矿生产部分用水等。其中:中深层地下水供水水源工程主要有城市公共供水水源井、工业自备水源井两大类。全区实际总供水量 3.139 亿 m^3,其中地表水源供水量 0.828 亿 m^3,地下水源供水量 2.311 亿 m^3。根据埇桥区近五年实际供用水量分析可知,区域总供用水量呈逐年上升趋势。

2) 需水量

需水预测是对未来水资源供需态势的前瞻认识,是不同水平年水资源供需分析的重要环节,也是区域水资源配置分析计算的基础,对水资源配置结果会产生重要影响。需水预测涉及社会、经济以及生态环境等各个方面,具有一定的复杂性和不确定性。

本次规划根据宿州埇桥区实际发展情况,以国民经济和社会发展战略总体目标为指导,考虑未来经济的发展、人民生活水平的提高、节水型社会建设和用水管理水平的不断完善,预测各规划水平年的需水情况,分析评价各项用水定额的变化特点,及用水结构和用水量变化趋势的合理性,为水资源合理配置提供必要的基础数据。

需水量的大小取决于社会与经济的发展计划和发展目标。因此,需水量预测应在一定时期内社会经济发展计划已确定的条件下进行。在对需水量进行预测前,应首先根据社会和经济发展计划的宏观目标对社会经济指标进行分析和预测,一方面为需水量预测提供条件,另一方面为研究水资源承载能力评价和合理配置提供参考依据。

(1) 生活需水量

生活用水是指居民生活的日常用水。随着人口的增加,生活水平的提高,用水标准的不断提高,生活用水量将不断增加。因城镇生活用水定额和农村生活用水定额相差较大,将生活用水量分为城市生活用水量和农村生活用水量两部分,分别对其进行预测,并分解到各分区。

生活需水量采用日用水定额法,计算公式为:

$$W_i = \frac{p_i \times K_i \times 365}{1\ 000} \tag{4.4.6}$$

式中:W_i——规划水平年生活总用水量(万 m^3/a);

p_i——规划水平年人口数量(万人);

K_i——规划水平年的人均用水定额[L/人·d]。

城镇居民生活用水为居民家庭日常生活用水,对其进行预测,一方面要考虑由于社会的进步和发展,居民生活水平将进一步得到改善,用水的标准不断提高;另一方面也要考虑水价水平、用水管理和节水技术的不断完善和提高。城镇居民生活用水定额以实际调查为基础,参照《安徽省行业用水定额》,城镇生活日用水量在 120～180 L/(人·d),农村居民生活日用水量在 70～120 L/(人·d),规划年生活用水需水总计 8 299 万 m^3/a。

(2) 工业需水量

工业用水是指工矿企业在生产过程中用于制造、加工、冷却、净化和企业内生产辅助的生活用水。根据相关资料,基准年宿州市埇桥区有规模以上工业企业241 家。根据《埇桥区国民经济和社会发展第十三个五年规划纲要》,埇桥区将改造提升传统产业,推进纺织服装产业向上下游延伸,进一步壮大家具板材产业,延伸食品加工产业链条,加快发展煤电能源产业。同时,集聚发展战略性新兴产业,如新能源,高端装备制造业,节能环保产业,新材料产业等。转型升级开发园区,推进园区循环化、低碳化改造,延伸产业链条,完善产业配套,做强产业集群。

一般工业需水量预测方法采用弹性系数法或趋势法。弹性系数法就是利用工业用水弹性系数在一段时间内基本不变这一规律来进行未来需水量的预测。在工业结构基本不变的情况下,使用该方法可得到比较符合实际的数值,适用于中长期

工业需水预测。工业用水弹性系数是指工业用水的增长率与同期工业增加值增长率之比,即:

$$k=a/b \tag{4.4.7}$$

式中:k——弹性系数;

a——工业用水年增长率;

b——工业增加值年增长率。

根据埇桥区近年工业增加值和工业用水量的资料,分析工业用水、工业增加值增长变化的趋势,并参考周边相似地区的情况,确定未来不同时间段的工业需水弹性系数其取值为:近期为0.5,远期为0.4。考虑到基准年埇桥区工业高速发展,这一现象会持续一段时间,但增长率会呈现缓步下降的趋势,故基准年至2020年,工业增加值年增长率取10%,2020年~2030年取7%。

(3)农业需水量

埇桥区农作物种植结构较为稳定,农业灌溉需水量计算采用定额乘面积。参考《安徽省行业用水定额》中的定额标准,分别计算不同种类的农作物用水量,基准年条件下埇桥区农业灌溉50%,75%,90%频率下的净用水量合计分别为18 295.93万 m³,30 369.68万 m³,35 152.71万 m³。考虑到作物种植结构和土地使用难以预测,故本规划中,认为规划年农业灌溉与基准年相同。

(4)林牧渔畜用水量

林果业、畜牧业及淡水渔业采用用水定额法计算。参考《安徽省行业用水定额》中的定额标准,计算埇桥区基准年条件下年林牧渔畜50%,75%,90%频率下的用水量分别为1 714.11万 m³,2 008.05万 m³,2 301.99万 m³。

(5)城镇公共需水量

城镇公共用水包括企事业单位用水、商业用水、餐饮服务业用水和物流运输业等用水。据调查,2015年埇桥区城镇公共用水量为1 068万 m³,考虑到埇桥区未来发展,城镇居民生活水平的提高,城镇公共需水量稳步上升,增长量按1%考虑,据此计算埇桥区2020年、2030年埇桥区城镇公共需水量分别为1 154万 m³、1 307万 m³。

(6)生态需水量

生态环境需水是指为维持生态和进行生态建设所需要的最小需水量。生态用水包括河道内用水、河道外用水两部分。河道内生态用水是指用于维持河道基本功能和河道生态需求的用水;河道外用水分为生态绿化和其他生态建设用水。城镇绿化用水、防护林草用水等以植被需水为主体的生态环境需水量,可用定额法预测。本规划中河道内生态用水不参与供需平衡分析计算。

3）节水规划

（1）节水主要任务与目标

在分析埇桥区水资源与水环境承载能力的基础上，根据区域经济社会可持续发展的要求，在合理配置、全面节约、高效利用、清洁生产、保护生态的前提条件下，提出埇桥区节水型社会建设的工作目标和任务，明确试点内容，突出重点，努力创新，在水资源供需平衡分析及水资源配置的基础上，综合考虑埇桥区水资源供需矛盾、生态和环境状况、节水潜力、规划水平年的经济技术水平、当前水资源开发利用存在的问题等，系统提出节水型社会建设试点规划的目标，完成重点示范工程的建设，初步构建起节水型社会基本框架。结合相关规划和相关报告，确定埇桥区规划年节水主要达到以下指标：

到 2020 年，万元 GDP 用水量较现状年下降 30％以上；万元工业增加值用水量较现状年下降 25％以上；灌溉水利用系数提高至 0.68；城镇供水管网漏损率降低到 13％以下，节水器具普及率达到 98％。

到 2030 年，万元 GDP 用水量较 2020 年下降 30％以上；万元工业增加值用水量较 2020 年下降 30％以上；灌溉水有效利用提高到 0.71；城镇供水管网漏损率降低到 10％以下，节水器具普及率达到 100％。

埇桥区现状年管网漏失率为 17％，2020 年和 2030 年预计会降低为 13％和 10％。同时，埇桥区现状年节水器具普及率约为 96％，2020 年提高到 98％，2030 年将会达到 100％。经计算，与基本方案的需水量预测相比，近期和远期规划水平年可节约用水量分别为 1 100.7 万 m³ 和 1 508.7 万 m³。

（3）工业节水

工业用水量取决于工业产值、工业结构和科技水平，因此工业节水的关键是合理调整工业结构和布局，提高科技水平、推广节水技术、提高工业用水效率。通过多种节水措施的实施，可望有效降低工业取水定额和提高水的重复利用率，预测埇桥区工业用水单位在 2020 年和 2030 年可节约用水量分别为 4 724.8 万 m³ 和 10 678.9 万 m³。

（4）农业节水

埇桥区农业用水占总用水量 30％以上，农业节水措施包括工程措施和技术、经济及管理等非工程措施，包括：节水灌溉示范工程建设、农业用水优化配置、改进地面灌水技术、生物节水与农艺节水、提高降水利用率和回归水重复利用率、养殖业节水、发展和推广村镇集中供水等。通过一系列措施，在节约农业灌溉总体用水量的前提下,同时达到灌溉水利用系数在 2020 年提高到 0.68,2030 年提高到 0.71 的目标。以此计算,2020 年农业灌溉节水约 13%,2030 年农业灌溉节水约 22.3%,相应可节约用水量分别为 4 570 万 m³ 和 7 827 万 m³。

（5）城市公共用水量节水

城镇公共用水包括企事业单位用水、商业用水、餐饮服务业用水和物流运输业等用水,其节水措施包括:加快改造城市供水管网,降低城镇供水管网漏损率;合理利用中水等多种水源,推广使用节水及计量设备和器具;实行计划用水和定额管理,调整水价及改革水价收缴制度,确定基本定额、实行超额加价等办法。通过以上措施的实施,可有效降低城市公共用水量,近期和远期规划水平年可节约用水量分别为 230.8 万 m³ 和 261.4 万 m³。

4）供需平衡分析

（1）一次供需平衡分析

水资源一次供需分析,是以埇桥区现状工程的供水能力(不考虑外调水)、各规划水平年的来水条件,且不考虑新增节水措施(即基本需水方案)条件下,进行水资源供需分析。2020 年和 2030 年基本需水方案下一次供需平衡成果见表 4.4.1。

表 4.4.1　埇桥区一次供需方案(基本方案)预测成果汇总表

水平年	水资源分区		保证率/%	需水量/万 m³	供水量/万 m³	缺水量/万 m³	缺水率/%
2020	新汴河区		50	13 721.0	9 690.3	4 030.7	29.38
			75	14 957.8	9 302.3	5 655.5	37.81
			95	15 465.5	7 749.3	7 716.2	49.89
	沱濉河区	奎濉河区	50	15 124.6	21 274.1	0.0	0.00
			75	20 813.8	20 230.1	583.7	2.80
			95	23 149.1	15 362.1	7 787	33.64
		沱河下段区	50	8 253.5	10 271.9	0.0	0.00
			75	11 345.4	9 708.9	1 636.5	14.42
			95	12 614.7	7 915.9	4 698.8	37.25
	浍河怀洪新河区		50	6 276.6	8 013.2	0.0	0.00
			75	8 626.4	7 551.2	1 075.2	12.46
			95	9 591.1	5 934.8	3 656.3	38.12
	合计		50	43 375.7	49 249.5	4 030.7	9.29
			75	55 743.4	46 792.5	8 950.9	16.06
			95	60 820.4	36 962.1	23 858.3	39.23

续表

水平年	水资源分区		保证率/%	需水量/万 m³	供水量/万 m³	缺水量/万 m³	缺水率/%
2030	新汴河区		50	17 716.6	11 878.6	5 838.0	32.95
			75	18 953.4	11 490.6	7 462.8	39.37
			95	19 461.1	10 978.6	8 482.5	43.59
	沱濉河区	奎濉河区	50	16 703.8	16 430.8	273.0	1.63
			75	22 393.0	15 386.8	7 006.2	31.29
			95	24 728.3	14 013.8	10 714.5	43.33
		沱河下段区	50	9 040.6	9 284.8	0.0	0.00
			75	12 132.5	8 721.8	3 410.7	28.11
			95	13 401.8	7 983.8	5 418.0	40.43
	浍河怀洪新河区		50	6 917.5	6 450.8	466.7	6.75
			75	9 267.3	5 988.8	3 278.5	35.38
			95	20 678.3	5 386.8	15 291.5	73.95
	合计		50	50 378.5	44 045.0	6 577.7	13.06
			75	62 746.2	41 588.0	21 158.2	33.72
			95	78 269.5	38 363.0	39 906.5	50.99

2020 年宿州市埇桥区平水年份(50%保证率)全区开始出现缺水,缺水总量为 4 030.7 万 m³,缺水率为 9.29%;中等干旱年份(75%保证率),缺水程度加剧,缺水总量为 8 950.9 万 m³,缺水率为 16.06%;特殊干旱年份(95%保证率),各水资源分区均出现较严重缺水,缺水总量达 23 858.3 万 m³,缺水率达 39.23%。

2030 年宿州市埇桥区平水年份(50%保证率)全区开始出现缺水,缺水总量为 6 577.7 万 m³,缺水率为 13.06%;中等干旱年份(75%保证率),缺水程度加剧,缺水总量为 21 158.2 万 m³,缺水率为 33.72%;特殊干旱年份(95%保证率),各水资源分区均出现较严重缺水,缺水总量达 39 906.5 万 m³,缺水率达 50.99%。

根据一次供需平衡分析可知,50%及 75%保证率下缺水主要发生在新汴河区,这是因为新汴河区中包括宿州市市区,区内工业较发达,宿州市四大开发区均分布在内,用水量较高,95%保证率下各区均发生严重缺水,表明宿州市埇桥区水资源较紧缺已无法满足远期供水的需要,必须通过区域节水和区外调水等措施,以保证埇桥区用水。

(2)二次供需平衡分析

水资源二次供需分析,是在一次供需分析的基础上,在需水端考虑采用先进的节水措施和技术,进一步加大节水力度,即采用强化节水方案,与新增供水方案组合(主要为调水方案),进行水资源供需分析,详见表 4.4.2。

表 4.4.2　埇桥区二次供需方案(强化方案)预测成果汇总表

水平年	水资源分区		保证率/%	需水量/万 m³	供水量/万 m³	缺水量/万 m³	缺水率/%
2020	新汴河区		50	10 168.9	17 690.3	0	0.00
			75	10 966.2	17 302.3	0	0.00
			95	11 799.7	15 749.3	0	0.00
	沱濉河区	奎濉河区	50	12 608.3	21 274.1	0	0.00
			75	16 276.3	20 230.1	0	0.00
			95	20 109.9	15 362.1	4 747.8	23.61
		沱河下段区	50	6 921.4	10 271.9	0	0.00
			75	8 914.8	9 708.9	0	0.00
			95	10 998.4	7 915.9	3 082.5	28.03
	浍河怀洪新河区		50	5 242.3	8 013.2	0	0.00
			75	6 757.2	7 551.2	0	0.00
			95	8 340.8	5 934.8	2 406.0	28.85
	合计		50	34 940.9	57 249.5	0	0.00
			75	42 914.5	54 792.5	0	0.00
			95	51 248.8	44 962.1	1 0236.3	19.97
2030	新汴河区		50	10 264.7	19 878.6	0	0.00
			75	10 980.2	19 490.6	0	0.00
			95	11 728.0	18 978.6	0	0.00
	沱濉河区	奎濉河区	50	12 001.3	16 430.8	0	0.00
			75	15 292.8	15 386.8	0	0.00
			95	18 732.3	14 013.8	4 718.5	25.19
		沱河下段区	50	6 596.7	9 284.8	0	0.00
			75	8 385.5	8 721.8	0	0.00
			95	10 254.9	7 983.8	2 271.1	22.15
	浍河怀洪新河区		50	4 992.7	6 450.8	0	0.00
			75	5 918.3	5 988.8	0	0.00
			95	7 773.0	5 386.8	2 386.2	30.70
	合计		50	33 855.4	52 045.0	0	0.00
			75	40 576.8	49 588.0	0	0.00
			95	48 488.2	46 363.0	9 375.8	19.34

根据二次供需平衡分析可知,在考虑埇桥区强化节水方案和市区工业园外调

水的影响下,埇桥区 50%及 75%保证率下基本不缺水,仅特枯水年还存在用水不足情况。

4.4.4　水资源配置

在分析埇桥区各计算分区的水资源供、用、耗、排水之间的相互联系基础上,绘制配置网络图,进而建立包括计算分区水资源量系列、地下水可开采量、跨流域调水工程的调水量、经济社会发展指标、生活生产生态与环境需水量、现有工程及规划工程(蓄水)供水能力、工程与用户需求间的拓扑关系等基础资料数据库。在进行水资源配置运算时,以区域缺水状况为约束,在需水预测、可供水量调节计算和节水分析的基础上,反复进行系统需求分析,实现满足所有约束条件下的系统供水需水的最优化配置。

采用前面章节不同水平年的需水预测、节约用水以及供水预测等工作的成果,进行埇桥区水资源配置分析计算。埇桥区水资源配置从宏观上对供水和用水进行统筹安排,包括不同区域水量配置、不同行业水量配置、不同供水水源水量配置。

（1）不同区域水量配置

2020 年,埇桥区 50%、75%、95%保证率的配置水量分别为 3.49 亿 m³、4.29 亿 m³、4.10 亿 m³;2030 年,埇桥区 50%、75%、95%保证率的配置水量分别为 3.39 亿 m³、4.06 亿 m³、3.91 亿 m³。埇桥区不同水资源分区水量配置见表 4.4.3。

表 4.4.3　埇桥区各分区水量配置表

水资源分区		保证率/%	2020 年/万 m³	2030 年/万 m³
新汴河区		50	10 168.9	10 264.7
		75	10 966.2	10 980.2
		95	11 799.7	11 728.0
沱濉河区	奎濉河区	50	12 608.3	12 001.3
		75	16 276.3	15 292.8
		95	15 362.1	14 013.8
	沱河下段区	50	6 921.4	6 596.7
		75	8 914.8	8 385.5
		95	7 915.9	7 983.8
浍河怀洪新河区		50	5 242.3	4 992.7
		75	6 757.2	5 988.8
		95	5 934.8	5 386.8

水资源分区	保证率/%	2020 年/万 m³	2030 年/万 m³
	50	34 940.9	33 855.4
合计	75	42 914.5	40 647.3
	95	41 012.5	39 112.4

（2）不同行业水量配置

不同行业水量配置的原则是，在特枯水年首先保证生活和重点工业用水、其次保证生态，适当降低林牧渔畜和城市公共用水后，重点挤占农业用水，埇桥区各行业水量配置详见表 4.4.4，由表可以看出，在 95％枯水年宿州市埇桥区部分行业水量配置受到影响，受影响行业主要为农业灌溉，其次是林牧渔畜和城市公共用水。

表 4.4.4 埇桥区不同行业水量分配表

水平年	水资源分区		保证率/%	生活/万 m³	工业/万 m³	农业灌溉/万 m³	林牧渔畜/万 m³	城市公共/万 m³	生态需水/万 m³	总计/万 m³
2020	新汴河区		50	2 070.6	5 655.1	1 591.8	171.4	480.0	200	10 168.9
			75	2 070.6	5 655.1	2 359.7	200.8	480.0	200	10 966.2
			95	2 070.6	5 655.1	3 163.8	230.2	480.0	200	11 799.7
	沱濉河区	奎濉河区	50	2 121.9	1 995.9	7 322.0	788.5	240.0	140	12 608.3
			75	2 121.9	1 995.9	10 854.8	923.7	240.0	140	16 276.3
			95	2 121.9	1 995.9	10 053.2	851.1	200.0	140	15 362.1
		沱河下段区	50	1 379.2	942.7	3 979.4	428.5	121.6	70	6 921.4
			75	1 379.2	942.7	5 899.3	502.0	121.6	70	8 914.8
			95	1 379.2	942.7	5 009.4	415.5	99.1	70	7 915.9
	浍河怀洪新河区		50	950.3	798.4	3 024.3	325.7	81.6	62	5 242.3
			75	950.3	798.4	4 483.4	381.5	81.6	62	6 757.2
			95	950.3	798.4	4 811.1	247.4	65.6	62	5 934.8
	合计		50	6 522.0	9 392.2	15 917.3	1 714.1	923.2	472	34 940.8
			75	6 522.0	9 392.2	26 421.3	2 008.1	923.2	472	45 738.8
			95	6 522.0	9 392.2	23 582.5	1 812.0	885.3	472	44 966.0

水平年	水资源分区		保证率/%	生活/万 m³	工业/万 m³	农业灌溉/万 m³	林牧渔畜/万 m³	城市公共/万 m³	生态需水/万 m³	总计/万 m³
2030	新汴河区		50	2 155.8	5 733.9	1 422.2	171.4	543.7	237.7	10 264.7
			75	2 155.8	5 733.9	2 108.3	200.8	543.7	237.7	10 980.2
			95	2 155.8	5 733.9	2 826.7	230.2	543.7	237.7	11 728.0
	沱濉河区	奎濉河区	50	2 209.1	2 023.7	6 541.8	788.5	271.8	166.4	12 001.3
			75	2 209.1	2 023.7	9 698.1	923.7	271.8	166.4	15 292.8
			95	2 209.1	2 023.7	8 702.4	668.9	243.3	166.4	14 013.8
		沱河下段区	50	1 435.9	955.9	3 555.4	428.5	137.8	83.2	6 596.7
			75	1 435.9	955.9	5 270.7	502.0	137.8	83.2	8 385.5
			95	1 435.9	955.9	5 016.6	375.5	116.7	83.2	7 983.8
	浍河怀洪新河区		50	989.4	809.5	2 702.0	325.7	92.4	73.7	4 992.7
			75	989.4	809.5	3 642.0	381.5	92.4	73.7	5 988.8
			95	989.4	809.5	3 120.6	237.4	56.2	73.7	5 386.8
	合计		50	6 790.3	9 522.1	14 221.9	1 714.1	1 045.6	561.0	33 855.0
			75	6 790.3	9 522.1	23 607.2	2 008.1	1 045.6	561.0	43 534.3
			95	6 790.3	9 522.1	26 715.2	2 302.0	480.0	561.0	46 370.1

（3）不同水源水量配置

埇桥区供水水源主要包括地表水、浅层地下水、中水和外调水。水源水量配置的原则是首先使用本地水,扣除外调水,其次在保证生活用水使用深层地下水的前提下尽可能扣除深层地下水,其次为浅层地下水和地表水,尽可能使用中水,埇桥区 2020 年、2030 年各水源水量配置见表 4.4.5。

表 4.4.5　埇桥区不同水源水量分配表

水平年	水资源分区		保证率/%	地表水/万 m³	浅层地下水/万 m³	深层地下水/万 m³	外调水/万 m³	中水/万 m³	合计/万 m³
2020	新汴河区		50	2 035	3 956	1 699.3	478.6	2 000	10 168.9
			75	2 035	3 568	1 699.3	1663.9	2 000	10 966.2
			95	994	3 056	1 699.3	4 050.4	2 000	11799.7
	沱濉河区	奎濉河区	50	6 027	4 119.4	2 121.9	0	340	12 608.3
			75	6 027	7 787.4	2121.9	0	340	16276.3
			95	2 532	7 833	4 657.1	0	340	15 362.1
		沱河下段区	50	2 403	2 979.2	1 379.2	0	160	6921.4
			75	2 403	4 972.6	1 379.2	0	160	8 914.8
			95	1 348	4 027	2 380.9	0	160	7 915.9
	浍河怀洪新河区		50	2 076.4	2 087.6	950.3	0	128	5 242.3
			75	2 076.4	3 602.5	950.3	0	128	6 757.2
			95	1 060	3 796.5	950.3	0	128	5 934.8
	合计		50	12 541.4	13 142.2	6 150.7	478.6	2 628	34 940.9
			75	12 541.4	19 930.5	6 150.7	1 663.9	2 628	42 914.5
			95	5 934	18 712.5	9 687.6	4 050.4	2 628	41 012.5
2030	新汴河区		50	2 155.8	2 342.1	1 266.8	0	4 500	10 264.7
			75	2 155.8	3 057.6	1 266.8	0	4 500	10 980.2
			95	2 155.8	3 055.4	1 266.8	750	4 500	11 728
	沱濉河区	奎濉河区	50	2 209.1	5 820.5	3 271.7	0	700	12 001.3
			75	2 209.1	9 112	3 271.7	0	700	15 292.8
			95	2 209.1	7 833	3 271.7	0	700	14 013.8
		沱河下段区	50	1 435.9	2 639.9	2 180.9	0	340	6 596.7
			75	1 435.9	4 428.7	2 180.9	0	340	8 385.5
			95	1 000	4 464	2 179.8	0	340	7 983.8
	浍河怀洪新河区		50	989.4	2 616.9	1 086.4	0	300	4 992.7
			75	989.4	3 613	1 086.4	0	300	5 988.8
			95	989.4	3 013	1 086.4	0	300	5 386.8
	合计		50	6 790.2	13 419.4	7 805.8	0	5 840	33 855.4
			75	6 790.2	20 211.3	7 805.8	0	5 840	4 0647.3
			95	6 354.3	18 365.4	7 804.7	750	5 840	39 112.4

5 取水许可及水资源论证

5.1 工作背景及意义

我国面临着人口增长、资源短缺和环境压力增加的挑战。水资源短缺、水环境恶化和防洪灾害等问题日益突出。随着经济社会的快速发展,人们对水资源需求的增加和对改善生态与环境的迫切需求之间产生了矛盾。因此,如何科学合理地考虑水资源和水环境的承载能力,以科学发展观为指导,协调解决水资源的开发、利用、配置、节约和保护等方面的问题,提高工作水平,已成为当前亟须解决的重大课题。

为了推进水资源的有序开发和高效利用,国务院于1993年发布了《取水许可制度实施办法》。接着,在2002年,水利部和国家发展计划委员会联合发布了《建设项目水资源论证管理办法》,建立了建设项目水资源论证制度。这一制度的实施旨在保证建设项目合理使用水资源,提高用水效率和效益,减少建设项目对周边环境产生不利影响的问题,并为取水许可的科学审批提供技术依据。

水资源论证的目标是提供技术支持和服务,确保建设项目合理用水。它属于水资源管理中前瞻性的事前行政管理,是水资源管理向更深层次发展的重要标志。水资源论证旨在实现水资源条件与经济布局的适应,水资源承载能力与经济规模的协调,促进水资源的合理开发和优化配置,并为实现取水许可的科学审批提供重要保证。

5.2 区域取水许可管理权限

依照《取水许可和水资源费征收管理条例》,县级以上人民政府水行政主管部门按照分级管理权限,负责取水许可制度的组织实施和监督管理。国务院水行政主管部门在国家确定的重要江河、湖泊设立的流域管理机构(以下简称流域管理机构),依照本条例规定和国务院水行政主管部门授权,负责所管辖范围内取水许可制度的组织实施和监督管理。

依据《关于授予长江水利委员会取水许可管理权限的通知》(水政资〔1994〕438

号）、《水利部淮河水利委员会取水许可管理实施细则》和《安徽省取水许可和水资源费征收管理实施办法》（2019 第二次修订）等相关取水许可管理实施要求，取水许可按照下列审批权限实行分级审批：

（1）长江干流地表水日取水量 10 万 m³ 以上的工业与城镇生活取水或设计流量 20 m³/s 以上的农业取水由水利部长江水利委员会审批。

（2）淮河干流日取水量 5 万 m³ 以上的工业及城镇生活取水和设计流量 5 m³/s 以上的农业灌溉取水由水利部淮河水利委员会审批。

（3）非农业用水年取用地表水在 2 000 万 m³ 以上、地下水在 1 000 万 m³ 以上，或者在地下水限制开采区取用地下水和水力发电单站装机 50 万 kW 以上，以及由省人民政府投资，行政主管部门审批、核准或者备案的石油石化、化工、造纸、纺织、钢铁和装机 60 万 kW 以上的火电建设项目取水的，由省人民政府水行政主管部门审批。

（4）非农业用水年取用地表水在 700 万 m³ 以上、不满 2 000 万 m³，地下水在 500 万 m³ 以上、不满 1 000 万 m³，或者水力发电单站装机不满 50 万 kW，省人民政府投资，行政主管部门审批、核准或者备案的除石油石化、化工、造纸、纺织、钢铁以外的和装机不满 60 万 kW 的火电建设项目，以及由设区的市人民政府投资，行政主管部门审批、核准或者备案的建设项目取水的，由设区的市人民政府水行政主管部门审批。

（5）非农业用水年取用地表水不满 700 万 m³、地下水不满 500 万 m³，以及由县级人民政府投资，行政主管部门审批、核准或者备案的建设项目取水的，由县级人民政府水行政主管部门审批。

5.3　水资源论证编制重难点

水资源论证的目的是解决建设项目在用水方面的核心问题，即需要用多少水、能用多少水、区域可供应多少水以及企业可排放多少水，从而确保取用水的合理性和可持续性。在水资源论证中，重点和难点主要集中在三个方面：取用水的合理性分析、取水水源的论证，以及取退水的影响分析。这些方面需要综合考虑科学、经济、社会和环境等多个因素，确保项目与水资源的协调发展。

5.3.1　取用水合理性分析编制重难点

取用水合理性应从取水和用水两个方面进行分析，2019 年后根据《水利部关于开展规划和建设项目节水评价工作的指导意见》（水节约〔2019〕136 号）和《水利部办公厅关于印发规划和建设项目节水评价技术要求的通知》(办节约〔2019〕206 号)的要求,增加了节水评价内容。

取水合理性分析应根据建设项目所在区域的现状水资源开发利用背景,包括水资源条件(含水资源质量)、开发利用程度、区域用水水平等进行分析,并应符合国家产业政策,满足所在区域水资源分配方案、规划和管理要求,符合国家和所在区域用水管理方面的有关规定。

用水合理性分析主要是通过建设项目用水过程、水平衡和用水指标的分析,对建设项目用水水平进行评判,分析建设项目的节水潜力,提出有针对性和可操作性的节水措施和建议。2019 年后根据水利部《关于开展规划和建设项目节水评价工作的指导意见》(水节约〔2019〕136 号)和《水利部办公厅关于印发规划和建设项目节水评价技术要求的通知》(办节约〔2019〕206 号)的要求(安徽省江淮丘陵区还要参照《建设项目节水评价编制指南》的要求),对用水合理性分析提出了节水水平评价的要求。

1) 取水合理性分析编制的重难点

水资源具有重要的战略经济地位,是宝贵的自然资源。在建设项目的水资源论证中,需要进行取水合理性分析,以符合国家和地方的产业政策,并满足水资源的规划、配置和管理要求。此外,还应考虑所在区域的水资源条件和用水水平,遵守国家和地方相关的用水管理规定。项目建设应当有利于区域产业结构调整,促进水资源的合理配置和高效利用,以推动经济社会的可持续发展。根据建设项目水资源论证导则的要求,需要从产业政策、水资源管理要求和水资源规划等宏观方面来分析建设项目的取水合理性。在具体章节中,会涉及取水水源的可供水量和保证率、取水水源的水质以及取水对环境的影响分析等内容。

根据水利改革发展的新形势、新要求,在系统总结我国水资源管理实践经验的基础上,2011 年中央"1 号文件"和中央水利工作会议明确要求实行最严格水资源管理制度,确立水资源开发利用控制、用水效率控制和水功能区限制纳污"三条红线",从制度上推动经济社会发展与水资源水环境承载能力相适应。针对中央关于水资源管理的战略决策,国务院发布了《关于实行最严格水资源管理制度的意见》,对实行最严格水资源管理制度工作进行全面部署和具体安排,进一步明确水资源管理"三条红线"的主要目标,提出具体管理措施,全面部署工作任务,落实有关责任,必将全面推动最严格水资源管理制度贯彻落实,促进水资源合理开发利用和节约保护,保障经济社会可持续发展。

2）用水合理性分析编制的重难点

用水合理性分析的重点在于分析建设项目的用水工艺流程、绘制水平衡图，并进行各个用水环节的水平衡分析。这包括详细分析项目的取水、用水、耗水和排水情况，计算各项用水指标，例如单位产品取水量、万元产值耗水量、新水利用率、重复用水率、冷却水循环利用率、污水达标排放率、再生水利用率和厂内职工生活用水指标等。同时，将这些用水指标与区域、行业的用水标准以及国内外同行业的用水指标进行比较，以论证项目在用水指标、清洁生产和节水型企业建设等方面的先进性和符合性。通过分析，确定用水的水量合理性和节水措施的可行性。对于改建和扩建项目，还需要分析扩建前后的用水过程和水平衡图。

用水合理性分析的难点在于，水资源论证涉及范围广、各类型项目间用水差异大。建设项目水资源论证涉及多个行业和领域，比较常见的主要是生活用水、工业用水、农业用水、生态用水等，其中工业用水又可以进一步细分为发电用水、化工用水、造纸用水、采矿用水等，各行业间用水工艺不同，其中部分工业用水工艺非常复杂，论证人员知识面有限，很难全面掌握用水工艺流程，对可研报告设计用水不能提出合理、有效的修改方案，不利于控制各用水环节用水量，不利于节水潜力和措施的深化分析。

5.3.2　取水水源论证编制重难点

取水水源论证主要是解决项目用什么水、用多少水的问题，首先应针对项目分析范围内可选水源进行详细调查，按照优先取用非常规水，合理利用区域地表水，最后再考虑地下水的取水优先级，确定项目取水水源。

1）非常规水源论证的重难点

江淮丘陵区非常规水源以污水处理厂再生水为主，项目取用污水处理厂再生水作为用水水源不仅解决了项目自身用水问题，还会降低污水处理厂入河排污量，对于改善区域水环境也起到了积极的作用，因此在水资源论证取水水源方案时，应优先考虑取用污水处理厂再生水作为项目取水水源。

污水处理再生利用是指利用已建污水处理厂或规划建设的污水处理厂处理后的水（中水）作为取水水源的一种方式。在进行水源论证时，应基于已通过审查或批准的污水处理厂规划、可行性研究、初步设计报告以及实际运行中收集的相关资料。对于利用已建污水处理厂作为水源的情况，需基于已收集的工程运行资料，进行分析污水处理厂的实际处理能力、污水收集系统及可收集的污废水量、处理后的水量、出水水质、已有中水利用用户及其可供给的水量和可靠性、水质评价等方面。

至于污水处理厂自身的建设规模,通常按照原污水处理厂的规划成果进行,不需要进行专门的分析。论证的内容包括污水再生利用系统可供建设项目利用的水量及其可靠性、水质及其稳定性,污水再生利用的水量通常为污水处理厂实际处理水量的 50%～70%,最大不得超过 80%。

2) 地表水水源论证的重难点

地表取水水源论证主要针对建设项目业主提出的取用水方案(包括取水水源、取水方式和取用水量等),解决建设项目拟定的地表取水水源有没有水、给不给用和可靠程度如何的问题,其工作流程见图 5.3.1。

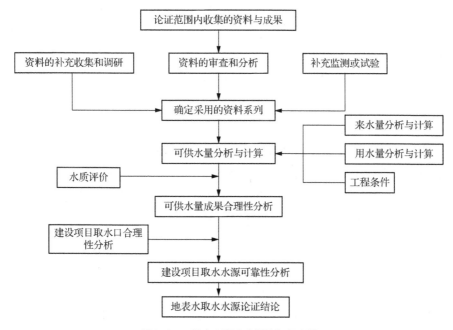

图 5.3.1 地表水取水水源论证程序图

(1) 来水量计算

来水量的分析与计算主要依据实测水文资料、调查收集的用水资料、已有的水资源调查评价与规划等成果。分析与计算时,需明确论证范围来水量计算所考虑的来水流域、水量平衡分析的范围和水量控制断面;说明资料来源和采用的系列;按建设项目取水的保证率要求,确定分析时段和取样方法;分现状水平年和规划水平年,计算不同保证率的来水量。

现状水平年实际来水量是指论证范围上游现状工程和实况下垫面条件下的实际来水量。一般情况下,可直接用实测水文资料(流量、水位、降水量)推求;而规划水平年的来水量可以从两个方面理解：一方面，认为随着用水量或实际需水量的增加，势必要减少论证区域的来水量，在论证建设项目不同保证率的可供水量时，需要考虑规划水平年来水量的减少；另一方面，考虑项目取水水源论证范围内近期有没有水利工程的建设，规划年随着水利工程的建成运行，势必会对论证范围内水文情势造成相应影响。

对于地表水来水量计算过程中出现的主要问题，应对方案如下：① 缺乏长系列实测流量资料时，可利用水位流量关系、上下游水文站实测流量的相关性、降雨径流关系以及类比法等插补延长资料系列预测来水量。② 对于缺乏资料地区，可用水文模型、径流系数、地区综合和等值线图等方法推求来水量。③ 水资源丰沛地区、现状水资源开发利用程度较低(≤5%)或者论证的建设项目与已规划的建设项目取水量占取水水源可供水量的比例较小(≤5%)的地区，规划水平年来水量的计算可适当简化。④ 水资源紧缺地区，应在现状水平年来水量的基础上，充分考虑论证范围来水区域规划水平年用水量的情况，计算来水量。

（2）用水量计算

用水量分析包括现状用水量和规划用水量。现状用水量主要通过调查和收集的资料估算；规划用水量需要根据社会经济发展指标和统计分析的用水指标进行预测。需水量预测方法可用分项预测法和综合法，计算内容不仅要求计算实际取水量，同时还应考虑论证范围内的批复用水量。

（3）可供水量计算

计算区域可供水量时必须首先计算各蓄、引、提单项工程的可供水量，然后进行综合分析求得。预测未来情况下的可供水量时，一般以现状为基数，根据技术经济条件的可能，参照水利发展规划，适当拟定增长率，按不同河系、水源、供水方式(蓄、引、提、调)逐条河流进行计算，相加后即得全区域的供水量。当区域面积相对较小且缺乏实测或调查资料时，也可由典型河流供水量的分析，按不同类型(分区)建立综合关系曲线、经验公式或按可供水系数法近似估算。

（4）水资源质量评价

应充分利用已有的污染源和水质监测资料，对取水水源的水质状况进行评价，并根据建设项目对取水水源水质的要求，选取合适的评价时段。如果取水水源所在的水域缺乏数据无法满足评价要求，应进行必要的水质监测和入河污染物监测工作，并将监测报告作为水资源论证报告书的附件。监测应遵守 SL 219 规定的监测标准。

对于水域污染较重、存在重金属或有毒有机污染的情况,应进行底质污染评价。对于水域存在富营养化问题的情况,应选择磷、氮等关键参数进行分析评价,并量化说明水体的富营养化程度。如果缺乏数据无法满足评价要求,应补充开展相应的底质和富营养化参数的监测,并将监测单位提供的监测报告作为水资源论证报告书的附件。

(5) 取水口位置合理性分析

建设项目水资源论证会对取水口的合理性进行分析,分析的依据是业主方提供的取水工程布置方案和取水口位置,而不是设计取水工程或设置取水口。分析内容主要包括取水口河段河床的稳定性分析,新建取水口与现有取水口、排污口之间的关系及对第三方的影响,取水口与所在河段水功能区划和水质目标的关系,以及取水口布置是否满足取水水量和水质的要求等。

在河床稳定性分析方面,论证单位需要基于业主方提供的相关资料,如取水河段的地形测量、地质勘探资料,以及河床演变分析研究成果和水沙情势等。同时,需要收集取水河段的泥沙资料,并分析冲淤现状和历年冲淤变化情况。对于泥沙资料的收集和分析,有相应的要求需要遵守。具体的分析方法包括定性说明取水口河段河床的稳定性,分析河段的冲淤现状和历年变化情况,并预估河床的演变趋势。在取水后对取水河段的河势影响较大或上游存在大型入河排污口的情况下,需要通过模型计算,分析不同保证率下的水量对该区域的影响范围和程度。针对从湖泊或水库取水的情况,取水口的设置应考虑湖库岸坡的稳定性和淤积的影响,并需满足水功能区划、防洪规划和航运等要求。

5.3.3　取退水影响论证编制重难点

1) 取退水影响工作程序

建设项目取水和退水影响论证,是在建设项目取用水合理性分析和取水水源论证基础上进行的。论证工作应根据有关法律、法规和政策等规定以及水功能区划要求,按照水资源规划和社会经济发展等有关规划原则要求,分析论证取水和退水对区域或流域水资源、水生态和第三者的影响,主要内容包括:根据建设项目所在区域的水资源条件、取水和退水规模、方案(取水方式和保证要求,退水量及污染物组成、主要污染物排放及入河情况、入河排污口设置等)、受纳水域水资源管理和水功能保护要求,识别筛选出主要的影响对象并确定论证工作等级和范围,在现状调查基础上,分析预测取水和退水对水资源条件、水域纳污能力使用、水功能和水生态保护及第三者的影响,并针对性地提出建设项目应采取的工程与非工程对策措施,以消除或减缓其不利影响,对难以消除和可定量计算的直接影响,应提出补偿方案建议;而对于难以定量的影响则应定性说明影响的程度与范围,并提出相应的补偿措施建议。论证报告应在综合分析建设项目取水和退水可行性基础上,明确给出建设项目取水和退水影响的评判结论。

2) 取退水影响工作重点

取水影响主要是指建设项目通过取水工程取用地表水或地下水后,改变水资源数量、质量和时空分布条件等所产生的影响;退水影响主要是指建设项目通过已有或新建入河排污口等退水至地表水域,改变水功能及水资源和水环境状况所产生的影响。根据建设项目取水和退水的影响性质,可以分为有利与不利、显见与潜在影响;根据其影响方式,可分为直接与间接影响;根据影响程度,可分为短期与长期、可逆与不可逆影响;根据其影响范围,可分为区域与局部影响等。取水和退水可能产生的不利影响是论证的重点。

取水不利影响主要包括因取水造成水域水量和水能减少、水资源时空分布条件改变、纳污能力减小等而产生的水功能降低、水域生态失衡及对第三者的影响等;退水影响包括退水所含化学、物理和生物污染等物质排入水域后,增加水体纳污负荷、改变水文情势及水功能区的资源和环境承载状况、降低水资源利用功能,并由此对受纳水域水功能、水资源质量状况和水生态产生的影响。

3) 取水影响工作难点

取水对生态水量的影响是取水影响中的一个难点。目前,大多数主要河流都已划定了最小生态流量,因此,建设项目的取水不能影响到最小生态流量红线。对于尚未划定最小生态流量的河流,应进行河道基本生态流量的计算分析,以确定合理的水量。

(1) 生态水量的基本概念

河道的生态水量是指维持河流生态系统发育、演替和平衡所需的基本水量。保证河道的基本生态水量具有重要作用。河流水资源是生态系统的重要因素,也是自然水循环的重要组成部分。在当前全球水资源短缺和水生态问题日益严峻的情况下,人们对因缺乏生态用水而导致的生态失衡问题越来越关注。尤其是在许多流域,特别是北方地区,水资源供需矛盾突出,生活、生产和生态用水之间难以协调,往往导致河道基本生态水量严重被挤占,引起水生态环境恶化的问题。研究和确定需要保持的生态需水规模和配置水平是论证建设项目取水和水利工程调度运用对河道生态水量影响的前提。因为取水可能对水生态造成不同程度的影响,所以需要根据建设项目和取水区域的特点,在确定取水影响的基础上对可能明显影响河道生态水量的建设项目进行论证。

需要进行生态水量影响论证的主要建设项目包括:处于干旱和水资源紧缺地区的集中取水项目、位于生态敏感和脆弱地区的集中取水项目、大中型取水项目、取水量占取水区域水量比例较大的项目、水资源开发程度较高区域的集中取水项目,以及可能对河道生态水量产生明显影响的其他建设项目。

(2)河道内生态水量的计算方法

生态需水的分析和研究方法存在多样性,目前尚未有国内外公认的标准。由于各国、各流域乃至各河段区间的水资源基础条件、水资源承载能力、生态功能以及经济社会发展和生态保护对水资源需求的差异,不同国家乃至不同河流的生态健康标准无法完全相同,因此生态保护需水标准也不可能完全一致。在进行影响论证时,需要充分考虑论证范围的水资源基本条件和现状情况,研究水域重点生态目标对水的需求,并进行相应的影响分析,提出适当的保护措施方案,协调和统筹经济社会发展与生态保护的用水关系,以维持河流生态系统的平衡和健康。

总体来说,河道生态需水的计算方法可以分为历史水文资料法、水力学计算法、生境研究法和综合法等。在建设项目的水资源论证工作中,应根据取水影响水域生态目标的具体情况和需水特点,有针对性地选择适合的计算方法。其中,Tennant法(也称为Montana法)是一种非现场测定类型的标准设定法,不需要进行现场测量。对于具备水文站点的河流,年平均流量的计算可以通过历史资料获得。而对于没有水文站点的河流,可以通过产流分析等水文计算方法获取。该方法主要基于考虑水资源时空条件和水生生物(尤其是鱼类)的生境需水规律,将全年分为两个生态需水计算时段,并以预先确定的年平均流量百分数为依据来推荐河流的生态流量年均值或时段均值(表5.3.1)。该方法建议用于计算生态优先度不高的河流的生态水量,或者作为其他计算方法的验证。我国在大尺度和无特定敏感需水保护目标的河流生态需水研究中,也有应用该方法的案例。

表 5.3.1　保护性生境生态基流流量

河流流量叙述性描述	推荐的基流(平均流量)/%	
	10~3 月	4~9 月
最大	200	200
最佳范围	60~100	60~100
极好	40	60

河流流量叙述性描述	推荐的基流(平均流量)/%	
	10~3 月	4~9 月
非常好	30	50
好	20	40
中	10	30
差或最差	10	10
极差	0~10	0~10

4) 退水影响工作难点

退水影响分析是水资源论证报告书的重要部分,必须遵循水功能区管理规定,满足水功能保护要求,分析项目废水退至地表水域后,对论证范围内水功能区的水资源使用功能、纳污能力、水质、水文和水生态的影响。

(1) 确定退水方案

退水影响分析难点在于项目退水类型多种多样,需要确定项目退水中主要污染物的种类、排放量、排放浓度。对于有外排污水的,要分析排污口是否符合水功能区的管理要求,相应的水功能区的纳污能力应能够足以接纳入河的污染物,分析重点是入河污染物总量是否满足收纳水域水功能纳污总量控制指标的要求。对退至污水处理厂的,要分析污水处理厂的处理工艺与处理能力,重点分析处理工艺是否能处理外排污水中的污染物,以及业主是否与污水处理厂达成接受协议。对厂区自行处理污水实现"零排放"的,应详细叙述"零排放"的可行性,分析污水处理设施能力是否满足回用的水质与水量要求。

(2) 退水影响分析

根据水功能区水域纳污能力和入河排污总量的控制要求分析项目特征污染物对相关水功能区入河限制排污总量和控制方案的影响,定量分析退水对水域纳污能力的影响。针对退水特性和水域的环境特点,分别预测项目退水中 N、P 等营养物质对水体富营养化的影响,以及温排水对所影响水域水温结构和生态系统的影响。

(3) 排污口论证相关内容

对于项目退水直接外排入河的,应根据国家对入河排污口监督管理方面的有关要求,分析论证入河排污口设置的合理性和可行性,但由于排污口论证工作根据生态环境部《关于做好入河排污口和水功能区划相关工作的通知》(环办水体〔2019〕36 号),该部分审查及工作内容在 2019 年由水利部门移交给环保部门后,不再纳入水资源论证报告编制内容中,需要单独完成排污口论证报告,因此本书不再对排污口论证工作进行介绍。

5.4 典型项目水资源论证编制要点

5.4.1 供水企业水资源论证编制要点

供水企业水资源论证编制的要点在于项目用水合理性的分析以及取水水源论证,以淮南市经济开发区某水厂的水资源为例,说明公共供水企业的水资源论证过程及关键点。

1)用水合理性分析

(1)现状年用水调查

区域现状年常住人口约为21.76万人,居民家庭生活用水量约为709.5万 m^3/a,其中取用市政公共供水的为452.3万 m^3/a,取用自建设施供水的为257.2万 m^3/a。公共供水管网普及率63.75%。现有取水的企业有300多个,生产运营用水约为1 681.0万 m^3/a,其中取用市政公共供水的为818.3万 m^3/a,取用自建设施供水的为862.7万 m^3/a,集中供水普及率约占48.68%。区内现状年公共服务用水总量为136.5万 m^3/a,其中取用市政公共供水的为54.3万 m^3/a,取用自建设施供水的为82.2万 m^3/a。集中供水普及率约占39.78%。

(2)区域内其他供水水源调查

区域内尚有一座工业供水厂,供水能力为600万 m^3/a。考虑区内中水利用,规划年中水供水规模1.3万 m^3/d,年供水量475万 m^3。规划年需水预测可以采用经济社会指标预测法、城市综合用水量指标法、分类指标法等多重方式预测,分别独立预测需用水量,成果见表5.4.1。

表 5.4.1　需水量预测综合成果　　　　　　单位:万 m^3/a

预测方法	规划 2020 年需水量	规划 2030 年需水量
城市综合用水量指标法	1 813.31	2 259.73
分类指标法预测	2 081.63	2 606.44
万元 GDP 用水量指标法	1 884.04	2 993.12
综合取值	1 926.33	2 619.76

考虑区域内其他供水企业供水量和规划年再生水的利用,项目水资源供需预测成果见表5.4.2。

表 5.4.2 开发区水资源供需表

单位:万 m³/a

水平年	需水量	工业供水厂	本项目	再生水	区内地下水	供水合计
现状	1 792	600	0	0	1 291	1 891
2020 年	1 926	600	1 400	0	0	2 000
2030 年	2 618	600	2 100	475	0	3 175

2) 节水评价

供水企业节水潜力主要从:管网漏失率、供水户用水效率、厂区内部损耗三个方面分析。目前相当部分的水厂生产自用水(加药系统沉淀尾水及滤池反冲洗水)没有回收,其中滤池反冲洗用水量是水厂自用水的主要组成部分,可调节范围较大,是水厂节水的主要对象。目前所普遍采用的两种滤池冲洗方式是高速水流反冲洗和气水反冲洗,前者设备、操作管理较简单,但反冲洗水量较大;后者需增加相应的气冲设备,操作管理也较复杂,但可以大量减少反冲洗用水量,根据计算可知:气水反冲洗方式的耗水量比单独水冲洗方式可节水约 46%。水厂生产用水节约的另一个主要途径是滤池反冲洗用水的回收与利用。滤池反冲洗水中所含的污染物质主要是砂粒等大颗粒的无机杂质和少量细菌,常用的回收措施是设立回收管道及水池,在反冲洗水经过一定的沉淀停留时间后,用于厂区内外的绿化、浇洒、洗车或消防等;当滤池反冲洗用水量达到一定数值,回收水量较大时,可考虑利用回收清水作为滤池的反冲洗用水,循环利用。按滤池反冲洗用水量约占水厂自用水量的 50% 计,若采用气水冲洗工艺,水厂自用水可节水 23%;冲洗水中其余的54%,大部分可以回收利用,按 50% 的保守回收率估计,冲洗水的 27% 是可回用的,即回用量占水厂自用水的 13%。以上两项合计为水厂自用水量的 36%,依据水厂自用水量占供水量的 8% 的平均水平估计,水厂自用水的节水潜力约为供水量的 3%。

3) 地表水水源论证

地表水源论证需要收集项目河流取水段面相关水文资料,分析取水断面的水文径流特征,结合区域内工农业及生活用水资料,相关区域水资源规划与评价,分析得出现状年及规划年来水与用水量资料;通过分析计算得出可供本项目利用的水量与供水保证率。

生活供水厂由于直接关系到区域居民的生活用水,对取水保证率和水源水质要求较高。由于生活取水高保证率要求,考虑到水文要素的不确定性,尤其是来水量和用水量预测与估算中存在不确定性因素,需要在上述工作的基础上,对可供水量做进一步的风险分析,即考虑来水量的增减、用水量的增减以及两者的各种有利与不利组合等多种方案进行分析,得出各种组合方案的供水保证率或不同保证率条件下可供水量的抗风险能力,经综合分析与比较后给出取水可靠性的结论。

生活水厂取水水源水质直接关系到区内居民的用水安全,尤其对水功能区长期不能满足Ⅲ类水质要求,应在水质现状评价和规划水平年水质预测分析的基础上,进一步考虑入河污染物的可能变化幅度,结合水量的变化,分析取水水源最不利情况下的水质变化范围;对于可能发生水污染事故的水源,应在分析已发生水污染事故主要原因的基础上,预测水污染事故发生的可能性和事故发生后可能影响的范围与程度。

5.4.2　火电厂水资源论证编制要点

江淮丘陵区内的淮南市,分布有大量的燃煤发电厂,电厂运行期间耗水量大,一直以来都是水资源论证开展的重点行业,其编制要点包括取用水合理性分析,取水水源论证和退水影响论证三部分,以淮南市凤台县某电厂水资源论证为例,说明火电厂水资源论证编制流程及要点。

1)取用水合理性分析

(1)生产工艺合理性分析

现状电厂一般采用 660 MW 机组超超临界技术的汽轮机发电机组。超超临界机组的经济性能主要体现在汽轮机的热耗率值,热耗率越低机组的经济效益越高。在常规超临界参数向超超临界参数的过渡中,提高蒸汽温度所增加的热效率比提高蒸汽压力来得明显,而且经济性也更好。

根据项目可研汽轮机机组、锅炉参数等几个方面的论证分析,基于国内各主机厂的制造能力及技术储备,可研推荐本工程采用 2×660 MW 容量、31 MPa/600 ℃/620 ℃/620 ℃参数的单轴、二次再热机组的装机方案。工程锅炉的保证效率(BRL 工况)为 95%,汽轮发电机组的热耗值为 7 050 kJ/kWh,相应的发电效率为 48.03%,发电煤耗率为 256.11 g/kWh,发电机选用效率为 99% 的水-氢-氢冷却的高效发电机。《关于燃煤电站项目规划和建设有关要求的通知》(发改能源〔2004〕864 号文)规定的"在煤炭资源丰富的地区,规划建设煤矿坑口或矿区电站项目,机组发电煤耗要控制在 295 克标准煤/千瓦时以下"减少了 38.89 g/(kW·h)。

(2)用水工艺合理性分析

电厂用水包括生产用水和生活用水,生产用水分为循环冷却水、工业用水、化水处理及锅炉补水、输煤冲灰用水、供热用水等。

① 生活用水工艺分析

生活用水主要为厂区内职工正常生活用水,净水工艺选用强化常规净水工艺,即原水→絮凝沉淀→过滤→消毒工艺。用水工艺流程如下:取水泵站输送来的原水,进入网格絮凝池前置静态管道混合器,聚合三氯化铝凝聚剂在加药装置内配制完成,并由计量泵分别送至管道混合器前段管道内,混合器通过自身结构的剪切、搅拌作用,使其混合均匀后,进入网格絮凝池,在网格絮凝池内按一定的梯度进行絮凝反应,形成絮凝体后流入斜管沉淀池。经过絮凝处理的原水再经过沉淀池的配水区,依靠重力作用,使水中的大颗粒絮凝体分离出来,沉入池底部,而后采用刮泥机或吸泥机排至池外。沉淀出水流入无阀滤池的进水管,经过滤后,清水流入清水池,清水通过二级泵站输送至各用水点。

② 生产用水工艺分析

A. 原水预处理系统

电厂采用再循环供水系统,冷却塔补水新建 $2×1\,200\,\mathrm{m^3/h}$ 反应沉淀池。2座 $800\,\mathrm{m^3}$ 工业水池,设综合泵房1座(含工业泵、加药间、加氯间、药库及配电间等),污泥脱水车间(可与旁流合并布置)。

原水预处理系统主要是供循环冷却水、化学水系统(锅炉补给水)、暖通用水等,按水质不同分为两个系统。原水预处理系统反应沉淀池排泥水、溢流水、滤池反洗排水、放空水均需回收利用,污泥集中收集后进行浓缩、脱水处理。

B. 循环水系统

电厂循环冷却水系统采用带冷却塔的二次循环供水方式,每台机组配循环水泵2台,冷却塔1座,循环水进排水管各1根,回水沟1条。其供排水工艺流程如下:取水头部→自流引水管→补给水泵房→输水管线→原水预处理站→冷却塔集水池→循环水回水沟→循环水泵房→循环水压力进水管→凝汽器/开式冷却水系统→循环水压力排水管→冷却塔。

电厂按照汽轮机组最大连续运行工况(TMCR工况)进行冷端优化计算,按夏季10%气象条件下的夏季保证工况(TRL工况)进行校核计算。电厂采用间冷开式循环冷却水系统,汽轮机的有关辅机采用闭式循环冷却水系统,可减少对设备的污染和腐蚀,使设备具有较高传热效率,同时又可防止流道阻塞,提高各主、辅设备运行的安全性和可靠性,大大减少设备的维修工作量和用水量。

C. 化学水处理系统

本项目锅炉补给水系统设计出力为 160 m³/h,将设置 3×80 m³/h 的全膜法处理系统,系统出力设计如下:超滤系统出力为 3×115 m³/h,共设置 3 套,两用一备;一级反渗透系统出力为 3×105 m³/h,共设置 3 套,两用一备;二级反渗透系统出力为 3×89 m³/h,共设置 3 套,两用一备;电除盐装置出力为 3×80 m³/h,设置 3 套,两用一备;在机组启动或事故期间,通过 2 台 3 000 m³ 的除盐水箱储备的除盐水来满足机组短时大量用水的要求。

化学水处理系统主要用作锅炉补水,工程锅炉补给水处理系统流程如下:经凝聚澄清、过滤后的清水→超滤进水泵→加热器→超滤保安过滤器→超滤膜组件→超滤产水箱→超滤产水泵→反渗透保安过滤器→反渗透高压泵→反渗透膜组件→预脱盐水箱→预脱盐水泵→阳离子交换器→阴离子交换器→混合离子交换器→除盐水箱→除盐水泵→主厂房。

D. 工业用水系统

工程工业用水包括灰库区调湿用水、渣仓调湿用水、暖通系统用水、锅炉房冲洗水、汽机房冲洗水、除尘器地面冲洗水、煤场喷淋、栈桥冲洗用水、脱硫系统补充水等。工业用水全部来自回用水池,主要为循环水排污以及反渗透浓水处理后的再生水。

2) 取水水源论证

火电厂项目耗水量大,同时由于项目取水中 90% 以上的水量为循环冷却水,对水质要求不高,因此火电厂一般均要求配置一定的再生水,针对火电厂取水水源论证的重点就在于再生水水源的寻找和论证。

(1) 水源比选

淮南市辖五区二县一个国家级综合实验区,国土面积 5 571 km²,全市共有城镇污水处理厂 7 座:淮南市第一污水处理厂、淮南市八公山污水处理厂、山南新区污水处理厂、潘集污水处理厂、凤台县污水处理厂、寿县污水处理厂、毛集污水处理厂。

项目位于潘集区,属淮河北岸,淮河以南片污水处理厂与本项目相距较远,且再生水取水管道需跨越淮河,管路复杂,难度较大,运行费用较高,因此本次论证仅考虑淮河以北潘集分片区、毛集分片区、凤台分片区的再生水水源。各水源情况如下:

① 潘集污水处理厂

潘集污水处理厂位于潘集区袁庄大道与潘凤路交口,总设计规模为 4 万 m³/d,

分两期实施,一期工程于 2012 年 7 月开工建设,建设规模为 2 万 m³/d,现状已满负荷运行。目前正在实施二期扩建工程,扩建规模 2 万 m³/d。处理后排放水质符合设计一级 A 标准,服务范围为潘集区中心城区。

潘集污水处理厂现状及扩建规模下的再生水已有协议用水户,为安徽省能源集团有限公司淮南年产 22 亿 m³ 煤制天然气项目,双方于 2016 年 7 月 15 日签订了中水供水意向协议。2017 年 1 月 17 日,水利部淮河水利委员会以淮委许可〔2017〕4 号文对安徽省能源集团有限公司淮南年产 22 亿 m³ 煤制天然气项目取水许可申请下发了批复,同意该项目生产用水取用污水处理厂中水,年取水总量 1 093.6 万 m³,其中年取用潘集污水处理厂中水 988.3 万 m³,取水口位于该污水处理厂出水口处;年取用安徽(淮南)现代煤化工产业园区污水处理厂中水 105.3 万 m³,取水口位于该污水处理厂出水口处。因此潘集污水处理厂不具备向本项目供水的水源条件。

② 毛集试验区污水处理厂

毛集试验区污水处理厂位于滁新高速与兴湖路交叉口,于 2017 年底建设完成,处理规模为 1.5 万 m³/d。污水处理厂实际运行时间不长,根据本次调查,其实际收集污水量较少,运行不稳定,且与本项目相距约 20 km。本项目属发电项目,对取水水源供水保障率要求较高,因此,毛集污水处理厂不具备向本项目供水的水源条件。

③ 凤台县污水处理厂

凤台县污水处理厂位于凤台县三里沟以北、架河以南、永幸路以东、淮河以西处,该污水处理厂始建于 2008 年,分两期建设,现状处理规模达到 5 万 m³/d,实际处理量约为 3.5 万 m³/d,采用改良氧化沟工艺,处理后排放水质符合设计一级 A 标准,服务范围为凤台县中心城区。

凤台县于 2011 年 11 月被安徽省水利厅确定为首批节水型社会建设试点县,试点期为 2012~2014 年,并于 2017 年底开展县域节水型社会达标建设。在节水型社会建设和达标建设期间,凤台县积极推进再生水回用,组织编制了《凤台县污水再生利用一期工程可行性研究报告》和《安徽省凤台县域节水型社会达标建设实施方案》,拟在凤台县污水处理厂厂区东侧建设再生水厂一期工程,再生水回用规模为 2.5 万 m³/d,土建规模按远期 5 万 m³/d 一次建成,新建高效沉淀池 2 座、清水池 1 座、提升泵房 1 座,配套建设再生水回用管网 18.5 km。

2016 年 7 月,凤台县发改委以凤发改投资〔2016〕267 号文对凤台县污水再生利用工程项目建议书进行了批复,项目编号为 2016 - 340421 - 77 - 01 - 008521,工程总投资 6 592.55 万元。凤台污水处理厂再生水从 2018 年列入重点项目后,2020 年开展了一期再生水工程,2023 年开展二期工程,目前正在开展再生水厂厂区施工,管网工程已完成招标工作,工程建设正在积极有序推进。

凤台县污水再生利用一期工程原设计再生水主要回用于凤凰湖、永幸河生态补水以及凤台县城市绿化、道路浇洒等市政杂用水,回用量为 2.45 万 m³/d,已基本达到 2.5 万 m³/d 的再生水供水规模。但由于再生水主要利用方式为河湖补水,根据《淮南市城镇再生水利用规划》中有关要求,凤台县再生水厂配置给工业使用的再生水量为 1.5 万 m³/d,因此在与项目业主、当地水资源管理部门和住建部门的多次沟通协调后,确定在留有凤台县河湖基本需水量的前提下,缩减日常河湖生态补水量,缩减河湖补水量后,日最大可供中水 1.5 万 m³/d。据此,确定凤台县污水处理厂中水可作为项目水源。

(2)再生水论证方案

凤台县污水处理厂由三部分组成,分别为一期污水处理区、二期污水处理区及再生水处理区,主要位置分布见图 5.4.1,其中生产管理区布置在厂区的西北侧(主导风向为东北风)。

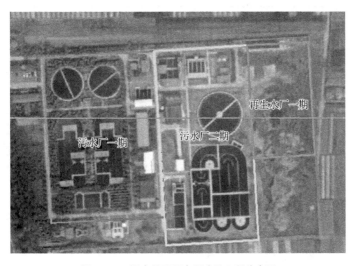

图 5.4.1   污水处理厂主要建设工程分布图

污水处理厂一期收水范围包括老城区和西翼新城区,占地 6.3 km²,全区服务人口约为 12 万人,主要服务范围为:北至永辛河、南至淮河堤、西至西七路,东至淮河堤的区域。凤台县污水处理厂二期工程主要服务范围为凤凰湖新区内。凤凰湖新区分为三个污水汇水分区：凤凰湖西区(5.94 km²)、凤凰湖南区(5.14 km²)和凤凰湖东区(5.00 km²)，总服务面积 16.08 km²。

凤台县污水处理厂再生水利用工艺流程为原污水处理工艺基础上增设深度处理工艺，通过再生水深度处理，进一步降低污水中总氮和总磷含量，使出水水质达到城市杂用水和景观用水标准，回用于凤台县城市河流生态补水，目前再生水深度处理已建成运行，将污水处理厂出水深度处理后，回用于凤台县境内主要河流生态补水。

(3) 污水处理厂可供水量分析

① 来水量分析

凤台县污水处理厂已建成一、二期工程，总处理规模 5 万 m³/d，污水处理厂收水范围包括凤台县城老城区、西翼新城区以凤凰湖新区内。根据《凤台县城市总体规划(2009—2030)》，凤台县污水处理厂收水量预测结果见表 5.4.3。根据预测结果可知，污水处理厂 2020 年进厂污水量 3.69 万 m³/d，2030 年设计污水进水量为 5.37 万 m³/d，以内插法求得 2025 年设计进水水量为 4.48 万 m³/d。

表 5.4.3　城市污水量预测表

类目	2020 年	2030 年
服务人口/万人	20	27
用水量标准/[L/(人·d)]	250	270
生活用水量/(万 m³/d)	5	7.29
日变化系数	1.2	1.2
平均日用水量/(万 m³/d)	4.2	5.46
工业用水量(按生活用水量的 15%)/(万 m³/d)	0.63	1.2
总用水量/(万 m³/d)	4.83	6.66
污水排放系数	0.85	0.85
污水量/(万 m³/d)	4.1	5.66
污水收集率	0.9	0.95
进厂污水量/(万 m³/d)	3.69	5.37

② 现状实际运行情况

根据 2021 年凤台县污水处理厂运行报表，2021 年污水处理厂已满负荷。项目日均处理污水量为 6.12 万 m³/d，现状年在电厂一期尚未建成时，日均再生水产水量 1.19 万 m³/d，用于凤台县境内市政杂用和河湖生态补水，尚有 4.77 万 m³/d 污水处理厂出水进入架河。

3）退水影响论证

项目在实际生产过程中产生的废水主要包括各类工业废水、循环水排污水、含煤废水、脱硫废水和生活污水等。为了保护生态环境,尽量提高水的重复利用率,做到"一水多用,废水回用",电厂配套建设各类废水处理系统,并与电厂主体工程同时设计、同时施工、同时投产使用,将厂区排放的各类废水先分散收集处理,最后再集中回用。废水处理系统包括:工业废水处理装置、含煤废水处理装置、脱硫废水处理装置、生活污水处理站等。各类生产废水及生活污水处理后均进行重复利用。废水处理方式及回用方式见表5.4.4。

表 5.4.4 运行期各类废水处理方式及回用方式

退水系统	退水组成		处理装置	退水去向
工业退水系统	经常性废水	澄清排泥水	排泥调节池＋污泥脱水处理	回收至原水预处理系统澄清处理、污泥干化
		过滤器反洗排水	排水调节池	回收至原水预处理系统澄清处理
		超滤反洗排水		
	非经常性废水	反渗透浓水	工业废水处理装置	干灰调湿、灰场/煤场喷洒、冲洗用水等
		空气预热器冲洗排水		
		锅炉化学清洗排水		
循环冷却水排水系统	冷却塔排污水		石灰旁流处理、回用水池	冲洗用水、脱硫工艺用水
含煤废水系统	输煤系统转运站冲洗水		含煤废水处理装置	输煤系统冲洗水,煤场喷淋水
	煤场喷淋水			
	输煤栈桥冲洗水			
脱硫废水系统	脱硫装置排污水		脱硫废水处理装置	干灰调湿、灰场/煤场喷洒、冲洗用水等
生活退水系统	厂区生活污水		生活污水处理站	厂区绿化
雨水排水系统	清净雨水		—	排入戴家湖
事故排水系统	事故状况下的生产废水		事故排放水池	事故状态排除后,采用相应工艺处理后回收利用

火电生产用水过程一向比较均衡,单位产品的需水量与排污量是一定的,日内变化与月内变化较小。根据工程水量平衡分析,电厂各环节排水经相应的处理设施处理后,全部回用于自身,不设入河排污口。本期工程各类废水的污染物排放情况及其处理方式见表5.4.5。

表 5.4.5　项目废水排放情况表

退水系统	退水组成		废水产生量/(m³/h)	排放方式	污染因子	处理措施
工业退水系统	经常性废水	澄清排泥水	20	连续	水悬浮物含量高，含盐量同原水	回收至原水预处理系统澄清处理、污泥干化
		前置过滤器反洗排水	20	连续		仅悬浮物含量高，回收至原水预处理系统澄清处理
		超滤反洗排水	25	连续		
		反渗透浓水	70	连续	含盐量约 1 600 mg/L	酸碱中和、pH 调节
	非经常性废水	空气预热器冲洗排水	6 000 m³/次，约 6 年 1 次/（台炉）	间断	Fe,pH,SS,COD	pH 调节、絮凝、澄清
		锅炉化学清洗排水	2 000 m³/次，约 1~2 次/（台炉·a）	间断		
循环冷却水排水系统	冷却塔排污水		197	连续	含盐量约 3 000 mg/L	石灰旁流处理
含煤废水系统	输煤系统转运站冲洗水			连续	SS	沉淀、澄清、过滤
	煤场喷淋水		30	连续		
	输煤栈桥冲洗水			连续		
脱硫废水系统	脱硫装置排污水		20	连续	COD、F⁻、Cl⁻、少量重金属离子	膜浓缩＋结晶
生活退水系统	厂区生活污水		4	连续	SS、BOD、COD	地埋式一体化污水处理装置

　　正常工况下，本项目生产过程产生的废水均采取相应的处理措施，全部回收利用，在本项目内部消耗，实现无污废水排放，不会对厂区及周边环境造成影响。

　　电厂二期工程工业废水处理站拟建 3 个 2 000 m³ 的废水贮存池，三个废水处理池可以作为非正常工况事故排放水池，事故工况下通过将污水由管道收集后贮存于事故水池内，限流送污水处理设施处理，可满足非正常工况废水贮存要求，保证非正常工况下事故污水不外排。

6 节水型社会达标建设

6.1 节水型社会建设背景

水是农业发展、工业生产、城镇建设和居民生活的重要生产要素。随着工业化和城市化的快速发展,我国面临水资源环境约束问题的挑战,必须转变高耗水的生产方式和生活方式。然而,目前我国水资源利用效率仍然较低,与高质量发展的要求存在差距,亟需推进水资源节约集约利用,以淘汰高耗水、高污染的生产方式和过时的产能,推动地区产业转型升级、实现经济提质增效,促进实现经济社会发展、人口、资源和环境之间良性循环。

随着经济的不断发展和社会的不断进步,人们对水资源数量和质量的要求也越来越高,但自然界可供利用的水资源是有限的,经济社会对水的需求与供给的矛盾日趋突出。节水型社会建设是落实节约资源和保护环境的基本国策,是解决我国水资源问题的一项战略性任务,也是贯彻落实习近平总书记"节水优先、空间均衡、系统治理、两手发力"新时期治水思路的重要举措。2014 年"3·14"讲话中,习近平总书记明确提出新时期治水思路,把"节水优先"提高到方针高度;2019 年 9月 18 日,习近平总书记在黄河流域生态保护和高质量发展座谈会上明确指出要把水资源作为最大的刚性约束,合理规划人口、城市和产业发展,坚决抑制不合理用水需求;2020 年 1 月 3 日,习近平总书记在中央财经委员会第六次会议上再次强调,要坚持量水而行、节水为重,坚决抑制不合理用水需求,推动用水方式由粗放低效向节约集约转变。

江淮丘陵区有着水资源分布不均、水资源供需矛盾大等问题,作为淮河生态经济带的重要组成部分,江淮丘陵区在安徽经济社会总体布局中占有重要地位。近年来,在区域水资源管理工作中,始终坚持"节水优先",从生态文明建设的战略高度,围绕水利改革补短板、强监管,节约用水工作取得一系列突破和成效。当前,江淮丘陵区正处于生态文明建设和高质量发展的重要时期,开展节水型社会建设,对加快实现从供水管理向需水管理转变、从粗放用水方式向高效用水方式转变、从过度开发水资源向主动节约保护水资源转变均具有十分重要的意义。通过节水型社会建设,有利于全面提升全社会节水意识,促进生产方式转型和产业结构升级,有利于加快供给侧结构性改革,增强区域经济社会可持续发展能力,促进社会文明进步。

6.2　节水型社会建设现行标准要求

6.2.1　节水型社会建设规划编制技术要求

2019 年 7 月,全国节约用水办公室以《全国节约用水办公室关于加快推进节水标准定额制定修订工作的函》(节水政函〔2019〕1 号)发布经部长专题办公会审议通过的节水标准定额体系,明确《节水规划编制规程》的编制任务。2021 年,全国节约用水办公室组织完成了《节水规划编制规程》,用于推进节水型社会建设,指导和规范规划编制工作。

1) 编制基础

开展基础资料收集与分析工作。获得与规划范围内的自然地理、经济社会、水资源开发利用以及水资源节约保护等方面相关的资料,确保资料的全面性和相关性;获取最近的国民经济与社会发展规划、水资源规划、水供需规划以及建设节水型社会的相关规划资料,以获取最新的政策导向和目标;收集与水资源管理制度、相关法律法规、节水管理能力建设等方面相关的资料,以确保我们的研究工作符合规范和法律要求。在收集资料时,注重适用性、协调性、可靠性和代表性的要求,确保所收集的资料能够有效支持规划编制工作。在必要时,可以开展补充调查和监测工作,以获取更准确和全面的信息数据。

规划编制章节安排应包括节水现状与形势分析、规划目标与任务制订、重点领域节水规划、重点工程与投资匡算、节水效果评价、保障措施等。在制定规划范围时,应考虑保持行政区的完整性,并结合水资源分区进行综合确定。在确定现状水平年时,应选择最近的年份,并综合考虑水文情势和可获得的资料条件,避免选择特别干旱或特别丰水的年份。规划水平年是指规划目标实现的年份,根据需要可以划分为近期、中期和远期规划水平年,其中近期规划水平年是重点考虑的。对于水资源规划、流域综合规划、水供需规划等节水规划章节,现状水平年和规划水平年应与相应规划的水平年一致。对于重大工程规划的节约用水规划,规划水平年应与其设计所考虑的水平年一致。

2）编制内容

（1）节水现状与形势分析

采用定性和定量的方法，客观公正地总结最近一段时期（可与最近的五年规划相结合）在节水工作方面所取得的成效。与同类地区（行业）的先进节水水平进行对比，结合水资源供需情况，诊断目前节水工作存在的主要问题，并分析问题产生的主要原因。结合水资源供需状况，参考国家和所在区域的新要求，分析当前节水工作面临的形势。针对有前期规划的情况，应该对上一阶段规划目标指标和主要任务的完成情况进行分类分项评价，总结节水效果以及存在的主要问题。针对没有前期规划的情况，应该进行现状下的节水水平评价，总结最近的节水工作取得的成效以及存在的主要问题。

现状节水水平评价内容应包括：① 现状用水状况评价。分析现阶段的年用水总量与用水总量控制指标的符合程度，地表水取水量与江河流域水量分配方案的符合程度，地下水用水量与地下水控制开采量指标的符合程度。② 现状供水状况评价。评估目前供水系统的水量利用效率，包括评估重大供水工程的设计供水能力与实际供水量之间的关系，输配水系统的水量漏损状况，灌溉水的利用系数等，并与周边地区和同类地区进行对比。同时，根据相关规范标准要求，分析现有的主要水源工程和输配水系统的挖潜改造增供能力。③ 现状节水状况评价。分析农业、工业、生活等重点领域的节水发展情况；调查统计单位的用水量、用水效率等指标，评估其与国家标准、地方标准、政策文件等要求的符合程度；与同类地区进行对比分析，评估其节水水平的先进性。④ 非常规水源利用状况评价。分析再生水、雨（雪）水储存、微咸水、矿坑水、海水等非常规水源的利用水平及开发潜力。⑤ 现状节水管理状况评价。包括但不限于节水法规标准的建设、节水政策的制定与落实、计量监测能力的建设、水价改革、水费（水资源税）的征收情况、节水投入机制、节水激励机制、节水技术的推广应用、节水宣传教育等内容。

形势分析可以从水资源供需形势、对节水先进水平的要求、现状节水存在的主要问题等方面进行分析，以确定节水工作的重点领域、发展方向和紧迫性。结合生态文明建设、高质量发展、重大战略布局和水安全保障等新要求，分析当前节水面临的新形势。

（2）规划目标与任务制订

在进行现状评价和形势分析的基础上，需要明确规划的指导思想和基本原则，制定规划目标和指标，并提出规划的主要任务和总体布局。制定规划目标和指标时,应综合考虑需求与可能性、长期与短期效果、投入与产出等因素,进行科学论证和综合确定。在全面规划、统筹协调、突出重点的基础上,结合规划目标和指标,明确节水工作的主要任务和总体布局。

在制定规划目标和指标时,应综合考虑自然地理、经济社会和水资源禀赋等特点,统筹考虑水资源供需发展状况和水资源节约保护要求,并进行科学论证,制定规划的年度主要目标和指标。规划水平年节水指标应与所采取的节水措施相协调,同时考虑经济因素、社会发展和生态环境等的可承受程度。

节水目标指标中用水效率、单位用水量等指标值应满足用水强度控制指标和相关标准的要求。对于水资源超载或缺水地区,节水指标应参照国内(外)同类地区的先进水平,而对于其他地区,则应优于国内同类地区的平均水平。用水总量指标、地下水开采控制量、非常规水源利用量等指标应符合水资源管理要求,并与相关规划相协调。建设类指标,如节水灌溉面积、高效节水灌溉面积、公共供水管网改造长度、用水计量监测设施等,应根据实际情况制定因地制宜的规划,结合长期和近期需求,经过科学规划和论证确定。

主要任务需要在问题导向和目标引领的原则下,根据可实施、能够产生效果、可考核的要求确定。具体可以从加强水资源限制措施、弥补节水基础设施不足、提升节水管理能力、加强监督考核等方面明确具体的任务内容。综合考虑经济社会发展布局、水资源开发利用格局、水资源配置方案等因素,结合规划目标和指标的要求,提出节水规划的整体布局。根据自然特点和水资源开发利用情况,对规划范围进行合理的分区划分,明确各分区的节水发展方向和规划期内的主要节水目标任务。

（3）重点领域节水方案编制

根据所在区域的供水、用水和节水等现状情况,明确节水的重点领域,并提出包括工程措施和非工程措施在内的节水规划方案。工程节水措施应符合所在地区的经济社会发展水平和水资源开发利用的实际情况,具备可行性和经济性。非工程节水措施应符合国家和地方政府的相关政策要求,并考虑到区域的实际情况,具备可操作性。

（4）重点工程与投资匡算

规划建设一批节水工程项目,确保实现规划目标和任务,提升节水基础设施水平和可持续节水能力。应根据"确有需要、生态安全、可持续性"和"经济技术可行、节水效果显著"的要求,经过科学比选,确定相关重点工程。并对重点工程进行投资评估和核算,编制实施计划。

重点工程一般包括五个方面:① 农业节水工程,大型灌区的现代化改造、中型灌区的续建配套和节水改造、高标准农田的建设、渠系的节水改造、高效节水灌溉、水肥一体化以及农艺节水措施等。② 工业节水工程,节水工业园区的建设、重点工业企业的节水改造以及重点企业用水的在线监测等。③ 生活节水工程,公共供水管网的改扩建、农村生活供水管网的建设、节水器具的推广和更新改造、园林绿化的节水改造以及公共供水系统的在线监测平台建设等。④ 非常规水利用工程,城镇污水的处理和再生水利用、村镇生活污水收集处理系统、矿井水的利用、微咸水的利用、集蓄雨水(雪水)的收集利用以及淡化海水的利用等。⑤ 节水管理能力建设工程,取用水的监测计量设施建设、节水标准化管理、基层节水能力提升、节水载体的建设、社会化服务能力建设以及智慧节水信息化平台的建设等。根据相关单位的投资定额标准,对各类节水工程的投资需求进行核算和评估。针对近期计划实施的重点项目,制定详细的实施计划和安排。

(5) 规划效果评价

基于现状水平年用水量,结合规划水平年节水目标指标要求和节水措施方案,对农业、工业、生活等重点领域的现状用水(存量用水)的节水潜力和节水总潜力进行测算。一般采用定量与定性相结合的方法,评估规划中的节水效果,重点评价近期重点工程的实施节水效果。

节水潜力分析一般包括三个方面:① 农业节水潜力,可以采用综合指标,如亩均净灌溉水量、农田灌溉水有效利用系数等。针对不同的种植结构调整和灌溉面积减少情况,应进行相应的测算。对于数据较为完备的地区,可以根据不同的灌溉模式和农作物类型进行分别测算。② 工业节水潜力,采用单位增加值用水量、工业用水重复利用率和工业供水利用效率等指标,结合节水科技进步和产业(产品)结构调整等因素,进行工业节水潜力的测算。对于工业园区或用水量较大的建设项目,宜按照主要产品的分类进行测算,以评估其节水潜力。③ 生活节水潜力,通过分析现状水平年和规划水平年的公共供水管网漏损率、节水器具普及率等指标的差值以及对用水量的影响,对生活节水潜力进行测算。生活节水潜力应包括城镇居民生活用水、农村居民生活用水、建筑业及服务业等公共用水的节水潜力。在生活节水潜力的测算中,也可考虑城镇环境用水的节水潜力。

对农业、工业和生活等重点领域的节水潜力及汇总后的总节水潜力,进行合理性分析和可达性评价。节水效果评价应结合节水潜力分析结果,对节水量的配置方案进行分析,明确各规划水平年节水量的合理分配方向。可采用定性与定量相结合的方法,对规划实施后可达到的社会效益、经济效益、生态效益和环境效益进行分项评估与分析。环境影响评价应对重点规划工程措施的实施对环境的正面和负面影响进行评估,提出预防措施以应对规划实施可能出现的负面影响。

(6) 保障措施

可从组织领导、体制机制、投入保障、监管考核、科技支撑、宣传教育等方面,提出规划保障措施。保障措施一般包括:① 拓展投融资渠道,加大投入力度等,以确保投资投入、保证项目顺利进行;② 强化主体责任,纳入考核体系,并严格追求责任落实;③ 加强科技攻关,推广技术成果,促进成果转化,以提升规划实施的科技支持能力;④ 开展教育活动,提供示范引导,以提高公众对规划的认知和理解。

6.2.2　节水型社会达标建设技术要求

1) 总体技术要求

为深入贯彻节水优先方针,落实 2017 年中央"一号文件"要求,全面推进节水型社会建设,实现水资源可持续利用,水利部制定了《节水型社会评价标准(试行)》,用于指导推动各县级行政区开展节水型社会达标建设。

各县(市、区)对照水利部《节水型社会评价标准(试行)》进行自查,得分在 85 分以上(含 85 分,下同)且符合下列必备条件者,可申报国家级节水型社会达标县:① 最严格水资源管理制度、水资源消耗总量和强度双控行动确定的控制指标全部达到年度目标要求;② 近两年实行最严格水资源管理制度考核结果为良好及以上;③ 节水管理机构健全,职责明确、人员齐备。

2) 评价方法体系

在《节水型社会评价标准(试行)》中,评价指标有十一项,包括:用水定额管理、计划用水管理、用水计量、水价机制、节水"三同时"管理、节水载体建设、供水管网漏损控制、生活节水器具推广、再生水利用、社会节水意识和加分项,评分标准见表 6.2.1。

具体评价方法如下:① 除标准特别之处外,应当采用上一年的资料和数据进行评价计算得分;② 发现同一问题,涉及多个评价指标扣分项的,不重复扣分;③ 总分 85 分及以上者认定为达到节水型社会标准要求。

表 6.2.1　《节水型社会评价标准(试行)》评价赋分表

序号	评价类别	评价内容	分数
1	用水定额管理	严格各行业用水定额管理,强化定额使用	8
2	计划用水管理	纳入计划用水管理的城镇非居民用水单位数量占应纳入计划用水管理的城镇非居民用水单位数量的比例	10
3	用水计量	农业灌溉用水计量率:农业灌溉用水计量水量占农业灌溉用水总量的比例	10
		工业用水计量率:工业用水计量水量与工业用水总量的比值	
4	水价机制	推进农业水价综合改革,建立健全农业水价形成机制,推进农业水权制度建设,建立农业用水精准补贴和节水奖励机制	16
		实行居民用水阶梯水价制度	
		实行非居民用水超计划超定额累进加价制度	
5	节水"三同时"管理	新(改、扩)建建设项目执行节水设施与主体工程同时设计、同时施工、同时投产制度	6
6	节水载体建设	节水型企业建成率:重点用水行业节水型企业数量与重点用水行业企业总数的比值	18
		公共机构节水型单位建成率:公共机构节水型单位数量与公共机构总数的比值	
		节水型居民小区建成率:节水型居民小区数量与居民小区总数的比值	
7	供水管网漏损控制	公共供水管网漏损率:城镇公共供水总量和有效供水量之差与供水总量的比值	8
8	生活节水器具推广	全面推动公共场所、居民家庭使用生活节水器具	8
9	再生水利用	再生水利用率:经过处理并再次利用的污水量与污水总量的比值(指市政处理部分,不含企业内部循环利用部分)	8
10	社会节水意识	开展节水宣传教育活动	8
		公众具有明显的节水意识	
11	加分项	节水标杆示范	3
		实行节水激励政策	4
		推广喷灌、微灌、管道输水等高效节水灌溉技术	3
合计			110

下面针对用水定额管理、计划用水管理、用水计量、水价机制、节水"三同时"管理、节水载体建设、供水管网漏损控制、生活节水器具推广、再生水利用、社会节水意识、加分项 11 个评价赋分项目的赋分原则进行详细说明。

(1)用水定额管理

严格各行业用水定额管理,强化定额使用。在水资源论证、取水许可、节水载体认定等工作中严格执行用水定额,得 8 分。在近两年上级部门水资源管理监督检查中,发现一例未按规定使用用水定额的,扣 1 分,扣完为止。

(2) 计划用水管理

纳入计划用水管理的城镇非居民用水单位数量占应纳入计划用水管理的城镇非居民用水单位数量的比例达到 100%,得 10 分;每低 3%,扣 1 分,扣完为止。城镇非居民用水单位是指纳入取水许可管理和从公共供水管网取水的工业、服务业用水单位。

(3) 用水计量

① 农业灌溉用水计量率(指有计量设施的农业取水口灌溉取水量占灌溉总取水量的比例):农业灌溉用水计量水量占农业灌溉用水总量的比例。北方地区:农业灌溉用水计量率≥80%,得 5 分;每低 4%,扣 1 分,扣完为止。南方地区:农业灌溉用水计量率≥60%,得 5 分;每低 4%,扣 1 分,扣完为止。其中:北方地区包括北京、天津、河北、山西、内蒙古、辽宁、吉林、黑龙江、山东、河南、陕西、甘肃、宁夏、新疆等 14 个省(自治区、直辖市)。其他省(自治区、直辖市)为南方地区,包括江河源头区的青海、西藏。

② 工业用水计量率:工业用水计量水量与工业用水总量的比值。工业用水计量率为 100%,得 5 分;每低 3%,扣 1 分,扣完为止。规模以上工业企业(指年主营业务收入在 2 000 万元以上的工业企业)用水计量率必须达到 100%,否则本项得 0 分。

(4) 水价机制

① 推进农业水价综合改革,建立健全农业水价形成机制,推进农业水权制度建设,建立农业用水精准补贴和节水奖励机制。农业水价综合改革实际实施面积占计划实施面积比达到 100%,得 3 分;每低 2%,扣 0.1 分,扣完为止。实际执行水价加精准补贴(补贴工程运行维护费部分)占运行维护成本比达到 100%,得 3 分;每低 2%,扣 0.1 分,扣完为止。

② 实行居民用水阶梯水价制度。城镇居民生活用水实行阶梯水价制度,得 5 分;未实行,得 0 分。由区物价局制定居民用水阶梯水价并严格执行,凡用水量达到第二、三阶梯的用水户全部按照相应的阶梯价格足额收取水费。

③ 实行非居民用水超计划超定额累进加价制度。非居民用水实行超计划超定额累进加价制度,得 5 分;未实行,得 0 分。按照省市有关文件严格执行"对取用水单位执行计划与定额管理相结合的用水管理制度,超计划或超定额取用水的,实

行累进加价收费"。

(5) 节水"三同时"管理

新(改、扩)建建设项目执行节水设施与主体工程同时设计、同时施工、同时投产制度。新(改、扩)建建设项目全部执行节水"三同时"管理制度,得 6 分;在近两年上级部门水资源管理监督检查中,发现 1 例未落实节水"三同时"制度的,扣 1分,扣完为止。

(6) 节水载体建设

① 节水型企业建成率:重点用水行业(包括火电、钢铁、纺织染整、造纸、石油炼制、化工、食品等行业)节水型企业数量与重点用水行业企业总数的比值。北方地区:节水型企业建成率≥50%,得 6 分;每低 3%,扣 1 分,扣完为止。南方地区:节水型企业建成率≥40%,得 6 分;每低 3%,扣 1 分,扣完为止。

② 公共机构节水型单位建成率:公共机构节水型单位数量与公共机构(指县(市、区)级机关和县(市、区)直事业单位)总数的比值。公共机构节水型单位建成率≥50%,得 6 分;每低 3%,扣 1 分,扣完为止。

③ 节水型居民小区建成率:节水型居民小区数量与居民小区(指由物业公司统一管理、实行集中供水的城镇居民小区)总数的比值。北方地区:节水型居民小区建成率≥20%,得 6 分;每低 1%,扣 2 分,扣完为止。南方地区:节水型居民小区建成率≥15%,得 6 分;每低 1%,扣 2 分,扣完为止。

(7) 供水管网漏损控制

公共供水管网漏损率:城镇公共供水总量和有效供水量之差与供水总量的比值。公共供水管网漏损率≤10%[各地区可根据《城市供水管网漏损控制及评定标准》(CJJ 92—2016)对 10%的评价值进行修订,按照修订值进行评分],得 8 分;每高 1%,扣 1 分,扣完为止。

(8) 生活节水器具推广

全面推动公共场所(指公用建筑物、活动场所及其设施等)、居民家庭使用生活节水器具。公共场所和新建小区居民家庭全部采用节水器具,得 8 分;发现 1 例未使用,扣 1 分,扣完为止。(初评抽查的公共场所和居民家庭不少于 10 个)。

(9) 再生水利用

再生水利用率:经过处理并再次利用的污水量与污水总量的比值(指市政处理部分,不含企业内部循环利用部分)。北方地区:再生水利用率≥20%,得 8 分;每低 1%,扣 1 分,扣完为止。南方地区:再生水利用率≥15%,得 8 分;每低 1%,扣 1

分,扣完为止。

（10）社会节水意识

① 开展节水宣传教育活动。经常性开展节水公益宣传活动,普及水情知识和节水知识,得 4 分;未开展,得 0 分。在世界水日和中国水周、城市节水宣传周开展节水宣传活动,开展节水宣传进机关、进学校、进社区、进企业、进农村等活动,建设节水教育基地并组织开展宣传教育活动。

② 公众具有明显的节水意识。通过电话、网络等方式进行公众节水意识调查〔由县级行政区（含直辖市所辖区、县）自主开展〕,70％以上的调查对象具有明显的节水意识,得 4 分;每低 5％,扣 1 分,扣完为止。通常从节水意识、水资源利用、用水量、阶梯水价、节水宣传等方面制定问卷内容,可采用线上或线下调查模式,调查过程中需要保证一定的样本数量,调查完成后根据调查结果总结节水意识。

（11）加分项

① 节水标杆示范。区域内有企业、公共机构、产品、灌区被评为国家级或省级水效领跑者或节水标杆单位（企业）,加 3 分。打造节水标杆,挖掘和遴选出各行业内有代表性、用水管理基础好、用水效率高、节水有特色的标杆单位,鼓励其发挥标杆引领示范作用,积极申报水效领跑者或节水标杆,示范带动全社会节水。

② 实行节水激励政策。本级财政对节水项目建设、节水技术推广等实行补贴或其他优惠等激励政策,加 4 分。由县（区）级制定出台节约用水奖励补贴办法,作为节水奖补政策领域的规范性文件,对节约用水有突出贡献和显著成效的,实施分级奖励,鼓励取用水户节约用水,坚持"谁节水谁受益"。奖补资金可统筹用于水资源节约集约利用、节水及监测计量设施建设改造、非常规水源开发利用、节水载体建设、节水宣传教育等方面的支出。

③ 推广喷灌、微灌、管道输水等高效节水灌溉技术。高效节水灌溉率（指高效节水灌溉面积占灌溉面积的比例）≥30％,加 3 分。制定高效节水灌溉实施方案,规划并实施输水管网工程、防渗渠道工程、田间出水工程、计量工程等,推广微灌、滴灌、喷灌等高效节水技术,严格执行高效节水灌溉管理制度。

6.3　节水型社会建设规划及应用示例

6.3.1　地市节水型社会建设总体规划

为了改善江淮丘陵区水资源短缺形势,缓解水资源供需矛盾,提升水资源节约集约利用水平,补足节水型社会建设短板弱项,需要编制节水型社会建设总体规划,作为下一阶段指导区域节水工作的纲领性文本。选择江淮丘陵周边地区阜阳市作为典型案例,展示阜阳市"十四五"期间节水型社会建设规划内容及编制依据等。

1) 现状与形势

(1) "十三五"节水成效

至2020年末,阜阳全市用水总量17.79亿 m^3,控制在总量18.64亿 m^3 目标之内;万元 GDP 用水量为63.4 m^3,万元工业增加值用水量35.4 m^3,分别比2015年下降53%和44%,下降幅度高于目标值32%和25%;农田灌溉水有效利用系数0.617,高于目标值0.61;规模以上工业用水重复利用率达91.2%;全市城市公共供水管网漏损率4.4%。

① 节水技术改造持续推进。农业方面,完成10余处重点中型灌区续建配套和节水改造,新增节水灌溉面积达到181.5万亩,其中高效节水灌溉面积达到111.58万亩。工业方面,完成了一批省级、市级节水型企业创建,重点耗水企业达到省内先进定额标准,规模以上工业用水重复利用率提高至91.2%。城镇节水方面,全市城镇供水管网漏损率控制在4.4%,城镇生活节水器具普及率达到90%以上,高耗水服务业节水监管能力进一步提高。非常规水源利用方面,编制《阜阳市区非常规水源开发利用规划(2016—2030年)》并获省水利厅批准,2020年全市再生水量达到3 700万 m^3。

② 节水政策制度有效落实。制定了《国家节水行动阜阳市实施方案》,成立了阜阳市实施国家节水行动协调工作领导小组,建立了市级节水协调机制。制定了《阜阳市"十三五"水资源消耗总量和强度双控工作方案》,将用水定额作为取水许可审批、用水计划下达、取水许可延续和用水计划核定的依据。规划和建设项目节水评价、节水机关建设、节水监督检查、高校合同节水等各项工作有序开展,截至2020年底,开展规划和建设项目节水评价43个,完成了市级水利行业节水机关创建任务,并通过省组织的验收。

③ 节水监管能力不断增强。建立了市级及以上重点用水单位监控名录;年地表水取水量5万 m^3、地下水3万 m^3 以上的126个非农取水户,在线监测101个,监测率达80.2%。印发了《关于同意实施阜阳市城市节水统计制度的批复》,初步建立了节水统计制度。开展多次节水监督检查工作,对检查中发现的问题要求相关县市区及时进行了整改。制定了《阜阳市县域节水型社会达标建设工作方案》,颍州区、颍东区、临泉县、阜南县完成创建,其余4县(市、区)实施方案全部通过了

市级审查审批,2021 年完成验收工作。"十三五"期间,创建市级以上节水载体 448
个,其中节水型单位 185 个、节水型企业 35 个、节水型小区 228 个。

④ 节水宣传教育效果显著。"十三五"期间,每年利用"世界水日·中国水周"
等节点开展集中宣传活动,发放宣传手册、宣传品 5 万余份。在阜阳日报刊登水利
法规知识有奖知识竞赛,参赛人数超 2 500 人次;创建阜阳颍南污水处理厂、阜南
蒙洼中心水厂等中小学节水教育基地,进一步推进节水教育宣传。2020 年在阜阳
市广播电视台演播厅,阜阳市水利局、阜阳市司法局联合举办阜阳市水利法律法规
知识竞赛。活动深入贯彻落实习近平总书记新时代治水思路,广泛宣传水利法律
法规,营造"节水、爱水、惜水、护水"的社会氛围,进一步提高水利工作人员的业务
能力和水行政执法水平,展现了水利人的良好形象。

(2) 主要问题

① 领域节水体系仍薄弱。生活用水方面,部分县(区、市)公共供水管网老旧
问题依然存在,农村仍有不符合节水标准的节水器具。工业用水方面,纺织、造纸、
食品发酵等高耗水行业仍然存在工艺落后等问题,企业内串联用水、一水多用、循
环用水等先进、高效用水设施和技术普及程度偏低。农业用水方面,部分灌区工程
老化失修、节水灌溉设施配套不完善等问题依然存在,输配水工程及配套建筑物节
水改造任务重、所需投入资金缺口大。非常规水源利用方面,再生水管网等配套设
施不完善,雨水集蓄利用未大规模推广。节水意识方面,宣传工作在水利系统外围
宣传覆盖面仍然较窄,影响力和被关注的程度也有待进一步提高。

② 节水管理能力待增强。在定额管理方面,纳入计划用水管理的用水大户和
"两高一剩"(高耗能、高污染、产能严重过剩)行业超定额用水累进加价收费制度仍
留有死角。在取用水监测计量监管方面,小型灌区、井灌区和末级渠系计量单元细
化工作仍有待推进。在管理机构和队伍建设方面,基层节水管理队伍建设相对滞
后。在用水节水统计方面,面向基层和重点用水户的用水统计制度仍不健全。在
节水约束力方面,由于监测计量能力受限,定额管理、计划用水以及监督考核等落
实困难。

③ 节水内生动力显不足。水价形成机制不能全面客观反映水资源的稀缺性
和供水成本,节水项目的投资回报难以达到投资主体预期回报率。节水市场机制
不健全,财税引导和激励政策不完善。节水绩效考核与责任追究制度仍有待进一
步健全,监管、处罚措施不严格。

（3）形势要求

① 促进节水型社会建设对节水提出了新要求。当前阜阳市正处于生态文明建设和节水型社会建设的关键时期,倡导简约适度、绿色低碳文明用水的生活方式和消费理念,是节水型社会建设和大美阜阳建设的重要内容。必须坚持节约资源,使节水理念根植于人们的日常行为,将推动全社会形成节约用水的良好风尚和自觉行动,促进社会文明进步。

② 顺应国家重大战略对节水提出了高要求。按照阜阳市努力打造带动皖北、支撑中原城市群发展的重要增长极和建设长三角一体化区域重点城市的最新定位,将大力发展绿色食品、现代医药、精细化工等优势产业,构建"一核三区"优势产业协调发展格局,全市经济社会对水资源的需求压力将持续加大,节水是破解阜阳市水资源制约瓶颈的根本措施。必须实施全领域、全过程综合节水,推动形成绿色生产方式、生活方式和消费模式,为建设现代化大美阜阳提供强大动力。（一核:阜城产城融合发展核心;三区:界首太和制造业高质量发展引领区,临泉阜南农村一二三产业融合发展示范区,颍上全域旅游先行区。）

③ 加强地下水节约保护对节水提出了严要求。国家颁布的《地下水管理条例》,对强化地下水节约保护、严格地下水超采治理等提出了明确要求。节水是从根本上破解阜阳市新老水问题、推动经济社会高质量发展的必然选择。当前和今后一个时期,是阜阳市抢抓融入长三角、高铁全覆盖机遇,高质量推进省五大发展行动计划的关键时期,要求阜阳市不仅要在节水工程建设方面补齐漏项,还需要围绕地下水禁采、水源置换等方面抓好监管工作。

④ 国家节水行动对节水工作做出了新部署。阜阳市于 2020 年 1 月印发了《国家节水行动阜阳市实施方案》,明确提出实施六大重点行动,确定了 28 项具体任务,提出了 4 项保障措施,对今后一个时期全市节水工作进行了总体部署。必须加强农业节水增效、工业节水减排、城乡节水降损、重点地区节水开源,促进水循环利用,强化用水过程监控,加强市场引领和科技创新,强化全民参与和社会监督,通过推动全社会节水,促进高质量发展。

2）建设目标

阜阳市"十四五"期间节水型社会建设的总体目标为:到 2025 年,全市用水总量控制在 18.99 亿 m^3 以内,万元国内生产总值用水量较 2020 年下降 17%,用水计量率达到 80%。农业节水方面,到 2025 年,农田灌溉水有效利用系数提高到0.63;高标准农田面积达到 810 万亩,新增高效节水灌溉面积 20 万亩,新增水肥一体化面积 1 万亩;节水灌溉工程控制面积 231.5 万亩。工业节水方面,到 2025 年,万元工业增加值用水量较2020年下降17％。城镇节水方面,至2025年,全省城市供水管网漏损率控制在9％以内。非常规水源利用方面,至2025年,非常规水利用率达到25％以上。县域节水型社会达标建设方面,至2025年,全市新增县域节水型社会达标县(区)4个。节水载体建设方面,至2025年,全市新增节水型灌区1个以上,省级节水型企业9家,市级节水型企业21家,节水型工业园区1家,节水型高校3所,节水教育基地3处,所有市直机关及85％以上的市直事业单位全部建成节水型单位。

表6.3.1　阜阳市"十四五"节水规划指标体系

类别	序号	指标	2020年实际值	2025年目标	安徽省"十四五"目标	备注
总体目标	1	用水总量控制/亿 m³	17.79	18.99	273.80	约束
	2	万元 GDP 用水量下降率/％	53	17	16	约束
	3	用水计量率/％	80.2	95	—	预期
农业	4	农田灌溉水有效利用系数	0.617	0.63	0.58	约束
	5	高标准农田面积/万亩	—	〔810〕	6250	预期
	6	新增高效节水灌溉面积/万亩	—	〔20〕	〔120〕	预期
	7	新增水肥一体化面积/万亩	—	1	〔80〕	预期
	8	节水灌溉工程控制面积/万亩	181.5	231.5	—	预期
工业	9	万元工业增加值用水量下降率/％	44	17	16	约束
	10	规模以上工业用水重复利用率/％	91.2	93	—	预期
城镇	11	城镇供水管网漏损率/％	4.4	≤9	≤9	约束
	12	城镇节水器具普及率/％	90	95	—	预期
非常规水源利用	13	非常规水利用率/％	21.97	25	≥25	预期
节水型社会建设	14	新增县域节水型社会达标县/个	4	4	〔40〕	预期
节水载体建设	15	新增省级节水型企业建成数/家	—	〔9〕	〔169〕	预期
	16	新增市级节水型企业建成数/家	—	〔21〕		预期
	17	节水型园区建成数/家	—	〔1〕	〔30〕	预期
	18	节水型高校/所	—	〔3〕	〔56〕	预期
	19	节水教育基地/处	—	〔3〕	〔20〕	预期

注:带〔〕为5年累计数,其余为期末达到数;"万元地区生产总值(GDP)用水量下降""万元工业增加值用水量下降"中"2020年实际值"栏为较2015年下降幅度,"2025年目标"栏为较2020年下降幅度;用水总量、万元地区生产总值用水量和万元工业增加值用水量下降幅度均不含直流火电冷却水量。

3）主要任务

（1）提升节水意识

加强节水宣传活动。创新节水宣传方式,发挥好"两微一端"等媒体宣传主阵地作用,在做好传统宣传工作基础上,探索节水文创产品宣传、节水产品直播平台宣传等新型宣传模式。完善节水公众参与平台,逐步转向以电话热线、政府门户网站、网络论坛、社交平台等新型公众参与平台为主。推动全民参与节水行动,落实节水信息公开制度,鼓励新闻媒体开展节约用水的公益宣传和舆论监督。

强化学校节水教育。将节水纳入中小学教育活动,培育校园节水文化。组织开展中小学节水宣传活动和节水教育社会实活动,提升学生节水意识。推进中小学节水教育基地建设,抓住"学校节水宣传月"等时间节点开展形式多样的宣传活动。到2025年,新建省级中小学节水教育社会实践基地3处。

提高行业节水意识。提高县域和重点行业节水意识,示范带动区域和农业、工业、生活等各领域节水。机关、高校、医院等公共机构应发挥表率作用,持续开展节水改造,规范节约用水行为。积极开展水效领跑者引领行动,遴选推荐一批企业、公共机构、灌区单位申报全国水效领跑者,树立节水标杆。

（2）强化刚性约束

强化节水刚性约束。推进新（区）城建设、重大产业布局、各类开发区等重大规划水资源论证和区域评估,严格执行取水许可管理制度,从严从紧核定许可水量。全面开展规划和建设项目节水评价工作,从源头上把好节水关。淮河南照取水工程、茨淮新河饮用水水源保护区、引江济淮输水通道沿线、颍上八里河、颍州西湖等水体敏感区、地下水超采区、严重缺水地区实行负面清单管理,逐步压缩产业规模,调整产业结构,限制或禁止发展高耗水、高污染产业。

健全节水指标体系。结合最严格水资源管理制度考核,做好节水指标考核工作。配合完成省级用水定额制修订工作,加强用水定额执行情况检查、评估和修订。以超计划超定额重点用水户为切入点,尝试建立强制用水审计的重点用水户清单,对重点用水单位和特殊行业用水户定期组织开展水平衡测试和用水审计。推进县域节水型社会达标建设,加大评估考核监管力度。

加强节水监督管理。压实县级水行政主管部门的节水目标责任,建立健全节水常态监管制度体系。逐步建立区域、行业、用水户相结合的用水总量精细化管控体系,全面加强计划用水管理力度,强化超计划用水累进加价管理,及时掌握重点用水单位取用水和用水效率动态变化情况。按要求全面开展节水评价工作,严格审查把关,确保符合要求的工业园区、规划和建设项目全覆盖。建立完善市、县两级重点监控用水单位名录。鼓励年用水总量超过 10 万 m³ 的企业或园区设立水务经理,实行用水报告与监控、核查相结合,发现问题及时督促整改,并将用水户违规记录纳入统一的信用信息共享平台。

(3) 补齐设施短板

推进农业节水设施改造。推进中型灌区、小型灌区和井灌区续建配套与附属建筑物更新改造和节水改造,加强中小灌区支渠以上用水监测计量设施和井灌区以电折水、计时折水设施建设。因地制宜开展渠道防渗、管灌、微灌、喷灌等各类节水灌溉,在经济作物种植区,规模化集中连片经营的地区推广喷灌、微灌;果蔬种植集中种植区和实施农业推广微喷灌与滴灌;纯井灌区逐步实现高效节水灌溉全覆盖;井渠结合灌区大力实施末级渠系节水改造工程,逐步实现自流灌区末级渠系和井灌区渠系节水改造全覆盖。结合小型农田水利重点县建设,做好小型水利设施更新改造和节水改造,针对淤积严重,蓄水能力严重不足塘坝进行清淤整治,加快渡槽、倒虹吸管、分水闸、量水堰等小型农田水利设施建设。到 2025 年,基本完成中型以上灌区续建配套与节水改造任务。

加快城镇供水管网改造。加快阜阳老城区及各县(市、区)城镇受损失修、材质落后和使用年限久远的老旧供水管网、老旧小区二次供水改造,加大新型防漏、防爆、防污染管材的更新力度。建立精细化管理平台和漏损管控体系,积极推进城市供水管网分区计量管理工作。推广先进的检漏技术,发展用水远程计量技术,防止和严惩盗水行为,鼓励有条件的区县进行公共供水管网智慧检漏等技术改造。

建设非常规水源利用设施。根据地形、土质和集流方式及用途等,推进蓄水池、涝池和塘坝旱井等雨水集蓄工程建设,加大涝水拦蓄和雨水集蓄灌溉利用;城区雨水集蓄利用方面,结合生态公园等建设,因地制宜建设初雨调蓄池,用于公园绿化、市政杂用等。已建成区主要通过改造屋顶、道路、绿地等集蓄雨水;新建小区、城市道路、公共绿地等要完善雨水集蓄利用设施,规划用地面积 2 万 m² 以上的建设项目,应当配套建设雨水渗透、收集和净化利用系统。

加快用水计量设施建设。推进中型及以上灌区渠首和干支渠口门取水计量设施建设;推行农民用水合作组织＋专业人员管理模式,提供专业化的灌溉用水服务,实现农业用水监测计量提档升级。加强规模以上工业企业、服务业和公共用水大户用水监测计量基础设施建设,加强各类用水户生产用水全过程监测计量与控制,完善企业三级用水计量,全面实施城镇居民"一户一表"改造。

（4）强化科技创新支撑

加快关键技术装备研发。研发不同行业用水总量与强度智能监控技术和水效综合评价技术,加强节水领域基础研究与应用基础研究;支持开展水资源高效利用、污水资源化、节水灌溉等领域关键核心技术攻关,开展工业园区废污水循环利用关键技术研究,研发再生水全过程风险控制利用技术、雨水集蓄利用技术、模式与实施路径等。

加大创新设备应用力度。推广应用城乡供水工程水处理新工艺、新材料和新设备,推广农业绿色节水与高效用水技术与装备,在公共建筑和集中居住区推广节水减排与循环替代技术与装备;在非常规水资源利用方面,推广高浓度废水资源能源化技术、工业回用水高效低耗脱盐技术等;在水资源优化配置与科学调度方面,推广集成信息采集、网络传输、大数据和人工智能决策支持等现代化软硬件设施的新一代智能水网,推广水资源量质效协同调控技术与软件平台,推广地下水信息接收处理软件和信息发布系统软件等。

（5）健全市场管理机制

健全水价机制。建立充分反映水资源短缺性、激励提升供水质量、促进节约用水的城镇供水价格形成机制和动态调整机制。完善居民生活用水阶梯价格制度,逐步将城镇居民用水价格调整至不低于成本水平,将非居民用水价格调整至补偿成本并合理盈利水平。完善非居民用水超定额累进加价制度,有效拉大洗浴、洗车等高耗水服务行业特种用水与城镇非居民用水的价差。建立非常规水价格补贴机制。建立取水许可和水资源税征税联动机制,调整供水管网取水计税环节,改末端征税为取水端征税,免征农村生活、城市绿化等公益性行业水资源税。

提供节水服务。探索建立多种形式的用水权交易机制,健全水资源确权和动态管理机制,完善用水权配置一级市场,培育用水权交易二级市场。完善用水权交易评估监督机制,防止变相挤占生活用水,确保用水权交易符合水市场运行规律。探索城市用水权绿色金融,设立用水权绿色发展基金,开发用水权质押抵押、担保、用水权租赁等绿色金融产品。鼓励公共机构、公共建筑、高耗水工业、高耗水服务业等领域探索引入合同节水管理。鼓励第三方节水服务企业参与节水咨询、技术改造和水平衡测试等。

4）重点领域

（1）农业节水

坚持以水定地。合理确定水土开发规模,因地制宜调整农业种植和农产品结构,推动农业绿色转型,保障粮食安全。推进适水种植、量水生产。适度压减高耗水作物,扩大低耗水和耐旱作物种植比例,选育推广耐旱农作物新品种,严禁开采深层地下水用于农业灌溉。

推进节水灌溉。根据作物类型因地制宜应用低压管道输水、半固定喷灌、固定式喷灌、全移动喷灌、滴灌、微灌等高效节水灌溉措施。大田主要发展低压管道输水和喷灌,蔬菜瓜果等设施农业主要发展微灌、喷灌,同步发展智能化设施种植,实现灌溉设施智慧化、远程化控制与管理。规划至 2025 年,新增高效节水灌溉面积20 万亩,全市节水灌溉工程控制面积总量达到 231.5 万亩。以颍上、阜南等水稻种植区为重点,以"少灌水、高利用、低排放"为目标,实施低压管道输水灌溉工程,推广水肥一体化技术,采用精细灌溉模式,提高田间水肥利用效率,结合生态沟、生态湿地建设,维护稻田湿地生态系统稳定性,减少稻田灌溉排水,削减面源污染负荷。到 2025 年底前,建设水肥一体化面积 1 万亩。实施茨淮新河灌区续建配套与现代化改造,骨干灌排设施完好率达 90% 以上;完成一批中型灌区续建配套与节水改造。"十四五"期间创建 1 个省级节水型灌区。

促进养殖业节水。开展畜禽养殖场污染治理和节水改造,推进规模养殖场节水减排设施设备改造升级。实施水产养殖业节水与污染管控工程,压缩湖库河沟围网养殖规模,逐步退出网箱养殖,实施循环用水与节水改造,推广养殖用水原位修复等生态节水养殖技术,开展水产节水生态养殖示范场创建。

农村生活节水。推进农村集中供水管网和集镇末梢供水管网改造,减少渗漏损失;以集镇居民聚集区和实现集中供水的地区为重点,推广使用节水器具,提高农村居民生活用水计量设施覆盖率。推进农村生活垃圾及污水处理,推进城镇污水处理设施和服务向农村延伸,利用天然或人工湿地、生态沟等系统,拦截农村生活污水处理设施尾水并进行净化,促进农村节水减排。

（2）工业节水

坚持以水定产。合理规划工业发展布局和规模,优化调整产业结构。严格控制高耗水、高污染行业发展,推进高耗水企业向工业园区集中,工业集聚区应当推广串联用水、中水回用和再生水利用等节水技术,建设节水型工业集聚区。对于钢铁、水泥等产能严重过剩行业的新增项目,以及采用淘汰目录中的建设项目,原则上一律不得办理新增取水许可审批手续。推动过剩产能有序退出和转移,严禁违法违规新增产能,严格实施等量置换或减量置换。大力发展战略性新兴产业,鼓励高产出低耗水新型产业发展,培育壮大绿色发展动能。

工业节水减排。围绕电力、防治、造纸、石化和化工、食品和发酵等高耗水用水行业实施节水技改,发挥以点带面的作用,把节水工作贯穿于企业管理、生产全过程,通过强化管理、加强技术改造、开展水平衡测试等措施,挖掘节水潜力,提高用水效率。鼓励推动中央企业集团积极率先创建节水示范企业和污水"零排放"企业。

节水载体创建。推进工业园区开展企业间的串联用水,一水多用和循环利用,建立企业间循环、集约用水产业体系。鼓励各工业园区实行清洁生产,引进再生水回用、废污水"零排放"等先进节水减排工艺,实现污水资源化利用。到 2025 年,创建省级节水型企业 9 家,市级节水型企业 21 家,建设省级节水园区 1 家。

(3)城镇节水

坚持以水定城。全面把握水和城的管线,将"以水定城"作为城市化发展的一条主线,适当推动阜阳市城镇化建设。因水制宜、集约发展。优化资源配置,在提高城市供水保证率的基础上,发挥城市节水的综合效益,提高水资源对城市发展的承载能力。

推进节水型城市建设。规划创建一批学校、社区、公共机构等节水型社会建设的载体(表 6.3.2)。"十四五"期间全部市级机关建成节水型单位,50%以上的市级事业单位建成节水型单位;规划建设 3 座节水教育社会实践基地,聘任思想素质高、懂教育、懂节水的专业技术人员进行管理以及讲解;完成 3 批已命名的市级以上节水型载体复查工作。

表 6.3.2 阜阳市"十四五"节水载体建设任务安排表

创建年份	创建类别	创建级别	拟创建数量/个	拟创建名录
2021	县域节水型社会达标建设	省级	4	颍泉区
				界首市
				颍上县
				太和县
	节水教育基地	省级	1	阜南县蒙洼中心水厂
	节水型企业	省级	3	颍上皖能环保电力有限公司
				界首伟明环保电力有限公司
				安徽华享中药凉茶有限公司
	节水型高校	省级	1	阜阳职业技术学院

续表

创建年份	创建类别	创建级别	拟创建数量/个	拟创建名录
2022	节水型企业	省级	2	安徽省生宸源材料科技实业发展股份有限公司
				阜阳欣奕华制药科技有限公司
	节水型企业	市级	5	阜阳顶津饮品有限公司
				阜阳欣奕华材料科技有限公司
				江淮汽车(阜阳)有限公司
				阜阳常阳汽车部件有限公司
				安徽龙泉管道工程有限公司
	节水型工业园区	省级	1	阜阳合肥现代产业园区
	节水型高校	省级	1	阜阳师范大学
	节水教育基地	市级	1	颍上县八里河泵站
2023	节水型企业	省级	1	国能临泉生物发电有限公司
	节水型企业	市级	5	安徽金太阳生化药业有限公司
				阜阳中联水泥有限公司
				安徽庆洋化工有限公司
				悦康药业集团安徽天然制药有限公司
				阜南椰枫食品有限公司
	节水教育基地	省级	1	安徽有机良庄蔬菜产业园

强化高耗水服务业和公共领域节水。严控洗浴、洗车、游泳馆等高耗水行业用水,鼓励采用低耗水、循环水等节水技术、设备或设施,优先使用再生水、雨水等非常规水源;从严控制洗浴、洗车、游泳馆以及餐饮、娱乐、宾馆等行业用水定额;开展重点高耗水服务业用水专项检查行动,推进餐饮、宾馆、娱乐等行业实施节水技术改造,积极采用中水和循环用水技术、设备。

(4)非常规水源利用

加强非常规水源配置。将再生水(中水)、矿坑水等非常规水源纳入水资源统一配置,逐年扩大利用规模和比例。严格控制具备使用非常规水源条件但未利用的高耗水行业项目新增取水许可。

推进污水资源化利用。再生水利用方面,规划期内新建泉北中水厂(3万 t/d)、颍州中水厂(5万 t/d)、临泉县工业园区再生水厂(5万 t/d)、阜南县2座再生水厂,扩建临泉县城区再生水厂(4万 t/d)、颍东中水厂(9万 t/d)、颍南中水厂(10万 t/d);实施污水处理厂提标改造,配套建设中水管网57.8 km。矿坑水利用方面,以刘庄煤矿、谢桥煤矿、口孜东煤矿等煤矿为重点,逐步推进矿坑水利用项目建设,配套建设收集、处理和管网系统,用于解决矿区绿化、洗车、道路喷洒等日常用水。"十四五"期间计划完成3个矿坑水利用工程。

集蓄雨水利用工程。在规划建筑物占地与路面硬化面积之和在3万 m² 以上的工程建设项目及总用地面积在2万 m² 以上的公园、广场、绿地等市政工程项目,配套建设雨水收集利用设施;在人行道等道路等级不高的道路,使用多孔的草皮砖、透水砖、透水性混凝土路面、多孔沥青路面等透水路面对雨水进行储存;通过建造人工水池,或者天然水体,如公园池塘、河湖水库等进行雨水调蓄。到2025年,每个县(市、区)建成2个雨水利用示范工程。

6.3.2 地方节水型社会建设专项规划

随着人口的增长、经济的发展以及气候变化的影响,江淮丘陵许多地区正面临水资源短缺的问题,人们对于水资源的重要性有了更深的认识。各行业为了满足环境保护和自身发展需求,积极采取措施节约用水,保证可持续的发展。因此除了总体规划外,节水型社会还要求各地区根据自身需求制定行业专项规划,旨在提高水资源利用效率,减少水的浪费,推动经济社会的可持续发展。行业专项规划具体包括农业节水规划、工业节水规划、城镇节水规划、非常规水源利用规划等,此处选择巢湖市农业节水规划作为典型案例。

1) 总则

(1) 编制目的及意义

巢湖市位于安徽省中部,江淮丘陵区南部,三面环山,怀抱巢湖,境内丘陵起伏,岗冲相间,山、丘、圩交错,境内岗地起伏,区域水资源丰富,但水旱灾害频繁,现状灌溉水利用系数为0.51,农业灌溉用水的有效利用率不高。

发展农业节水是缓解水资源供需矛盾的根本途径,是保障国家粮食安全的重要基础,是加快转变经济发展方式的必然要求,是提高农业防灾抗灾能力的迫切需要。为深入贯彻国务院和省、市人民政府《关于实行最严格水资源管理制度的意见》文件精神,以及习近平总书记提出的"节水优先、空间均衡、系统治理、两手发力"十六字治水方针,落实水利部办公厅《关于开展南方地区节水减排实施方案编制工作的通知》(办农水函〔2014〕940号)、国务院办公厅《国家农业节水纲要(2012—2020年)》(国办发〔2012〕55号)等文件要求,在巢湖市地区开展农业节水灌溉,充分挖掘农业内部的节水和增产潜力,大幅度提高农业用水的利用效率,实现农业向内涵型增长方式的转变,特编制巢湖市农业节水发展规划,以期推动巢湖市节水灌溉事业进一步发展。

（2）规划范围及水平年

本次规划范围包括巢湖市所辖的 12 个镇（乡）、5 个街道办事处、1 个合巢经开区，分别是栏杆集镇、苏湾镇、柘皋镇、夏阁镇、中垾镇、烔炀镇、黄麓镇、坝镇、槐林镇、散兵镇、银屏镇、庙岗乡、中庙街道、卧牛山街道、天河街道、亚父街道、凤凰山街道和合巢经开区，规划区域 2 046.15 km²（其中巢湖水域面积 468.82 km²，陆域 1 577.33 km²），以巢湖市重点发展乡镇、农业规划用地保护区及境内中型灌区为主要规划对象。

现状水平年选择 2014 年；近期规划水平年选择 2020 年，近期规划水平年为本规划的重点内容，主要任务和工程措施以 2020 年为规划的重要节点；远期规划水平年选择 2030 年，制定相应的规划目标并展望建设成效。

（3）规划总体布局

基于巢湖市灌排基本体系，根据水利部办公厅《关于开展南方地区节水减排实施方案编制工作的通知》（办农水函〔2014〕940 号）、国务院办公厅《国家农业节水纲要（2012—2020）》（国办发〔2012〕55 号）等文件要求，综合考虑中型灌区的分布、水资源四级分区、乡镇地理位置及发展定位等因素规划布局：

① 针对环巢湖乡镇（如中庙街道、黄麓镇、烔炀镇等），本着"节排减污"的原则，对靠近巢湖的灌区选择性地建设高效节水灌溉工程，对灌区进行节水改造，提高灌溉水利用系数，实现农业节水的同时减少入湖面源污染。

② 对境内 16 个中型灌区进行渠系工程配套改造；对巢湖市境内塘坝、承担灌溉排涝功能且流域控制面积在 50 km² 以下的农村河道开展清淤整治工作。

通过节水工程、非工程及管理措施，实施节水灌溉和对现有灌溉设施的改造，实现农业用水的优化配置，提高灌溉用水效率，推动巢湖市农业节水灌溉事业进一步发展。

（4）规划目标

基准年 2014 年，巢湖市多年平均农田灌溉定额为 372 m³/亩，农田灌溉水有效利用系数为 0.51，有效灌溉面积为 76 万亩，节水灌溉面积率为 20%。结合水利部办公厅《关于开展南方地区节水减排实施方案编制工作的通知》（办农水函〔2014〕940 号）、国务院办公厅《国家农业节水纲要（2012—2020 年）》（国办发〔2012〕55 号）等文件要求，确定具体目标如下：

① 近期规划水平年(2020 年)

到 2020 年,基本建立巢湖市高效农业用水与管理体系,逐步形成巢湖市适宜的现代农业高效节水灌溉发展模式,高效节水灌溉技术得到大力推广。通过实施中小河流治理、农村水利体系建设工程、中小型水库除险加固、泵站更新改造、中型灌区的渠系工程配套改造、农村河塘清淤整治工程等,进一步提高农田灌溉水有效利用系数。规划 2020 年多年平均农田灌溉定额降低至 313 m³/亩,农田灌溉水有效利用系数在 2014 年 0.51 的基础上提高到 0.55,有效灌溉面积由现状 2014 年的 76 万亩提高到 80.6 万亩,节水灌溉面积率达到 40%,发展高效节水灌溉面积 0.7 万亩。

② 远期规划水平年(2030 年)

到 2030 年,进一步加强农业节水管理,逐步对小型灌区续建配套与节水改造工程,建成一批小型农田水利高效节水重点镇,多年平均农田灌溉定额降低至 271 m³/亩,灌溉水有效利用系数在 2020 年 0.55 的基础上提高到 0.60 左右,有效灌溉面积由现状 2020 年的 80.6 万亩提高到 85.7 万亩,节水灌溉率面积率达到 55%,高效节水灌溉面积发展到 2.8 万亩,农业灌溉现代化水平全面提高,农业综合生产能力稳步提升。

2) 农业用水供需平衡分析

(1) 基准年需水量分析

巢湖市现状基准年 2014 年多年平均农业需水量 29 965 万 m³,50%、75% 和 95% 年份农业需水量分别为 27 115 万 m³、32 827 万 m³、43 088 万 m³。各分区农业需水分析计算成果,见表 6.3.3。

表 6.3.3　基准年(2014 年)巢湖市农业需水量预测　　　　单位:万 m³

水平年	分区		农田灌溉				林牧渔畜	农业用水总量			
			多年平均	50%	75%	95%		多年平均	50%	75%	95%
2014	水资源分区	滁河区	2 869	2 580	3 160	4 202	148	3 017	2 728	3 308	4 350
		巢湖下游区	25 377	22 816	27 948	37 167	1 571	26 948	24 387	29 519	38 738
		合计	28 246	25 396	31 108	41 369	1 719	29 965	27 115	32 827	43 088
	水利规划分区	丘陵区	14 384	12 932	15 841	21 066	800	15 184	13 732	16 641	21 866
		圩畈区	13 565	12 196	14 940	19 868	819	14 384	13 015	15 759	20 687
		市区	297	268	327	435	100	397	368	427	535
		合计	28 246	25 396	31 108	41 369	1 719	29 965	27 115	32 827	43 088

（2）规划年农业需水预测

将农田灌溉、林牧渔畜需水预测结果汇总,得到巢湖市各水平年不同保证率总需水量。巢湖市规划 2020 年多年平均、50％、75％、95％保证率条件下需水量分别为 27 014 万 m³、24 515 万 m³、29 351 万 m³、41 280 万 m³;2030 年多年平均、50％、75％、95％保证率条件下需水量为 25 573 万 m³、22 573 万 m³、26 944 万 m³、41 684 万 m³。各分区规划年需水量见表 6.3.4。

表 6.3.4　规划水平年巢湖市农业需水量预测　　　　　单位:万 m³

水平年	分区		农田灌溉				林牧渔畜	农业用水总量			
			多年平均	50％	75％	95％		多年平均	50％	75％	95％
2020	水资源分区	滁河区	2 504	2 256	2 736	3 920	154	2 658	2 410	2 890	4 074
		巢湖下游区	22 724	20 473	24 829	35 574	1 632	24 356	22 105	26 461	37 206
		合计	25 228	22 729	27 565	39 494	1 786	27 014	24 515	29 351	41 280
	水利规划分区	丘陵区	12 864	11 590	14 056	20 139	831	13 695	12 421	14 887	20 970
		圩畈区	12 144	10 942	13 270	19 012	851	12 995	11 793	14 121	19 863
		市区	220	197	239	343	104	324	301	343	447
		合计	25 228	22 729	27 565	39 494	1 786	27 014	24 515	29 351	41 280
2030	水资源分区	滁河区	2 168	1 888	2 296	3 672	202	2 370	2 090	2 498	3 874
		巢湖下游区	21 057	18 337	22 300	35 664	2 146	23 203	20 483	24 446	37 810
		合计	23 225	20 225	24 596	39 336	2 348	25 573	22 573	26 944	41 684
	水利规划分区	丘陵区	11 843	10 313	12 542	20 058	1 093	12 936	11 406	13 635	21 151
		圩畈区	11 192	9 747	11 853	18 957	1 118	12 310	10 865	12 971	20 075
		市区	190	165	201	321	137	327	302	338	458
		合计	23 225	20 225	24 596	39 336	2 348	25 573	22 573	26 944	41 684

（3）农业可供水量分析

① 全行业可供水总量

通过对巢湖市地表、地下水源工程现状供水能力以及新增供水能力分析,巢湖市各规划水平年多年平均供水情况见表 6.3.5,各水利规划分区不同保证率可供水量,见表 6.3.6。

表 6.3.5 各规划水平年可供水量统计表 单位:万 m³

水平年	保证率	地表水源供水量		地下水源供水量	再生水回用量	可供水总量
		当地	引江			
2014	多年平均	36 458	0	600	300	37 358
	50%	36 800	0	600	300	37 700
	75%	38 272	0	600	300	39 172
	95%	36 208	0	600	300	37 108
2020	多年平均	38 708	2 881	600	762	42 951
	50%	39 578	0	600	762	40 940
	75%	40 091	4 323	600	762	45 776
	95%	39 934	8 746	600	762	50 042
2030	多年平均	40 472	3 265	600	1 212	45 549
	50%	41 168	0	600	1 212	42 980
	75%	40 790	4 749	600	1 212	47 351
	95%	42 914	10 168	600	1 212	54 894

表 6.3.6 各水利规划分区不同保证率可供水量表 单位:万 m³

规划分区	2014 年			2020 年			2030 年		
	50%	75%	95%	50%	75%	95%	50%	75%	95%
滁河区	3 684	3 721	3 569	3 607	4 087	4 160	3 369	3 777	4 270
巢湖下游区	34 016	35 451	33 539	37 333	41 689	45 882	39 611	43 574	50 624
合计	37 700	39 172	37 108	40 940	45 776	50 042	42 980	47 351	54 894
丘陵区	16 732	16 673	15 683	17 146	19 456	21 271	16 952	19 181	22 391
圩畈区	17 125	18 601	17 419	17 569	20 053	22 400	17 679	19 785	23 998
市区	3 839	3 898	4 006	6 225	6 267	6 371	8 349	8 385	8 505
合计	37 696	39 172	37 108	40 940	45 776	50 042	42 980	47 351	54 894

② 农业供水量

根据巢湖市水资源配置成果,通过加大节水的力度,逐渐减少农业用水所占比例。规划到 2020 年农业用水配置水量占生活、工业、农业和生态环境用水总量的比例由基准年的 71.95% 下降至 61.76%,到 2030 年农业用水配置水量占用水总量比例进一步降到 55.20%。

(4) 供需平衡分析

根据农业供水量配置成果进行不同水平年供需平衡分析,详见表 6.3.7～表 6.3.9。

表 6.3.7 不同水平年农业用水供需平衡

水平年	保证率	供水量/万 m³	需水量/万 m³	缺水量/万 m³	缺水率/%
2014	多年平均	26 879	29 965	3 086	10.30
	50%	27 125	27 115	0	0
	75%	28 184	32 827	4 643	14.14
	95%	26 699	43 088	16 389	38.04
2020	多年平均	26 527	27 014	487	1.80
	50%	25 285	24 515	0	0
	75%	28 271	29 351	1 080	3.68
	95%	30 906	41 280	10 374	25.13
2030	多年平均	25 143	25 573	430	1.68
	50%	23 725	22 573	0	0
	75%	26 138	26 944	806	2.99
	95%	30 301	41 684	11 383	27.31

表 6.3.8　不同水资源分区农业用水供需平衡

水平年	分区		农业供水量/万 m³	需水量/万 m³	缺水量/万 m³	缺水率/%
2014 年	滁河区	多年平均	2 738	3 017	279	9.25
		50%	2 650	2 728	78	2.86
		75%	2 677	3 308	631	19.07
		95%	2 568	4 350	1 782	40.97
	巢湖下游区	多年平均	24 141	26 948	2 807	10.42
		50%	24 475	24 387	0	0
		75%	25 507	29 519	4 012	13.59
		95%	24 131	38 738	14 607	37.71
	合计	多年平均	26 879	29 965	3 086	10.30
		50%	27 125	27 115	0	0
		75%	28 184	32 827	4 643	14.14
		95%	26 699	43 088	16 389	38.04
2020	滁河区	多年平均	2 347	2 658	311	11.71
		50%	2 228	2 410	182	7.57
		75%	2 524	2 890	366	12.66
		95%	2 570	4 074	1 504	36.92
	巢湖下游区	多年平均	24 180	24 356	176	0.72
		50%	23 057	22 105	0	0
		75%	25 747	26 461	714	2.70
		95%	28 336	37 206	8 870	23.84
	合计	多年平均	26 527	27 014	487	1.80
		50%	25 285	24 515	0	0
		75%	28 271	29 351	1 080	3.68
		95%	30 906	41 280	10 374	25.13

续表

水平年	分区		农业供水量/ 万 m³	需水量/ 万 m³	缺水量/ 万 m³	缺水率/ %
2030 年	滁河区	多年平均	1 989	2 370	381	16.06
		50%	1 860	2 090	230	11.02
		75%	2 085	2 498	413	16.54
		95%	2 357	3 874	1 517	39.16
	巢湖下游区	多年平均	23 154	23 203	49	0.21
		50%	21 865	20 483	0	0
		75%	24 053	24 446	393	1.61
		95%	27 944	37 810	9 866	26.09
	合计	多年平均	25 143	25 573	430	1.68
		50%	23 725	22 573	0	0
		75%	26 138	26 944	806	2.99
		95%	30 301	41 684	11 383	27.31

表 6.3.9 不同水利规划分区农业用水供需平衡

水平年	分区		农业供水量/ 万 m³	需水量/ 万 m³	缺水量/ 万 m³	缺水率/ %
2014	丘陵区	50%	12 039	13 731	1 692	12.32
		75%	11 996	16 641	4 645	27.91
		95%	11 284	21 866	10 582	48.40
	圩畈区	50%	12 321	13 015	694	5.33
		75%	13 383	15 759	2 376	15.07
		95%	12 533	20 687	8 154	39.42
	市区	50%	2 765	369	0	0
		75%	2 805	427	0	0
		95%	2 882	535	0	0
	合计	50%	27 125	27 115	0	0
		75%	28 184	32 827	4 643	14.14
		95%	26 699	43 088	16 389	38.04

水平年	分区		农业供水量/ 万 m³	需水量/ 万 m³	缺水量/ 万 m³	缺水率/ %
2020	丘陵区	50%	10 589	12 421	1 832	14.75
		75%	12 016	14 887	2 871	19.29
		95%	13 137	20 970	7 833	37.35
	圩畈区	50%	10 851	11 792	941	7.98
		75%	12 385	14 120	1 735	12.29
		95%	13 834	19 862	6 028	30.35
	市区	50%	3 845	302	0	0
		75%	3 870	344	0	0
		95%	3 935	448	0	0
	合计	50%	25 285	24 515	0	0
		75%	28 271	29 351	1 080	3.68
		95%	30 906	41 280	10 374	25.13
2030	丘陵区	50%	9 358	11 406	2 048	17.96
		75%	10 588	13 635	3 047	22.35
		95%	12 360	21 151	8 791	41.56
	圩畈区	50%	9 759	10 865	1 106	10.18
		75%	10 921	12 971	2 050	15.80
		95%	13 247	20 075	6 828	34.01
	市区	50%	4 608	302	0	0
		75%	4 629	338	0	0
		95%	4 694	458	0	0
	合计	50%	23 725	22 573	0	0
		75%	26 138	26 944	806	2.99
		95%	30 301	41 684	11 383	27.31

由以上供需余缺分析可知,各水平年除在50%(平水年)保证率不缺水外,其余保证率下均缺水,2014年、2020年和2030年最大缺水比例(95%保证率条件下)分别为38.04%、25.13%和27.31%。

由于巢湖下游区和圩畈区灌溉取水水源均为巢湖,供水保证率很高,巢湖下游区缺水率相比滁河区偏小,圩畈区缺水率相比丘陵区偏小,且在一般年份,农业缺水率15%左右,可以通过加强农业节水措施减小缺水率。但在特别干旱年份,则需要通过跨流域调水加以解决。

3）农业节水措施

（1）农业节水总体安排

全面推广综合节水措施，包括非工程和工程节水措施，努力提高灌溉水利用率。其中，近期侧重于渠系配套改造、增加节水工程灌溉面积及推广农业节水灌溉技术，减少农业面源污染；远期注重加强农业用水管理，制定合理的农业用水水价政策。主要采取以下措施：

① 因地制宜地调整作物种植结构，优化农业用水配置。根据巢湖市实际条件，以节水、高产、高效为核心，发展高效节水农业和绿色生态农业，采取节水灌溉技术和农艺节水技术相结合的综合节水措施，注重提高灌溉生产效益和利用效率。引导农业向专业化、标准化、特色化和规模化方向发展。平整土地，深耕松土，增施有机肥，改善土壤团粒结构，增加土壤蓄水能力。在蔬菜、瓜果等种植基地，配置滴灌等现代节水设备，重点推广水肥一体化技术。在大幅度提高农业水资源的利用率和生产效率的同时，加大农业结构调整力度，减少高耗水农作物种植面积。

② 加快推进大中型灌区节水改造，改进田间灌水技术。规划期内，进一步完善巢湖区域内驷马山灌区及16个中型灌区的灌、排系统及渠沟建筑物配套；加大田间农田水利工程建设配套，加大对灌区内原有沟渠塘坝的清淤，恢复塘坝的蓄水能力；为真正达到防渗节水增加灌溉面积，对灌区范围内干、支渠采取防渗措施。当前巢湖市大部分地区灌溉效率不高，灌溉管理粗放甚至无人管理，灌溉制度不合理，泡灌漫灌用水量大，都造成了农业灌溉用水的严重浪费。除工程设施外，人为因素也是重要原因，亟需加强农业灌溉用水管理，通过建立相对稳定的灌区管理队伍、改进灌溉制度、制定农业用水的政策法规、出台合理的水价政策等一系列措施，提高水资源的有效利用率。

③ 完善农业节水政策保障。加强组织领导，把转变农业发展方式、建设现代农业摆上政府工作的重要位置，加快推进农业现代化建设步伐。注重加强部门沟通协作，建立健全党委政府领导、部门齐抓共管、分工协作配合的工作机制，建立健全农业发展目标责任制。加强农技队伍建设，探索建立农技推广单位专业技术岗位结构比例动态调整机制。加强主要农作物全生育期"四情"（苗情、墒情、病虫情、灾情）监测，着力提升生产指导和科学决策水平。建立健全适应新农业建设特点的监督检查方法，推进监督检查规范化、制度化。

④ 加大灌区节水监控监测能力建设。为使农业用水总量和灌溉用水定额得到有效控制，需以国家水资源监控能力建设项目为契机，进一步加大灌区节水监控

监测能力建设,在条件适合灌区渠首建设流量监测站点。利用计算机技术、通信技术、遥感技术、自动化技术等现代科技建立水资源各种管理、调配、计量和实时监控等系统,实行供水动态管理、实时监控管理和量化管理。完善灌溉用水计量,实行价格约束机制。各灌溉枢纽、泵站、骨干渠道及田间放水口安装计量装置,严格实行计量配水和收费,节约奖励,超额累进加价,发挥经济杠杆的作用。同时加强节水灌溉的宣传工作,使用水总量控制和定额管理的基本要求广泛普及。

(2) 各分区农业节水工程布局

根据全市地形地貌条件和特点,综合考虑行政区划、水资源分区以及《巢湖市"十三五"现代农业发展规划》和《巢湖市"十三五"水利事业发展规划》的相关要求,按照已经划定的农业节水发展规划分区(丘陵区、圩畈区、市区)展开分析。

① 丘陵区

丘陵区位于巢湖、滁河流域分水岭两侧,以巢北丘陵区为主,含沿滁少量圩畈区,主要集镇有:夏阁、柘皋、庙岗、苏湾和栏杆集等乡镇或办事处。该区地势较高,地表水资源不甚丰富,是巢湖市缺水少雨的主要易旱地区。

丘陵区主要中型灌区见表 6.3.10,灌区主要依靠泵站从柘皋河、滁河、水库、圩区等水源提水灌溉,受灌区建设年代较早、设备老化、渠系配套工程不完善等因素影响,主要表现为水源型缺水和工程型缺水共存的状态。本区域工程布局体现在:重点安排大、中型灌区续建配套与节水改造,全面改善灌区现有灌溉条件,进一步提高灌溉设计保证率;全面完成中小型水库除险加固任务。

表 6.3.10　丘陵区主要中型灌区统计表

序号	灌区名称	主要水源工程	现状实际灌溉面积/亩	主要分布乡镇
1	柘黄站灌区	塘坝	72 573	柘皋镇
2	柘方站灌区	河湖泵站	45 010	柘皋镇、庙岗乡
3	下汤水库灌区	塘坝	19 400	夏阁镇
4	大苏站灌区	河湖泵站	8 700	夏阁镇
5	林场站灌区	河湖泵站	8 694	柘皋镇、夏阁镇
6	夏阁站灌区	河湖泵站	8 500	夏阁镇

② 圩畈区

圩畈区位于巢湖周边,以巢南、巢北滨湖(河)圩区为主,含部分近湖(河)丘陵岗地,主要集镇有:坝镇、槐林、散兵、银屏、中垾、炯炀、黄麓和忠庙等乡镇或办事处。该区怀抱巢湖,河道、沟港密布,主要河道有裕溪河、兆河、柘皋河、夏阁河等。

圩畈区主要中型灌区见表 6.3.11,灌区主要依靠控制闸、泵站从巢湖、裕溪河、兆河等水源提水灌溉,受渠系配套工程不完善等因素影响,主要表现为工程型缺水。本区域工程布局体现在:以巢湖流域综合防洪减灾体系建设为中心,着力解决巢湖周边及下游圩区洪涝灾害问题;实施巢湖周边和重要支流防洪治理工程建设,继续安排沿湖(河)圩区排涝工程建设;加强农业节水管理,开展建设高效现代农业示范区,减少入湖面源污染,遏制水环境恶化趋势,充分发挥水利工程保护与改善水生态环境的重要作用;配合实施"引江济巢"等水资源调配工程,建立完善水资源调配体系。

表 6.3.11 圩畈区主要中型灌区统计表

序号	灌区名称	主要水源工程	现状实际灌溉面积/亩	主要分布乡镇
1	炯炀站灌区	河湖泵站	36 500	炯炀镇
2	庙集站灌区	河湖泵站	34 000	中垾镇、柘皋镇
3	黄麓站灌区	塘坝	18 500	黄麓镇
4	中垾联圩灌区	河湖引水闸	23 881	中垾镇
5	武山站灌区	河湖泵站	11 700	中垾镇
6	沐集站灌区	河湖泵站	10 100	夏阁镇
7	南大圩灌区	河湖泵站	7 200	槐林镇
8	沈衖灌区	河湖泵站	10 827	坝镇
9	陶坝灌区	河湖泵站	9 860	银屏镇
10	周岗站灌区	河湖泵站	6 300	槐林镇、散兵镇

③ 市区

主要包括巢湖市和已建的省级工业园区三个:半汤、居巢经济开发区和富煌工业园区,以及市内主要集镇。本区域工程布局体现在:进一步加强塘坝、圩区改造,结合城镇、工业园区防洪排涝建设,开展城市水环境治理与保护,积极建设水利景区。

(3)工程节水措施

随着节水灌溉技术的推广应用,农业用水占总用水量的比重呈逐年下降趋势,但目前巢湖市农业用水的总量仍然较大,占总用水量比重达 70%左右,决定着现阶段农业节水仍是节水型社会建设的重点任务。巢湖市农业节水以提高灌溉水利用率和发展高效节水农业为核心,结合农田水利建设,调整农业种植结构,优化配置水资源,加快建设高效输配水工程等农业节水基础设施,对现有大、中、小型灌区进行续建配套和节水改造,对灌区内水库、塘坝及灌排沟渠进行清淤整治,重点解决水源脆弱、输水漏损严重和田间用水效率低的问题。

（4）非工程措施

① 农业节水发展制约因素

土地经营模式的制约。由于巢湖市农户户均耕地面积小、田块多，土地流转近几年虽大有推进，但丘陵地区受地理条件、基础条件和土地综合治理费用大等因素制约，土地流转难，而沿湖圩区农户的惜土意识越来越强（租金越来越高），这些制约了土地的规模经营。土地的小规模分散经营不利于农业规模化、产业化发展，增加了农业节水发展的难度。土地的小规模分散经营，农业生产效益不高，影响了农民大力发展节水农业的积极性。

农业人口素质的制约。由于分散经营、生产效益不高和农村人口在农业内部就业容量日益缩小等因素，加速农村青壮劳力外出务工，直接影响了从事农业的劳动力素质。由于直接从事农业生产的劳动者年老体弱、农业劳动者文化低和对新事物新技术缺乏认识、学习与应用的兴趣，从而阻碍了农业节水科技成果的转化和吸收，导致农业节水技术应用水平低。这些与现代农业发展要求不相适应，更成为农业节水发展的瓶颈。

农业节水技术推广投入不足的制约。农业节水发展，需要人、财、物、技、制度等大量的投入。近年来随着各项支农惠农政策的落实，农业投入力度不断加大，但相对于其他行业和领域，农业节水技术的投入仍非常有限，远不能满足农业节水发展的要求。

农业生产相较其他行业效益不高的制约。农产品供求关系的转变，农业增产难以实现增效，加之农业生产成本不断增加，政策性增收以及价格上涨增收空间有限，农民增收渠道愈来愈窄，增收难度加大，尤其是目前有效生产规模较小和纯粹依靠传统种植业的农户，农业生产效益有限，从而制约了农业节水的发展。

② 完善农业节水管理体制

建立完善农业节水管理体系。开展灌溉水源管理体制改革，探索建立各方参与、民主协商、共同决策、分工负责的议事决策机制和高效的执行机制。逐步推行水务一体化管理，加强灌溉水源统一规划、统一配置、统一调度。积极探索建立与区域经济社会发展水平相适应的农业节水管理体制，建立健全各级农业节水机构，负责对农业节水工作进行指导。通过推进农业用水方式转变，全面推动农业经济发展方式的转变。综合采取法律、行政、经济、技术等手段，对农业用水实行全过程管理，推广应用高效节水灌溉设施，建立和完善水资源高效利用管理体系，全面提高水资源利用效率。

建立健全农业灌溉服务组织。面对目前巢湖市农村和农业生产的现实,亟须完善抗旱、灌溉服务组织,以便提供优质、及时、合理优化的灌溉服务。尤其是在广大的塘坝灌区,需要有一个统一掌握作物灌溉的时机、灌水尺度,使有限的水源发挥最大的作用。

③ 落实总量控制和定额管理相结合的农业用水制度

落实行政区域农业用水总量控制。制定各灌区的水量分配方案,明晰各灌区用水总量控制目标。近期(2016—2020 年)完成各灌区农业供水分配方案或水量分配工作,在此基础上,陆续推进全市农业灌溉总用水量控制目标,逐级分配各乡镇、行政村或灌区用水总量控制指标。

制定年度农业用水量分配方案。根据水量分配方案和灌溉水源实际情况,动态制订各乡镇、行政村或灌区年度农业用水量分配方案和调度计划。加强农业用水定额管理,进一步扩大用水定额覆盖范围。探索制订符合本市实际的节水标准,并加以实施。

完善农业计划用水制度。根据农业用水量分配方案、年度农业用水量分配方案和各灌区灌溉水源地来水的实际情况,按照统筹协调、综合平衡、留有余地的原则,向农业用水户下达灌溉用水计划,保障合理灌溉用水,抑制不合理灌溉需求。远期(2021—2030 年)进一步加强城市重点用水户的计划用水管理,通过价格杠杆促进节约用水。

(5) 农业节水效率和节水量

① 农业节水效率指标

到 2020 年,多年平均农田灌溉定额为 313 m^3/亩,农田灌溉水有效利用系数达到 0.55,节水灌溉面积率达到 40%,发展高效节水灌溉面积 0.7 万亩;到 2030 年,多年平均农田灌溉定额为 271 m^3/亩,农田灌溉水有效利用系数达到 0.60,节水灌溉率面积率达到 55%,高效节水灌溉面积发展到 2.8 万亩。

② 农业节水潜力

基准年 2014 年,巢湖市农田有效灌溉面积 76 万亩,多年平均农田毛灌溉定额为 372 m^3/亩,考虑农业节水工程实施后,至近期 2020 年,多年平均农田毛灌溉定额为 313 m^3/亩,则农田灌溉节水潜力为 4 757.8 万 m^3;远期 2030 年平水年农田毛灌溉定额为 271 m^3/亩,则农田灌溉节水潜力为 8 653.7 万 m^3。规划年农业节水潜力分析计算成果,见表 6.3.12。

表 6.3.12　巢湖市规划年农业节水潜力分析

保证率	2020			2030		
	毛灌溉定额/ (m³/亩)	有效灌溉面积/ 万亩	节水量/ 万 m³	毛灌溉定额/ (m³/亩)	有效灌溉面积/ 万亩	节水量/ 万 m³
多年平均	313	80.64	4 757.8	271	85.68	8 653.7
50%	282	80.64	4 193.3	236	85.68	8 396.6
75%	342	80.64	5 402.9	287	85.68	10 453
90%	490	80.64	4 354.6	459	85.68	7 282.8

4）效益分析与环境影响评价

（1）效益分析

农业节水发展规划实施后,将大大改善农业生产条件,提高生产力水平和农业抗灾保收能力,并可通过种植结构的优化调整和新技术的推广应用,较大幅度地提高生产效率和农业收入,其经济效益、社会效益和生态环境效益十分显著。

① 经济效益

各类引调水、蓄水等工程使供水能力到 2020 年新增 4.3 亿 m³,从而保证城乡居民供水及农业灌溉用水安全;灌区续建配套与节水改造等工程的实施将对严重老化失修、存在安全隐患的农田水利设施进行维修和更新改造。全市到 2020 年将新增或改造灌区面积 24.97 万亩,灌溉水利用系数提高到 0.55,节水灌溉面积率为40%;到 2030 年灌溉水利用系数提高到 0.60 左右,节水灌溉面积率为 55%。

农业节水灌溉与传统灌溉相比,具有明显的节水增产效果。据测算,采用节水灌溉技术,粮食作物亩均增产幅度在 10%～20% 之间,果蔬类增产幅度可达 30%,按照粮食作物计算,现状巢湖市粮食作物亩均产量约 400 kg/亩,新增节水灌溉面积年均可增产粮食 8 000 万 kg,年经济效益约 1.6 亿元。同时农业节水重点工程实施后,年节水量约 4 700 万 m³,节约的水量可扩大灌溉面积约 10 万亩,可进一步增加经济效益 1 000 多万元。采取节水灌溉技术可以减少深层渗漏,能较好地防止土壤次生盐碱化,还可起到节肥、节药的效果,减少对环境和土壤的污染,并可防止土壤板结。在粮食及经济作物增产的同时,部分节约的灌溉用水还可以转变为工业生产、生活和生态用水。此外,项目的实施还可以加快农村基础设施建设,改善地区投资环境,构建和谐社会和促进社会主义新农村的建设。

② 社会效益和生态效益分析

巢湖市农业节水的建设不仅具有明显的经济效益,其社会效益及生态环境效益也十分明显。由于采用先进的灌溉技术和农业生产手段,项目的实施还可以改善劳动条件,减轻劳动强度,减少劳动用工,提高农业生产质量和生产力水平,保护和便于开发利用水环境和水土资源,促进农业产业化和农村经济的发展。随着节水灌溉技术的实施,可促进农村经济结构和种植结构的调整,推动产业升级,提高农民的收入,增加财政收入,促进农村社会稳定。通过农业产业结构调整,不仅可增加收入,防止水土流失,还可大大改善农业生态环境,增强农业后劲,同时与多种经营结合,发展生态农业,将更进一步促进农村经济发展,实现水土资源的可持续利用。由于采用了先进的节水灌溉技术和改进栽培技术,可大大降低农田化肥、农药和农膜的使用量,减少水体面源污染和土壤有毒物质的积聚,减少地下水的入渗量和土壤养分流失,降低渍害的威胁,有利于农作物生长环境的改善,从而达到稳产、高产和优质。

项目区的建设,将对巢湖市的节水灌溉起到巨大的示范和推动作用,提供实施经验,为"大农业"意识树立样板,能够营造出一种全社会都来重视节水和积极应用现代高新技术的良好氛围。项目区的实施,也必将培养出一批节水灌溉专业技术人才,对于推动巢湖市及周边地区节水灌溉事业的发展,促进农业和农村经济的持续增长,具有重要的现实意义和战略意义。

(2)环境影响评价

巢湖市农业节水发展规划实施后,可在全市实现农业用水总量控制和灌溉用水定额管理,不仅可合理、节约用水,提高水资源的利用率,缓解水资源供需矛盾;而且可促进产业结构调整和农业内部结构优化调整,推动产业升级,有利于形成农林牧副渔五业并举,实现生产、加工和农、工、贸协调发展的良性循环。

通过节水和栽培技术的改进,可大大降低农田化肥、农药和农膜的使用量,减少水体面源污染和土壤有毒物质的聚积;通过发展畜牧养殖业,增加植物秸秆和有机废物资源化程度,通过过腹、堆沤或快速腐熟等形式,还田养土、提高土壤有机质含量,减少农业生产对化肥的依赖,用地与养地结合,涵养水土;通过实施退耕还湖、还草、还林,发展水产养殖业和林业,不仅可防止水土流失,增加经济收入,还可美化环境,改善生态环境,增加物种的多样性;实行渠道防渗、管道输水和喷灌、控灌、经济灌溉后,可有效减少渗漏量和田间灌水量,实现小定额灌溉,降低渍害和灌后遇雨涝害的威胁,减少土壤养分的流失和对区内水体的污染,提高作物的产量和品质,有助于"两高一优"农业的发展,同时,用水量的减少可使水源地的供水能力增加和河道本身自净能力的提高,对改善水质也有积极作用。

5）规划实施保障措施

（1）加强组织领导

切实加强组织领导，把转变农业发展方式、建设现代农业摆上政府工作的重要位置，以只争朝夕的精神和科学求实的态度，加快推进农业现代化建设步伐。各级党委、政府要充分认识发展现代农业的必要性、紧迫性和艰巨性，切实增强责任感和使命感，着力把握工业化、城镇化与农业现代化的互动关系，从经济社会发展全局高度谋划现代农业建设。结合本地情况，制定发展规划，明确发展目标。切实加强对现代农业建设的领导，注重加强部门沟通协作，建立健全党委政府领导、部门齐抓共管、分工协作配合的工作机制。

建立健全农业发展目标责任制，实现市、乡、村三级目标管理，把粮食生产、现代农业示范区、标准化示范基地、农业产业化经营、农民增收等纳入各级领导干部考核的重要内容，作为衡量各级党政领导干部政绩的重要依据。加强督查评比，严格目标考评，用激励机制保障农业工作的顺利开展，推动农业大市向农业强市的跨越。

（2）提供资金保障

积极争取对农业发展的政策扶持和资金投入。坚持项目带动战略，抓住国家产业投资政策、长三角城市群"副中心"——合肥建设的实施，积极争取将巢湖市农业园区建设、生态农业建设、农业面源污染治理、沃土工程、种子工程、植保工程、畜牧业升级计划、优势农产品培育、农村能源工程和新型农业经营体系建设等重点项目列入合肥市、省、国家总体开发建设规划，争取得到上级的支持。

要充分利用现有优势资源，加大招商引资力度，引导社会各类主体参与开发经营现代农业，引入先进管理模式，促进农业向集约化、规模化方向发展。要加大财政投入，科学编制项目，积极争取中央、省、合肥市财政对巢湖市现代农业的支持。按照逐步建立稳定的农业投入增长机制的要求，设立专项支农资金，加大对农业结构调整、农业基础设施建设、生态农业建设、休闲观光农业发展和农业产业化经营等方面投入。要充分发挥财政资金的"四两拨千金"杠杆作用，积极鼓励引导工商资本、民营资本和外来资本及拥有先进管理模式的各类企业投资开发农业。要发挥国家信贷支持作用，鼓励金融机构对信用状况好、资源优势明显的各类农业经营主体适当放宽担保抵押条件，并在贷款利率上给予优惠。积极鼓励农户以土地使用权、固定资产、资金、技术、劳动力等多种生产要素投资现代农业，以互助联保方式实现小额融资。逐步建立国家、地方、集体、社会、个人和外资相结合的投融资机制,扩大农业投资来源。

（3）加强队伍建设

加强农技队伍建设,探索建立农技推广单位专业技术岗位结构比例动态调整机制。加强主要农作物全生育期"四情"(苗情、墒情、病虫情、灾情)监测,着力提升生产指导和科学决策水平。加强科技服务人才建设,加大对农业科技人才、农村实用人才培养培训力度,稳定和壮大农业科技人才队伍,为农业技术推广普及提供人才保证。以新型职业农民培育为重点,大力开展技术培训和宣传,不断提高农村劳动者素质,推动科技进村入户。

（4）加强监督检查

充分发挥评估指标在规划实施中的导向作用,发挥纪检、监察、审计、稽查的力量,进一步健全行政问责规章制度和监督检查机制。加大水利基础设施建设重点领域、重点项目、重点环节、重点岗位的监督检查力度,努力实现工程安全、资金安全、生产安全、干部安全。建立公示制度和公众参与制度,保障公众知情权、参与权、表达权、监督权。要建立健全适应新农业建设特点的监督检查方法,推进监督检查规范化、制度化。

（5）扩大节水宣传

通过各种渠道、各种宣传媒介如广播、电台、报纸、标语、现场会、研讨会和典型示范等途径,进行县情、水情宣传教育,大力宣传节水灌溉的必要性和重要意义,树立水资源有限和水危机意识,使巢湖市广大人民群众认识到节水绝不是一项权宜之计,也不仅仅是一项单纯的技术推广工作,而是带有方向性、战略性的大问题,关系到农业的根本、人类生存的根本,提高全民的节水意识,把节水灌溉变成农民群众的自觉行动。同时,大力普及节水灌溉知识,项目建设领导小组要积极组织、配合有关部门,采取培训、咨询、技术指导、印发传单等方式送科技下乡,使每个自然村至少有一名熟悉节水灌溉的明白人,推动巢湖市节水灌溉的健康发展和项目建设顺利实施。

6.4　江淮丘陵区节水型社会建设现状

6.4.1　总体情况

近年来,安徽省贯彻落实《关于开展县域节水型社会达标建设工作的通知》(水资源〔2017〕184号)精神和省水利厅有关要求,扎实推进节水型社会达标建设各项工作,取得了显著成效。为深入实施国家节水行动,推进节水型社会建设,根据水利部印发的《县域节水型社会达标建设管理办法》(水节约〔2021〕379号)要求,安徽省水利厅制定、印发实施了《安徽省县域节水型社会达标建设实施方案(2021—2025年)》,结合新形势、新任务、新要求,围绕"十四五"节水型社会建设规划总体部署,提出了县域节水型社会达标建设的总体思路、基本原则和目标任务。2021—2025年,新增40个县域节水型社会达标县区(其中,2021年14个县区、2022年12个县区、2023年6个县区、2024年5个县区、2025年3个县区),到2025年,全省89%以上县(市、区)达到《节水型社会建设评价标准(试行)》要求,县域用水总量控制在规定的总量指标以内,用水效率优于相关约束性指标。截至2022年,安徽省已有71个县区建成节水型社会达标县(区),建成率68.3%,超额完成水利部下达的南方地区县域节水型社会达标率达到40%的目标任务。其中,江淮丘陵区有13个县(区)完成县域节水型社会达标创建,占比达到68.4%。

表6.4.1 江淮丘陵区县域节水型社会达标建设情况(截至2022年)

编号	城市名称	行政区编码	区县名称	是否完成达标创建
1	合肥市	340102	瑶海区	是
2		340103	庐阳区	是
3		340104	蜀山区	是
4		340111	包河区	是
5		340121	长丰县	是
6		340122	肥东县	是
7		340123	肥西县	是
8	淮南市	340402	大通区	否
9		340403	田家庵区	是
10		340422	寿县	是
11	滁州市	341102	琅琊区	否
12		341103	南谯区	是
13		341122	来安县	否
14		341124	全椒县	是
15		341125	定远县	是
16		341126	凤阳县	否
17		341182	明光市	否
18	六安市	341502	金安区	是
19		341503	裕安区	否

6.4.2 主要建设内容

1) 优化节水管理体系

节水型社会作为一种有序的现代文明形态,需要一套比较完备的、同时带有一定强制性的规则来规范人们的行为。在节水型社会建设过程中,需要全面推进水资源节约、保护和管理制度体系建设,狠抓各项管理政策的制定和贯彻落实,在用水总量、用水定额、计划用水、用水计量、节水激励、水价机制等方面努力规范用水行为。安徽省各地区均成立了国家级县域节水型社会达标建设工作领导小组,由区政府区长担任组长,建立了各部门节约用水工作协调机制。

(1) 坚持定额管理严控用水总量

规划引领,全面部署建设任务。全面落实习近平总书记"节水优先、空间均衡、系统治理、两手发力"的新时期治水思路,强化水资源"三条红线"管理,建立用水效率控制制度,推行超定额用水累进加价制度,严格限制高耗水工业项目和高耗水服务业的发展;完善最严格水资源管理制度考核体系,落实水资源、水环境刚性约束措施;严格建设项目水资源论证、节水评价、取水许可、计划用水、水资源有偿使用、节水"三同时"等制度,并继续加强地下水管理;大力开展节水型企业、社区、学校等各类载体创建,实现经济社会发展与水资源、水环境承载能力相协调。各地区坚持以规划为引领,统筹编排节水型社会建设阶段性目标和任务。坚持统筹协调与部门联动相结合,坚持双控与转变经济发展方式相结合,坚持节水防污与保护环境相结合,坚持分类施策和制度创新相结合,坚持政府引导与全民参与相结合,将节水优先理念全面融入和突出体现。编制完成节水型社会建设规划或实施方案,节水管理依据充分,节水管理制度进一步健全。对全县(区)节水工作进行科学规划和任务部署,确定节约用水工作深入推进的具体目标、管理措施、工程任务,制度规定等,为节水型社会建设提供重要的政策依据和技术支撑,有效保障相关工作顺利开展。

定额为据,强化水资源管理工作。转发省、市最新的用水定额文件,进一步提高各用水单位节约用水、科学用水管理水平。以定额为依据,一是建立禁批政策,对不符合国家产业发展政策和列入产业结构调整指导目录中淘汰类的,产品不符合行业用水定额标准的建设项目不予批准。同时,严格控制"两高"(高耗能、高污染项目)和产能过剩项目的取水许可审批,控制新增取水许可。二是建立限批政策,对取用水总量达到或超过控制指标时,暂停审批建设项目新增取水;对取用水总量接近控制指标时,限制审批建设项目新增取水。三是在取水许可审批过程中,依据用水总量控制指标,严格控制用水增量。四是对已获许可的取水企业,因用水规模超过许可量的,重新办理取水许可论证和审批手续。

将不同行业和产品的用水定额和清洁生产定额,作为建设项目水资源论证的重要依据。严格执行《建设项目水资源论证管理办法》,严格建设项目水资源论证环节,对年取水量 10 万 t 以上的地表水取水项目和 1 万 t 以上的浅层地下水取水项目按要求编制水资源论证报告书,低于以上取水规模的取水项目必须编制水资源论证表,并严格执行水资源论证报告审查制度,取水单位申报年度取水控制计划建议中均采用了最新用水定额标准。

按照最新实施的用水定额开展后续取水项目监督管理工作。在取水许可证有效期届满前需办理延续取水许可的,全面组织开展延续取水论证和评估工作,重点评估取水条件、现有产品用水工艺,用水定额是否符合标准。对取水口改建等重要事项发生变化的取水项目均按照用水定额重新开展水资源论证和取水许可审批。强化重点用水单位监管,印发重点监控用水单位名录,每年按时下发取用水计划,结合年度用水总量控制计划和用水户用水需求,核定并下达自来水和自备水用水户用水计划。

（2）加强计划用水管理

结合用水定额核定取水计划。根据非农取水单位申报年度取水控制计划建议,结合区域年度用水总量控制计划、用水定额和计划用水户的用水需求,核定用水计划。按照统筹协调、综合平衡、留有余地的原则,核定计划用水户的用水计划。强化企业计划用水管理,指导企业完善内部定额管理制度和奖惩机制,开展节水技改等节水活动。同时,按照市最严格水资源管理制度考核联席会议关于下达最严格水资源管理制度目标任务的通知,严格执行用水总量等水资源管理目标任务,将辖区内水量及时分解,做到层层落实。

（3）建立完善取水许可监督制度

用水审计。对重点用水企业分期开展用水审计工作,排查企业的取水、用水、节水、耗水、退（排）水等活动合规性、经济性,对生态环境影响进行监督、鉴证与评价,为进一步做好节水工作打下坚实的基础。每年按期开展用水审计工作。对审计过程中发现的问题下达用水审计通知书,督促被审计单位细化整改方案,按期落实整改。

水平衡测试。深入推进水平衡测试工作,用水单位、自建供水设施单位和城市公共供水企业,定期进行水平衡测试。建立健全用水总量统计、监测和考核体系,建设水文和水资源管理信息系统,健全水文、水资源监测站网,完善水量、水质监测设施,建立健全取用水台账。重点计划用水户应每3年开展一次水平衡测试,其他计划用水户应每5年开展一次水平衡测试。要求全区计划用水户提交水平衡测试工作方案,确定水平衡预计完成时间并督促相关企业按时完成定期水平衡测试工作。

建设项目节水"三同时"管理制度。严格按照《关于建设项目贯彻节约用水"三同时"制度的管理规定》的要求,对于新建项目,严把节水评估和节水"三同时"关,提前介入节水工程设计、工程施工环节,规范落实验收程序。在建设项目取水工程竣工试运行期满后的取水许可验收环节中,应出具包括节水"三同时"内容的书面验收意见,验收合格的发放取水许可证,未通过验收的,责令限期进行整改。

(4)实行节水激励和补偿制度

推进农业水价综合改革。按照实施方案制定的目标完成县(区)农业水价改革任务,制定农业水价综合改革农业用水精准补贴政策,明确资金来源、补贴对象、补贴标准与补贴方式等。完成水资源费(税)规范征收。按时足额完成水资源费征收任务,达成水资源费用于水资源管理及节约保护的比例目标。

(5)落实各项水价机制

实行居民用水阶梯水价制度。实施差别化水价,利用价格杠杆调节生活用水,引导居民树立珍惜和节约水资源的意识,形成科学合理的生活用水习惯。深入落实关于全面推进和完善超计划用水加价收费制度的通知,对超计划用水现象实行加价收费制度,有效地引导了节约用水理念,实行了深度节水。及时调整水资源费标准,严格按规定的水资源费征收标准、范围和要求,依法足额征收水资源费,无擅自减免水资源费情况,有效发挥经济杠杆对优化水资源使用的调节作用。

2)提升节水技术体系

立足科学发展和协调发展理念,加快改变经济发展方式,培育现代化水文化意识和水生态文明理念,统筹推进农业、工业、城镇生活等各个领域节水型社会建设,积极构建以新兴产业为主导、先进制造业为基础、现代服务业为支撑、文化旅游业为特色的现代产业体系。在转型升级中不断优化产业结构和空间布局,树立人口、资源、环境相协调的原则,把水资源、水生态、水环境承载能力作为刚性约束,坚持以水定城、以水定地、以水定人、以水定产,实现生态、经济、社会发展的有机统一。

(1)坚持绿色发展理念

加快产业绿色升级,围绕新兴产业、先进制造业、现代服务业、文化旅游业四个大方向,推动能源资源全面节约,持续实施能耗、水耗等总量与强度"双控"行动,全面推进重点领域节能监管,加快传统产业向智能化、绿色化、服务化、高端化转型,努力构建产业链耦合共生、资源能源高效利用的绿色产业体系。强化资源环境准入标准,鼓励新型绿色产业建设,调整现有产业布局,在重点工业项目上试行先进性评估制度;以节水减排为核心,结合转型升级要求,针对用水效率低、水污染严重的落后产能,制定并实施分年度的淘汰方案;在工业转型升级中,大力推广节水环保的新技术、新工艺,广泛应用新材料、新设备,不断增加低耗水、低排放高新技术产业、高端制造业和现代服务业的比重。大力发展现代产业,加快产业转型步伐,增创产业发展新优势,提高经济发展质量和效益。按照生产空间集约高效要求加强园区生态化改造,将水资源要素向园区、科技特区、产业集群倾斜和配置,禁止向"三高两低"项目和不符合产业政策及规划布局的项目供水。改造提升传统产业,加快淘汰落后产能和工艺,以中央和省环保督察问题整改为重点,全面完成整改任务。

(2) 优化产业空间布局

在优化调整经济结构过程中,充分考虑水资源条件和区域水环境容量,不断优化产业空间布局。严格落实产业准入制度,针对区域内各工业园区产业定位,园区内各工业组团应严格按照各自产业定位引进项目,精细化工组团仅允许接纳符合产业政策、符合各工业园区准入条件的化工企业搬迁入区。加快落实最严格水资源管理制度,严格控制水资源消耗总量,实行用水总量控制,强化水资源承载能力刚性约束,促进经济发展方式和用水方式转变;严格控制水资源消耗强度,实行用水效率控制,全面推进节水型社会建设,把节约用水贯穿于经济社会发展和生态文明建设全过程,全面节约和高效利用水资源,为积极推进水利现代化建设提供水资源支撑和保障。

(3) 促进产业结构调整

农业方面,积极调整农业产业结构、区域结构、产品结构和品种结构,以高效节水为原则,限制和压缩高耗水、低产出作物的种植面积,鼓励种植耗水少、附加值高的农作物,因地制宜选育和推广优质耐旱高产品种,推广病虫害绿色防控,减少农药化肥施用量。

工业方面,以食品饮料、医药化工等传统企业为重点,做好高耗水工艺、技术和装备按期淘汰工作。根据《国家鼓励的工业节水工艺、技术和装备目录》《国家成熟适用节水技术推广目录》,支持企业积极应用节水、减污的先进工艺技术和装备,大力推广应用先进节水工艺技术,不断增加低耗水、低排放高新技术产业、高端制造业和现代服务业的比重。实施节能(节水)产品纳税减免优惠政策。提高工业用水重复利用率,建立节水型企业,提高规模以上节水型企业比例。

3)强化节水用水过程管控

加强节水工程项目建设是节水型社会建设的重要内容,其中加强节水载体建设是重要抓手,通过载体建设的带动,可以影响整个行业,从而推进各行业节水减排。各地区在节水型社会建设中,高度重视"节水型企业""节水型单位""节水型学校""节水型社区"等载体的建设力度,采用"以奖代补"的形式扶持用水户参与创建活动,成功培育大量的节水典型。

(1)持续推进农业节水

通过农业水价综合改革,促进了农业节水。灌溉水利用系数持续提高,创建多个省级节水型灌区。小型农田水利工程运行良好,灌排条件明显改善。通过执行水票制,水费实现应收尽收,农民负担合理。完成高效节水灌溉建设,为农业节水灌溉可持续发展奠定了坚实基础。

(2)加快建设工业节水

安徽省动员相关企业开展节水型企业创建。设置奖补政策,对于不同载体通过省、市审定命名的一次性给予5万~10万元奖励,同时对于创建任务完成较好的单位也给予一定金额的奖励。对重点行业企业开展用水定额考核,实施高耗水行业节水专项整治工作,积极推广先进适用的节水技术,加快淘汰落后的用水工艺和用水设备。把高耗水产业纳入已出台的禁止和限制发展产业目录,严格用水定额管理,继续开展化解过剩产能和淘汰落后产能企业专项整治。实施节水载体水资源费优惠政策。提高工业用水重复利用率,建立节水型企业,提高规模以上节水型企业比例。

(3)大力发展城镇节水

推行生态优先的开发模式。积极倡导节水优先,生态优先,根据水资源水环境承载能力,构建科学合理的城镇化布局,严格控制城市规模和人口密度。科学确定城镇开发强度,提高城镇水资源利用效率。按照系统治理、源头减排、过程控制、统筹建设、生态安全的原则,逐步推进海绵城市建设。推进下凹式绿地、渗透铺装、渗透管沟、渗透井、绿色屋面、屋面集水沟等生态工程项目建设。合理规划城市绿地系统,构建城市水生态系统,发挥城市绿地自然积存、自然渗透、自然净化的自然生态效益,实现城市防洪除涝能力综合提升、径流污染有效削减、雨水资源高效利用。

积极保护生态空间,城市规划区范围内保留一定比例的水域面积;新建项目一律不得违规占用水域,严格水域岸线用途管制,留足河道、湖泊地带的管理和保护范围,非法挤占的限期退出。

加强城市节水工程建设,完善供水基础设施建设。优化全区供水管网布局,加快自来水深度处理工程建设,充分释放现状水厂的供水能力,提高供水安全,进一步提高供水水质,建设高水质标准的供水体系。加强对城市管网的维修管理和漏水监测,制定供水管道维修和更新改造计划,加大新型防漏、防爆、防污染管材的更新力度。

积极普及节水器具和技术。按照国家规定推行用水效率标识管理制度。禁止生产、销售不符合节水标准的产品、设备,鼓励生产、使用符合标准的节水器具;推进节水产品企业质量分类监管,以生活节水器具为监管重点,逐步扩大监督范围,推进节水产品推广普及。公共场所和新建民用建筑必须采用节水器具,限期淘汰公共建筑中不符合节水标准的水嘴、便器水箱等生活用水器具;通过不定期开展节水型工艺、设备、器具推荐名录征集工作,鼓励居民家庭选用节水器具,淘汰落后产品。

强化公共用水大户管理。加强机关、学校、小区、宾馆、科研单位、大型文化体育设施等公共用水大户的用水管理。推广节水技术,党政机关、事业单位和社会团体率先推广使用节水型新技术、新材料和新器具;开展绿色建筑行动,加强公共建筑中的中水回用,公共建筑空调普及循环冷却技术;提高车辆清洗、游泳池等城镇生活用水大户的用水重复利用率。

(4)推进非常规水源利用

积极开展雨水、再生水等非常规水源利用。完善再生水利用设施,推进各污水处理厂中水回用设施安装,大力推进非常规水源利用。园林绿化、环境卫生、喷灌、微灌等高效节水灌溉方式,禁止使用自来水。进一步加强雨水收集和利用,鼓励工业企业、住宅小区、学校开展雨水利用工程,规划面积2万 m² 以上的建设项目配套建设雨水收集系统,在年用水量5万 t以上的工业企业、机关、住宅小区、学校等单位推广使用雨水收集。

推广雨洪资源化利用技术。在城市绿地系统和生活小区,雨水直接用于绿地草坪浇灌;推广道路集雨直接利用技术,道路集雨系统收集的雨水主要用于城市杂用水;鼓励因地制宜采用微型集雨系统,对强度小但面积广泛分布的雨水资源加以开发利用。把雨水利用与洼地、公园的河湖等湿地保护和湿地恢复相结合。优先推广城市雨洪水地下渗透回灌系统技术,通过城市绿地、城市水系、交通道路网的透水路面、道路两侧专门用于集雨的透水排水沟、生活小区雨水集蓄利用系统、公共建筑集水入渗回补利用系统等充分利用雨洪水进行地下水渗透回灌。

4)营造社会节水氛围

人民群众的节水意识提高是节水型社会建设的重要成果。因此,在开展节水型社会达标建设过程中,努力培养公众自觉节水的社会行为,大力营造现代节水文化,树立人水和谐的理念,着力提升全社会的水资源意识、水生态意识、水危机意识、爱水节水护水意识,充分发挥公众参与的作用,构建全社会节水型生产方式和消费模式。

（1）开展特色节水宣传

按照目标导向、效果导向要求,以普及节水知识、提升节水意识为出发点,创新宣传内容和方式,先后推出"县委书记谈节水"8篇,《节水江淮行》专题片10期在安徽卫视《第一时间》播出,常态化在中安在线开辟"节水在江淮"专题,营造节水氛围。在"世界水日""中国水周"等关键时间节点,持续在地铁和公交线路、公共场所等投放节水公益广告和节水知识宣传图册,进一步扩大节水宣传的广度和影响力。积极组织参加国家节水宣传相关活动,安徽省向全国节水办报送的节水宣传稿件位居全国前列;"节水中国 你我同行"专题宣传活动综合排行榜全国第三名,7个活动被评为优秀活动,3个活动被评为网络人气TOP活动,入选活动数量为全国第1位;"节约用水 皖美生活"微视频征集展播获全国二等奖。

（2）鼓励和引导公众参与节水行动

完善公众参与机制,加强水情宣传教育,营造节水氛围,增强公众水资源保护意识,大力开展群众性节水减排活动。组织志愿者和网格员们紧紧围绕节水护水主题,通过走访入户,逐门逐户向居民群众发放《节约用水倡议书》,讲解《公民节约用水行为规范》,普及科学节水用水知识,呼吁辖区居民群众认识当前水情,树牢节水理念,合理用水,保护水资源。

7 中小河流健康评价探索

7.1 国内外相关研究进展

在 20 世纪 30 年代早期,Tansley 首次提出了"生态系统"的概念,描述了由生物复合体和环境复合体构成的复合系统。1941 年,Leopold 提倡了"土地健康"的理念,指土地具有自我更新能力。随后,1971 年,联合国教科文组织科学部门启动了"人与生物圈计划",其中将"人类活动对湖泊、沼泽、河流、三角洲、河口、海湾和海岸地带的生态影响"列为研究项目之一。此后,各国政府越来越重视河湖水生态系统的健康问题,例如美国国会于 1972 年通过的《清洁水法》,其中规定了国家控制水污染的目标,旨在恢复和维护国家水体的化学、物理和生物完整性。到了 80 年代初期,"生态系统健康"的概念首次被提出,并引发了国内外学者对该概念的广泛讨论。在 20 世纪 90 年代,国外学者在水生生态系统健康和生态稳定性理论的基础上,首次明确提出了"河流健康"的概念。该概念一经提出,立即成为河流保护与修复领域的研究热点。与生态系统健康概念类似,不同学者对河流健康概念和内涵有不同的理解。

在 21 世纪初,中国学者唐涛等人提出了河流健康的概念,他们的理解与国外学者基本一致,强调从生态系统健康的角度出发,着眼于河流的水质和水生态问题。2003 年,首届黄河国际论坛上提出了"维持河流健康生命"的理念。这一理念不仅关注河流水质和水生态问题,更加重视作为河流健康基本构成要素的"水量",将研究重点从"水质、水生态"扩展为"水量、水质、水生态"的综合考虑,从而为河流健康概念的本土化打下了基础。此后,中国水利工作者结合国内水资源管理实践,就河流健康概念展开了深入细致的讨论,极大地丰富了对河湖水生态系统健康的内涵。2007 年,《水科学进展》组织了一次关于河流健康的大讨论,多位专家提出了各自的观点。刘昌明认为健康的河流表现在其自然功能能够保持在可接受的良好水平,并能够为相关区域的经济社会提供可持续的支持;李国英认为河流健康是指在河流的生命存在前提下,河流的社会功能与自然生态功能能够达到平衡;陈吉余认为从自然河流和社会需求的角度来理解河流健康,二者结合才能实现人与河流的和谐相处;胡春宏认为河流健康的概念应涵盖河道、流域生态环境系统以及流域社会经济发展与人类活动三个方面;文伏波认为健康的河流既应该具备良好的生态环境,也应该造福于人类,实现水资源的可持续利用;董哲仁认为河流健康实质上是河流管理工作的工具,它提供了一种社会认同的标准,在河流生态现状与水资源利用现状之间进行平衡折中,旨在实现河流保护与开发利用的平衡;刘晓燕认为河流健康是相对的概念,不同背景下的河流健康标准实际上是一种社会选择。

随着对生态系统健康理念的深入理解,越来越多的学者认识到在讨论河流健康时需考虑社会、经济和文化等因素,否则将无法全面把握。河流健康概念应该包含人类价值,即认为河流健康既包括河流生态系统自身结构的完整性,也包括正常的服务功能以及满足人类社会发展的合理需求。目前,这种强调人类价值取向的河流健康概念逐渐获得广泛认同。例如,我国的"河湖健康行动计划"明确提出了河流健康的定义:健康的河流是指河流的生态系统和社会服务功能均达到良好状态,并从水文完整性、物理结构完整性、化学完整性、生物完整性和社会服务功能完整性等方面进行评估。

河流水生态系统健康评价是指借助有效的指标和科学的方法,对河流水生态系统的健康状况进行准确的诊断。通过这一评价过程,可以了解河流的健康状况,揭示存在的健康问题,并为河流水生态系统的保护和科学修复提供支撑,最终实现人与自然的协调发展。在这个过程中,评价指标体系和评价方法是研究和实践中的两个重点和难点问题。它们的建立和应用对于全面了解和评估河流健康具有重要意义,是为制定科学的管理和保护策略提供科学依据的基础。

观察国内外河流健康评价指标体系的研究情况,国外通常基于生态分区和水体类型来构建评价指标,以减少时空分异对河流健康参考状态的影响。这些指标大多基于生态完整性,更加强调生物完整性对河流健康的重要作用;相比之下,我国在构建河流健康评价指标体系时具有以下两个特点:(1)更加关注河流的生态服务功能。我国面临着严峻的水资源供需矛盾问题,经济社会用水和生态用水之间的竞争激烈。这种高度的用水竞争凸显了人类社会对河流的开发利用,因此我国在河流健康评价指标中不仅注重维护河流自身的健康,还注重其功能的健康,更加强调人水和谐。(2)更加注重评价指标的可操作性,但仍然有一些指标需要进一步优化。我国的河流水生态监测基础相对薄弱,因此在指标筛选时倾向于充分利用水文、水资源、水质等方面的数据优势。同时,也选择了一些代表性的、监测技术成熟的生态指标,并通过野外调查获得相关数据,有效弥补了我国水生态指标监测的不足。然而,一些指标例如底栖动物完整性指数由于难以确定理想参考点而需要进一步优化。

7.2 河流健康相关理论

7.2.1 河流生态系统的组成、结构和功能

1) 河流生态系统定义

河流生态系统是指流动的河流水体所组成的生态系统,是陆地与海洋相连的纽带,对于生物圈中物质循环起着重要作用。河流是地球上主要的地貌类型之一,汇集和接纳地表和地下径流,连接内陆和大海,被认为是地球的动脉,参与着自然界物质循环和能量流动。根据全国科学技术名词审定委员会的定义,河流生态系统是指河流生物群落与大气、河水和底质之间连续进行物质交换和能量传递,形成结构和功能统一的流水生态单元。这个生态系统的组成包括水生生物、河流水体、河床以及相关的洪泛平原。河流生态系统由陆地河岸生态系统、水生生态系统、相关湿地和沼泽生态系统等一系列互相关联的子系统构成,具备典型的结构特征和服务功能。作为河流内部生物群落和河流环境相互作用的统一体,河流水生态系统是一个开放的、动态的复合系统。

河流生态系统是一种典型的生态系统,由生物和非生物环境两个主要组成部分构成一个统一的整体。非生物环境包括能源(如太阳辐射)、气候因子(如降水、温度、湿度、风等)、基质和介质(如岩石、砂砾、泥土等)以及物质循环的原料(如无机物质和有机化合物)等因素。这些非生物成分是河流生态系统中各种生物赖以生存的基础。生物部分由生产者、消费者和分解者组成。生产者是能够利用简单无机物质合成有机物质的自养生物,主要包括绿色植物、藻类和某些细菌等。这些自养生物通过光合作用将碳水化合物转化为脂肪和蛋白质。消费者是无法利用无机物质合成有机物质的生物,称为异养生物,主要包括浮游动物、鱼类、水禽或水鸟等水生或两栖动物。它们直接或间接地利用生产者制造的有机物质,并在食物链中起着初级生产物质的加工和再生产作用。分解者也是异养生物,主要包括细菌、真菌、放线菌等微生物以及原生动物等。它们逐步将复杂的有机物质分解为简单的无机物质,并最终以无机物质的形式还原到环境中。这些生物和非生物环境因素共同作用,维持着河流生态系统的稳定和健康。它们在河流生态系统中以生态链和物质循环的方式相互联系,实现生物的生长、繁殖和能量的传递,为生态系统

的功能和结构提供支持。

河流的形成是在特定的地质和气候条件下发生的。地壳运动形成了河流的线性槽状凹地,为水流提供了通道,而大气降水则为河流提供了水源。河床与水流的相互作用导致河流的形态特征不断发生变化,主要包括侵蚀、搬运和堆积过程。河流侵蚀会携带流域坡面上的物质,并在中下游堆积形成厚厚的沉积层。当河流发展到一定阶段时,河床的侵蚀与堆积会达到平衡状态,即水流的能量刚好消耗于搬运水中的泥沙并克服所受的阻力。此时,河流既不会继续侵蚀,也不会堆积沉积物。在地质和气候条件相对稳定的情况下,河床的纵剖面通常呈现出光滑均匀的曲线,被称为平衡剖面。然而,一旦条件发生变化,这种平衡状态就会被破坏,河流会向着新的平衡剖面发展。这表明河流的形态和特征是动态变化的,受地质和气候条件的影响。

2)河流生态系统结构和功能

(1)河流生态系统的物理结构

① 纵向结构

虽然河流的类型有多种,但大多数河流的纵向剖面可以概括地分为三个带:源头带(也称为侵蚀带)、搬运带(也称为过渡带)和沉积带。这种划分是根据河流的地貌特征和河床的形态而来的。从源头到河口,河槽与河漫滩的特征变化如图7.2.1所示。

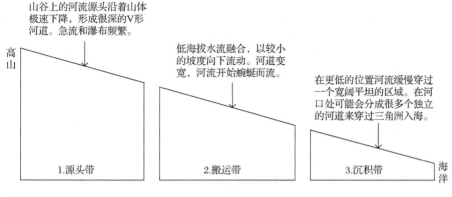

图7.2.1 河流的纵向结构

在通常情况下,源头带位于山区,河流在这里的河床主要由大石块、卵石或裸露的基岩构成。源头带的河床相对较窄,河水流速较大。由于山区地势陡峭,大颗粒泥沙会在陡坡处被冲刷,并随着水流向下游迁移。一般来说,在河流上游地区,人类活动的影响较小,因此水质较为优良。这种相对自然状态使得源头带成为生物栖息地条件良好的地方,也有利于生物多样性的存在。

搬运带(过渡带)通常位于河流的中游,连接着上游的侵蚀带和下游的沉积带。随着河床宽度和河水深度的增加,河水流速逐渐降低。在这个带中,来自上游的大颗粒物质开始沉积。因此,搬运带可以接收上游侵蚀带的部分产物,但大部分细颗粒泥沙仍然随着河水迁移到下游。总的来说,在搬运带中,河流通常能够维持输沙平衡,底质主要由粗沙和细沙组成。同时,搬运带中的流量、水位等水文要素会随着季节发生有节律的变化,这为不同的生物提供了适宜的栖息地条件。与此同时,这个区域内陆生有机质输入的比例会降低,河流生态系统中自养生物生产的有机质比例会增加。

沉积带位于河流的下游,这里的河道比降较小,河道宽阔,水流的流速进一步下降。这种情况下,水体携带的细颗粒泥沙开始大量沉积,因此沉积带成为流域主要的沉积区。沉积带的河床底质主要由细沙或粉沙构成,流量相对稳定。由于河水流速较慢,细颗粒泥沙在这里可以沉积下来。沉积带通常是河流中生物多样性最高的区域,提供了丰富的栖息地。这是因为沉积带的水体较为稳定,沉积物为生物提供了适宜生长和繁殖的条件,吸附营养物质和提供保护。

② 横向结构

在河流的横向剖面上,大多数河流生态系统也包含三个部分,即河槽(Stream channel)、河漫滩(Floodplain)和高地过渡带(Transitional upland fringe),由于土壤类型、洪水频率和土壤湿地不同,不同高度的河漫滩通常具有不同的植物群落,三个部分可以借助结构特征与植被群落来区分,典型的河流横向结构见图 7.2.2 所示。

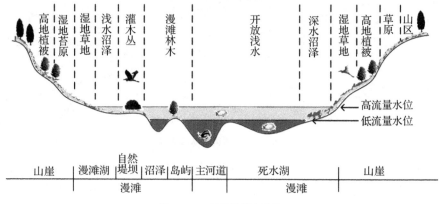

图 7.2.2　河流的横向结构

河槽是指河谷中水流在平水期时所占据的谷底部分。然而,河槽并非一成不变的,随着时间的推移,受到人为因素、风化作用、流水作用、地震等的影响,河槽的位置、宽度和长度都会发生变化。根据形态特征的不同,河槽可以分为顺直型、弯曲型、汊河型、游荡型等不同类型。不论是哪种类型的河槽,大多数河流都表现出交替的、距离均匀的深水区和浅水区,即深潭(Pools)和浅滩(Riffles)。深潭指的是河流中较深的区域,而浅滩则是相对较浅的区域。这种深潭和浅滩的交替分布对河流的水体起到调节和蓄水的作用。

河漫滩是指河道一侧或两侧的地区,在洪水时常常被水淹没,而在其他时段则会露出形成滩地。河漫滩的宽度变化范围非常大,并且发生频率也有很大的变化。河漫滩通常是由河流的横向迁移和洪水漫堤的沉积作用形成的。由于河流的横向环流作用,河谷会展宽形成 V 字形,而冲积物则会积聚形成浅滩。随着浅滩的逐渐加宽,枯水期时会大片地露出水面形成初步的河漫滩,而洪水携带的沉积物则不断沉积下来,逐渐形成了完整的河漫滩。河漫滩可以分为水文河漫滩和地貌河漫滩两种类型。水文河漫滩与基流河槽相邻,通常低于满槽标高,并且大约每 2 到 3年会淹没一次。而地貌河漫滩一侧与河槽相邻,另一侧的地面标高通常按照某一洪水频率下的洪峰标高来划定。

高地过渡带是指河漫滩一侧或两侧的丘陵山地区域,它作为河漫滩和周围景观之间的过渡区或边缘存在,其外围边界通常是河流河谷本身的外围边界。高地过渡带通常没有典型的剖面,而是在不同季节中呈现出变化。河漫滩在丰水季节会被水淹没,具有漫滩植被、天然沼泽和湿地苔原等特征。高地过渡带包括高地植被和山区草原。由于地形的不同,天然的冲积堤主要是通过洪水时的侵蚀和沉积形成的。而不同的植物群落具有特定的湿地耐受性和水分需求,因此呈现出带状分布的特征。

③ 竖向结构

河流生态系统的垂直结构包括河道水体、潜流带(Hyporheic zone)和地下含水层三个部分。其中,河道水体可以进一步划分为表层、中层和底层三个层次。在表层,河水与大气接触面积大,并且由于水流的流动和搅动作用,水气交换良好。尤其是在急流、跌水和瀑布等河段,曝气作用更加明显,导致水体中溶解氧含量较高。这种环境条件有利于偏好富氧水生生物的存活和好气型微生物的分解作用。此外,河水表层受到充足的光照,有利于植物进行光合作用。因此,通常在河水表层可以找到丰富的浮游植物,使得该区域成为河流初级生产力最为集中的区域。在水体的中下层,太阳光照强度随着水深的增加逐渐减弱,水温也逐渐变化,溶解氧浓度降低,浮游生物的生物量也随之减少。由于光照、水温和浮游生物生物量的变化,导致河流中的生物群落逐渐出现分层现象。

潜流带通常位于河流床下,延伸至河流滨河带和两侧的含水沉积物层,是地表水和地下水相互作用的区域。作为地表水和地下水的生态交界带,潜流带具有三个重要特征。首先,它是地下水(通过沉积物的孔隙介质流动)和河道地表水(自由流动)之间的界面。其次,潜流带包括固相(沉积物)、液相(水体)和生物相(微生物群体、无脊椎动物群体)等多相空间。最后,环境因素和生物群落在垂直方向上存在明显的梯度变化特征。

地下含水层是指能够储存和传输相当数量水的岩层或土层,这类具有含水性的岩层通常呈现层状结构,因此被称为含水层。常见的含水层包括砂层、砾石层等。根据地下含水层中的含水空隙形状和特征,可以将其分为不同类型,如孔隙水、裂隙水、喀斯特水等。

(2)河流生态系统的生物结构

生物是河流生态系统的核心组成部分,而生物多样性则是其生物结构中的一个重要属性。作为典型的生态系统,河流生态系统中的生物组成包括生产者、消费者和分解者。然而,河流生态系统也具有其自身的特点。河流生态系统中的生产者主要包括藻类和水生维管束植物。藻类是最主要的生产者,其生产力远高于陆地植物,但其生物量却显著低于陆地植物。水生维管束植物通常分布在河流的滨河带,以挺水植物为主。河流生态系统的初级消费者主要是浮游动物,其种群组成、数量和分布受到营养盐、水温和浮游植物等因素的影响。除了浮游动物之外,河流生态系统中的消费者还包括底栖动物、鱼类、水鸟和水禽等。对于河流生态系统来说,消费者的组成和数量也在一定程度上反映了其生态平衡和健康状态。

根据河流生态系统中的生物群落划分,其生物组成通常可以分为七大类。这七大类包括细菌、藻类、高等植物(大型植物)、原生动物(变形虫、鞭毛虫、纤毛虫等)、微小无脊椎动物[小于 0.02 in(1 in＝2.54 cm),如轮虫、桡足甲壳动物、介形亚门动物、线虫等]、大型无脊椎动物(如蜉蝣等),以及脊椎动物(包括鱼类、两栖动物、爬行动物和哺乳动物)。

河流生态系统中的七大生物类别各具特点。通常情况下,微生物(包括真菌和细菌)以及底栖无脊椎动物能够加速有机物质的分解,尤其是来自外部的落叶等物质。一些无脊椎动物扮演着咀嚼活动的角色,它们通过咀嚼和进食将较大的有机物质,如枯枝落叶,碾压成更小的颗粒物。此外,还有一些无脊椎动物通过滤食较小颗粒的有机物质,或者通过从物体表面刮擦有机物质,或者以底层沉积物为食物。这些进食活动导致有机物质分解,满足它们的生长需求,并成为其他消费者(如鱼类)的食物来源。

没有受到人类活动干扰的自然河流通常拥有丰富的生物多样性。在这些河流中,生产者主要由藻类和苔藓类组成。水生植物通常分布在河流底质适宜且不会受到湍流干扰的地方。而维管束植物则更多地生长在水质良好、水透明度高、底质富含营养、流速平缓的河段。此外,各种形式的微型和大型无脊椎动物也分布在河床的基岩、岩石或卵石底质上。这些动物的存在丰富了河流的生物群落。这些观察可以追溯到1963年Ruttner等人的研究。

河流中的底栖无脊椎动物群落包含了许多不同的生物群系。这些包括细菌、原生动物、轮虫类、苔藓虫类、蠕虫类、甲壳类动物、水生昆虫幼虫、贝类、蚌类、蛤类等。这些无脊椎动物多栖息在河流微生境中,例如植物体、木头碎片、岩层、坚硬底质的空隙裂缝,以及柔软底质(如砾石、沙子和垃圾污物)等。这些无脊椎动物可存在于河流的不同水域层次中,包括水面、水体中部、底部表层以及潜流带的最深处。它们在这些不同的环境中发挥着各自的生态角色。

单细胞生物和微型无脊椎动物是河流中数量最多的两类生物,但是从生物量来看,大型无脊椎动物通常占据绝对优势,它们对于河流生态系统也更加重要。大部分底栖动物长期栖息在河底泥中,具有较强的区域性,在环境污染和变化方面往往缺乏回避能力。底栖动物群落的破坏和重建通常需要较长的时间。此外,大部分底栖动物个体较大,易于辨认。不同种类的底栖动物对环境条件的适应性以及对污染等不利因素的耐受力和敏感程度各不相同。因此,水生昆虫幼虫和甲壳类动物等大型底栖无脊椎动物被广泛用作评估河流健康状况的指示物种。它们能够反映出河流生态系统的质量和受到的干扰程度。

鱼类在河流生态系统中扮演着重要的生态角色,它们往往是最大的脊椎动物,也是水生生态系统中的顶级消费者。河流中的鱼类数量和物种组成主要取决于多个因素,包括它们所处的地理位置、进化历程以及其他内在因素。物理栖息环境是影响鱼类数量和物种分布的重要因素。这包括水流的强度、深度、底质的状况、河道中深槽和浅滩的比例、木头阻碍物和河岸的形态等。对于鱼类而言,合适的栖息环境至关重要。水质条件也对鱼类的生存和繁衍产生重要影响。水温、溶解氧含量、悬浮固体、营养物质、有毒化学物质等因素都会对鱼类产生影响,它们对水质的要求也各不相同。此外,生物间的相互作用对于鱼类群体的形成和稳定也起着重要作用。包括从中获利的关系、捕食和竞争等,这些相互作用可以影响鱼类的分布和物种组成。

河流生态系统的生物结构在不同尺度上呈现出不同特征,包括生物个体、物种、种群、群落和生态系统这五个等级。从保护生物多样性的角度来看,物种层级通常具有更重要的意义。不同的物种对于河流生态系统的正常运行发挥着不同的作用,并对维持系统的生物多样性起到不同程度的重要性。一些物种的存在对于整个生态系统的功能和过程至关重要。一旦这些物种缺失,可能会对整个生态系统造成严重影响,导致生态系统的退化或崩溃。这些物种通常被称为关键物种。在实际的河流生态保护和生态修复中,识别这些关键物种具有重要的意义。通过保护关键物种,可以维护河流生态系统的稳定性和健康状态。

(3) 河流生态系统组成的作用关系

河流生态系统是一个动态的水生生物群落与大气、河水和底质之间进行物质交换和能量传递的生态单元,其结构和功能是紧密相连的。在不同的尺度上,环境因子、环境因子与生物群落以及生物群落内部的关系非常复杂。环境因子主要可分为气候因子和地质因子两类。气候因子包括光照、温度和降水等因素;而地质因子包括构造和岩石岩性等,对流域和水系的发育起着重要作用。此外,地形、植被和土壤等因素也与环境因子密切相关。河段尺度上的环境因子包括水温、泥沙含量、离子浓度、酸碱度、水流条件、底质和断面形态等。在宏观尺度上,环境因子决定了小尺度级别的边界条件和物理过程。流域尺度上的环境因子,如气候、地质、地形、土壤和植被等,控制着河流和河段尺度上的环境因子的表现。可以看出,流域尺度上的气候和地质因子是形成流域和水系的两大独立因素;而地形因子、土壤因子和植被因子则是非独立因子。地形因子受气候因子和构造因子的控制;气候和岩石岩性共同影响植被因子的分布;而土壤则是气候、地质和植被因子共同作用的结果。根据河流系统的尺度效应,流域尺度上的环境因子决定了不同级别河流上各类环境因子的特征。

河流生态系统的复杂性导致了生物群落组成和结构的变化很难单一归因于某个特定的环境因子的变化,通常是多个环境因子共同作用的结果。特定河段上的环境因子直接影响着水生生物群落,并且这些生物群落也会通过反馈作用影响环境因子,例如底栖生物能够改善河道底质条件等。此外,人为因素也会对各个尺度上的环境因子产生影响,并直接或间接作用于水生生物群落。因此,在理解河流生态系统中的生物变化时,需要考虑多个环境因子以及生物与环境之间的复杂相互作用。

(4)河流生态系统的功能特征

河流生态系统的服务功能是指它提供给人类的自然环境条件和效益,这些环境条件和效益是由河流生态系统与其中的生态过程所形成和维持的。随着对生态系统服务功能认知的增加,人们开始意识到河流和湖泊不仅是可以开发利用的物质资源,更是水生生态系统的承载体。它们不仅直接提供物质产品,还具有维持生物多样性、提供景观和娱乐等多种生态服务功能。因此,河流生态系统的功能可以分为两类,即河流生态系统自身功能和河流生态服务功能。河流生态系统自身功能包括河流的物理形态、生物种群和结构、水质对物种迁徙以及能量流动和物质循环的功能。由于河流具有蜿蜒的通道特征和流动性质,它们支持着喜氧性生物的生存。河流的蜿蜒通道和流动特征限制着河床形态,创造了半开放的生境条件,这是生物种群相对稳定的生存区域,也是生物群体之间进行物质循环和能量转化的基础。河流生态系统的自身功能在不同的食物链结构下维持着生物多样性,从而提高了生态系统的自身功能。

随着社会经济的发展和人们生活质量的提高,人们越来越重视河流所提供的生态服务功能。河流的生态服务功能可以理解为它对人类的服务和利益。主要包括四大类功能:第一,提供产品。这包括淡水资源、水力发电、内陆航运、水产品生产以及基因资源等。第二,调节功能。河流可以进行水文调节,输送水资源,控制侵蚀,净化水质,净化空气,以及在区域气候调节方面发挥作用。第三,支持功能。河流对土壤的形成和保持起到支持作用,也为光合作用产生氧气,促进氮循环,参与水循环过程,并提供初级生产力和各种生物生境。第四,文化功能。河流具有文化多样性,具有教育价值,美学价值,文化遗产价值,以及娱乐和生态旅游的价值。因此,我们应该认识到河流生态系统的重要性,并确保对其进行保护与合理利用,以确保人类和自然的可持续发展。

(5)河流生态系统结构功能模型

河流生态系统是一个复杂、开放、动态、非平衡和非线性的系统。要深入了解河流生态系统的本质特征,核心问题在于认识其结构与功能。特别需要研究河流生命系统和生命支持系统之间的相互作用和耦合关系。多年来,国内外生态学家提出了各种河流生态系统结构与功能的概念模型。这些概念模型基于对不同自然区域和不同类型河流的调查,在不同的时空尺度上研究了河流生命系统变量与非生命系统变量之间的相关关系。其中一些代表性的概念模型包括地带性概念模型、河流连续体概念、溪流水力学概念、资源螺旋线概念、洪水脉冲概念、河流生产力模型、流域概念、自然水流范式、近岸保持力概念以及河流生态系统结构功能整体性概念模型等。这些概念模型有助于我们全面了解河流生态系统的结构与功能，促进对河流生态系统的科学研究和保护。

上述概念模型中，河流生态系统结构方面主要研究河流中水生生物的区域特征及其演变规律、流域内的生物多样性、食物链和食物网的构成以及随时间变化的规律，还包括负反馈调节等。而生态系统功能方面则主要考虑不同类型的生物（如鱼类、大型底栖动物、浮游生物和着生藻类）对各种环境因子的适应性，在外界环境因子驱动下的物质循环、能量流动、信息流动、物种演化方式，以及生物生产量与栖息地质量之间的关系等。大多数概念模型主要针对自然河流进行研究，少数模型考虑了人类活动的影响。不同概念模型的空间尺度存在较大差异，涵盖了从流域、河流到河段的不同空间维度，包括河流的纵向、横向和竖向三维空间，以及考虑时间变量的四维。不同模型对环境因子的侧重也有所不同，主要涵盖水文学和水力学两大类参数。尽管这些概念模型各自存在局限性，但它们提供了从不同角度理解河流生态系统的概念框架。

3）河流分类与生态特征

（1）河流分类

河流分类是对河流形成、发育和演变认识的总结，也是深入研究河流发展规律以及进行河流系统保护、治理和修复工作的基础。自 20 世纪初 Cotton 提出河流分类以来，出现了许多不同的分类方法。这些方法包括基于侵蚀旋回假说的河流分类、基于气候区划的河流分类、基于泥沙沉积速率的河流分类以及基于河流平面形态的分类等。总体而言，由于缺乏对河流生物的监测和调查，过去的河流分类方法很少考虑到河流的生态特征。因此，这些分类方法难以揭示河流生态系统的现状和演变趋势。近年来，随着对河流生态系统研究的深入，一些学者开始基于生物群落来划分河流类型，试图揭示典型水生生物与主要环境因子的压力响应关系。这一划分方法能够更好地反映河流生态系统的特征，并为河流保护提供更为科学的依据。

由于河流系统的复杂性和研究出发点的多样性，目前已有的河流分类研究成果分散且不便于系统比较，各自适用范围尚无清晰的界定。尤其是面向生态的河流分类方法研究较少，将河流分类与河流生态特征结合的研究则更加缺乏。按照面向生态的理念,我们亟须了解以下内容:① 不同地质历史时期形成的河流系统的结构特征;② 不同尺度上决定河流独特特征的环境因子;③ 不同河流之间如何在同一分类体系下进行系统比较并找到适当的分类位置;④ 同一类型河流的生物群落结构与时空分布特征;⑤ 河流生态修复的目标和条件;⑥ 不同受损程度的河流应该如何治理和修复等等。所有这些问题的探讨都与河流系统的分类密切相关。

(2)不同类型河流的生态特征

近年来,随着对河流生态系统的深入研究,学者们开始将河流分类与河流生态系统的组成、结构和特征结合起来分析。他们提出了多种分类方法,包括"演绎分类法""归纳分类法"和综合考虑多个因素的河流综合分类方法。在"演绎分类法"中,根据环境特征影响水生生物群落组成的生态假设,通过观察生物群落的组成和分布来检验河流分类对生态系统差异的识别能力。而"归纳分类法"则根据生物群落的组成、结构和特征等方面的差异来进行分类。综合分类法认为河流所处的地理气候、河水补给、地貌条件和河流形态等因素在较大尺度上控制着特征河段的水动力条件、底质特征、河水物理化学特征和河道形态等生境特征,从而最终决定了生物群落的组成、结构和功能。然而,在不同的空间尺度上,各种环境因子对生态系统的影响也存在差异。其中,地理气候因子和地形地貌因子是主要影响河流水生生物群落组成的因素,而河水补给和河流形态仅对个别物种的丰富度和分布产生作用。

① 不同地理气候区河流的生态特征

根据河流所处的地理环境,可以将其划分为四个主要类别:热带亚热带湿润区河流、温带河流、寒带河流和高山高原区河流。热带亚热带湿润区河流的特点是全年水温较高,水量充沛,没有结冰期,河岸带有大型水生植物。这些河流的底质主要是细砾石、沙和黏土有机质。一些代表性的大型水生植物包括芋属、赤箭莎属、田基麻属、水竹叶属、凤眼莲属、水鳖科和隐棒花属。代表性的浮游植物有硅藻门中的舟形藻属、圆筛藻属、根管藻属和角毛藻属,以及甲藻门中的角藻属和原甲藻属。常见的鱼类有鲤科骨唇鱼属和圆唇鱼属、鳅科花鱼属和小吻鱼属,以及斗鱼科斗鱼属。常见的大型底栖动物包括蜉蝣目四节蜉属、襀翅目石蝇属、鞘翅目小划蝽属和毛翅目纹石蛾属。

温带河流的水温年变化幅度较大,有结冰期,水量的变化受降水季节性变化的影响。水流的泥沙含量由地表覆被条件决定。这些河流的水生生物多样性丰富,其中优势种为广温种。代表性的大型水生植物包括驴蹄草属、泽泻科、萍蓬草属、黑三菱属、眼子菜科、毛茛属和芦苇属。代表性的浮游藻类有硅藻门中的曲壳藻属和菱形藻针杆藻属。常见的鱼类有鲤科鲤属、鲫属、鳊属，草鱼属、鲢属和鳙属。大型底栖动物以蜉蝣目和毛翅目为主。

寒带河流全年的水温较低，结冰期长达 5 个月，河道流量较少，流经多年冻土层，河道下切较浅，地表水与地下水的交换较少。寒带河流主要分布耐寒性水生生物。其中，大型水生植物以睡莲科慈姑属、沼生茨属和睡莲属为主。代表性的浮游植物有伊乐藻属、杉叶藻属、轮藻属和狐尾藻属。常见的鱼类有刺鱼科、鲟科、鳅科、八目鳗科和狗鱼科。大型底栖动物以蜉蝣目、横翅目、广翅目和蜻蜓目等为主。

高山高原区的地理位置和气候类型多样，同时存在垂向气候和生态系统分层现象。由于地形的高差，气候在垂直方向上存在明显的变化。一般而言，高山高原河流分布在山脉之间的谷地和平原地带。在这些区域，气候类型可以包括温带、寒带和亚热带。由于高山高原地区气候条件的特殊性，水生生物多为适应极端气候物种和耐盐碱种植物。大型水生植物主要包括苦草、海菜花属、金鱼藻属、莲子草属和灯心草属等。浮游藻类主要包括硅藻门桥弯藻、短缝藻属和舟形藻属。鱼类主要包括鲤科奇鳞鱼属、细鳞鱼属、裸鲤属、沙鳅属和黄瓜鱼属。大型底栖动物主要包括鞘翅目的异翅亚目、毛翅目和双翅目。这些动物在高山高原区的河流中起着重要的生态作用。

② 不同水源补给类型河流的生态特征

河流的水源补给方式多种多样，包括冰川融雪补给、雨水补给和地下水补给等。根据不同的地理环境，各类河流的主要补给方式有所不同。热带亚热带湿润区河流主要依靠降水和地下水补给。这些河流经常降雨充沛，同时地下水资源也比较丰富。温带河流主要依靠冰川融雪补给和雨水补给。这些河流在冬季会有结冰和融雪的过程，而在其他季节则主要依靠雨水补给。寒带河流主要依靠冰川融雪补给。由于这些河流所处的地区气温较低，冰川的融雪水成为主要的水源补给。高山高原区的部分河流以湖泊和沼泽作为水源补给。这些河流的水量、流速和水质均受到补给湖泊和沼泽条件的影响。由于地形较为平坦，流量的变化范围较小。因此，不同类型的河流在水源补给方式上有各自的特点，而这些补给方式受到气候、地表覆被和地形等因素的影响。

③ 不同地貌条件河流的生态特征

有些河流流经岩溶地貌区，由于水流的侵蚀作用，加速了岩溶地貌的形成和发展,水流渗透到地下形成了丰富的地下水系。由于水体中的离子浓度较高,喜碳酸钙物种在这些河流中广泛分布。而对于流经黄土高原地貌区的河流来说,由于黄土颗粒小且松散易于侵蚀和搬运,导致水流中的泥沙含量较高。这使得水体透明度下降,底质富含细砂,营养相对贫瘠,减少了底栖生物的生存空间。这也导致了底栖生物的多样性较低,影响了整个河流生态系统的生物多样性。对于寒带河流而言,由于存在多年冻土层,河流的下切深度一般不大,峡谷型河流较少见。这些河流的底质主要由碎屑质组成,大小混杂,缺乏分选。滨河带缺乏大型维管束植物的分布,而苔藓类植物则广泛生长。

④ 河道形态与生态特征

顺直型河流出现在岸边受到横向侵蚀限制的区域,这种型态通常是受到外力或其他因素的影响而形成的。相比之下,弯曲型河流是最常见和稳定的河流类型,其断面形态通常包括凸岸浅滩和凹岸弯曲处的冲刷型深潭。浅滩为水生生物如鱼类提供觅食和产卵场所,而深潭则通常充当营养物质的贮存区和鱼类的庇护所。网状河流的水量相对稳定,而游荡型河流则表现为沙洲密布、流路散乱,甚至多条河道交错交汇,其冲淤变化程度剧烈。

7.2.2 相关基础理论

河流健康评价涉及河流物理结构完整性、水文完整性、化学完整性、生物完整性、社会服务功能完整性等多个方面,各个方面都有相应的理论支撑(图 7.2.3)。

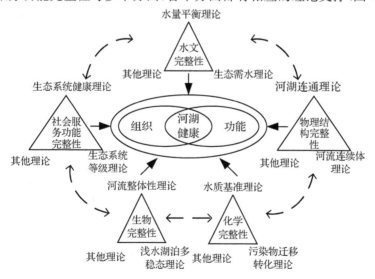

图 7.2.3 河流健康评价理论基础示意图

1）水量平衡理论

水文科学中的水量平衡理论是基础理论之一。在流域或区域尺度上，水量平衡理论通常有三个方面的含义：首先是降水径流平衡，即降水量与蒸发量、径流量之间的平衡，这反映了整个流域或区域的水量平衡关系，也是水文循环中水量平衡的体现；其次是水资源的供需平衡，这是对流域内已经形成的水资源数量收支平衡关系的机理性认识和描述，即来水量（水资源量）与用水量、排水量之间的平衡；最后是水资源的供需平衡关系，即自然条件下可供给的水资源量与社会经济环境对水资源的需求之间的平衡。在自然条件下，河湖主要通过降水、地表水入流、冰雪融水、地下水入流等方式集水；而水量损失的途径主要包括蒸散发、地表径流、地下水排泄和人工取水等。

保障充足的水量供给是维持河湖健康的基本条件之一。对于健康的河湖而言，水文完整性是必要的，这意味着它能够进行正常的水文循环，并保持自身的水量平衡。具体而言，对于一个健康的河流来说，在不同水文年份，尽管同一断面的径流量会有一定的差异，但丰水年、平水年和枯水年对应的径流量应该相对稳定，不会出现明显的径流量减少、流速减缓或水位下降现象。对于一个健康的湖泊来说，多年平均的水量输入和输出应该相等，不会出现明显的水位下降或面积缩小现象。作为水文科学中最基本的理论之一，水量平衡理论为生态需水理论等提供了基础，并为评估河湖健康时筛选水文水资源属性层指标提供了支持。

2）生态需水理论

生态需水是指在特定的生态目标下，为了维持特定时空范围内生态系统水分平衡所需的总水量。维持生态系统水分平衡所需的水包括保持水热平衡、水沙平衡、水盐平衡等方面的内容。生态系统作为一个有机体，具有一定的自我调节功能。因此，为了维持生态系统的健康，所需的水量不是一个固定点上的数值，而是在一定范围内变化的，这个变化范围构成了生态系统水分需求的阈值区间。

最小生态需水量是指维持生态系统物质和能量输入输出平衡所必需的最低水分状况。当水量满足最佳生态需水量时，生态系统的生产潜力将得以最大化。然而，如果水分条件超过生态需水量的上界，过多的水分反而可能抑制生态系统的健康发展。因此，为了实现生态目标和保护生态系统，必须综合考虑生态需水的阈值，并根据实际情况进行控制和调整。对于河流等流动水生态系统来说，流量和流速等水文指标是系统构成、结构和功能的决定性因素，因此，在讨论河流生态系统的健康状况时，通常需要描述和刻画生态流量；对于湖泊等静水生态系统来说，水位及其波动过程是决定性因素，因此，通常描述和刻画生态水位。因此，生态需水理论为河湖生态系统的保护、修复和健康评估指标的选择奠定了基础。

3) 河湖水系连通理论

河流和湖泊是水系中最基本的组成要素，而水库和沼泽也可以视为某种形式的湖泊。水系的连通性是指水体之间的相互连接。水系的连通性包含两个基本要素：首先，需要有足够的水流以满足一定的需求；其次，需要有水流之间的连接通道。判断连通性好坏的关键在于两个条件：水流在满足一定需求的情况下是否连续不断，以及连接通道是否保持畅通。事实上，河流是水系的主要组成部分，水系完全可以由各种大小的河流构成。湖泊在水系中充当着连接、转换和蓄水的角色，而水库则是人工建设的一种湖泊形式。水系的连通性是自然存在的，否则就无法构成水系。通过自然和人为手段，包括修建人工河道、水库、闸坝等，调整水系中河流与河流、河流与湖泊(湿地)、湖泊与湖泊之间的连通关系，可以有效地维持水系的连通性，增强水系对环境变化的适应能力。这样可以确保水系的长期稳定存在，并持续为经济社会发展提供清洁的淡水资源。

水系的连通性主要取决于流域或区域的水循环背景条件和过程，同时也与水系的结构形式(如树状水系、网状水系等)以及水系特征参数(如河网密度、湖泊覆盖率等)相关。举个例子，南方平原的河网区域由于湖泊分布广泛、河流纵横交错，其连通性相对于北方缺水地区经常出现断流的水系而言自然要好。这种差异是水循环下垫面因素和长期区域气候因素综合影响的结果。维持水系的连通性实质上是要确保河流水体的流动性和连续性，发挥湖泊水体的调蓄能力和生态效益，实现河流的健康和可持续利用，从而实现水系的长期稳定存在，并达到良性水循环的综合目标。

4) 河流连续体理论

河流连续体概念(River Continuum Concept，RCC)强调了河流生态系统的结构和功能与整个流域的一致性。该概念认为，沿着河流从源头到下游的方向，不仅物理变量如宽度、深度、流速、流量和水温等会发生空间连续变化，生态系统中的生物学过程与物理体系的能量耗散模式也会保持一致。同时，沿着河流纵向，生物群落的结构和功能也会随有机物数量和时空分布的变化而发生变化。该概念首次描述了河流不同河段的结构和功能，由于源头、中游和下游河段的非生命环境特征不同，有机物质的分布以及不同能量级别上生物链的生物分布和组成也会不同。河流连续体概念的提出对河流生态学理论产生了重大发展，使得我们能够对河流系统的特征和变化进行预测。

在河流连续体概念(RCC)的基础上，我们可以将河流生态系统描述为一个四维系统,包括纵向、横向、竖向和时间尺度的生态系统。(1)纵向:河流是一个线性系统,从河源到河口的过程中,会发生物理、化学和生物方面的变化。沿着上中下游河道,生物物种和群落会不断地进行调整和适应,以适应不同的物理条件变化。(2)横向:横向指的是河流与周围区域如河滩、湿地、死水区、河岸等之间的流通性。当存在堤防、硬质护岸等阻碍水流、营养物质和泥沙等在河流周围扩散时,就形成了一种侧向的非连续性。这会导致岸边地带和洪泛区的栖息地特性发生改变,从而可能导致河流周围区域的生态功能退化。(3)竖向:竖向与河流相互作用的垂直范围不仅包括地下水对河流水文要素和化学成分的影响,还包括生活在下层土壤中的有机体与河流的相互作用。人类活动对河流生态系统的影响主要体现在不透水材料的应用上,例如不透水的混凝土或石块作为护坡材料或河床底部材料,割断了地表水与地下水之间的通道,也限制了物质的流动。(4)时间:河流生态系统是一个动态的系统,其演进是随着时间和空间中的降雨、水文变化以及潮汐等条件而扩张或收缩的。水域生境的变化性、流动性和随机性表现为流量、水位和水量的周期性变化和随机变化,也可以通过河流淤积和形态的变化、泥沙淤积和侵蚀的交替变化来观察,这会引起河势的波动。

河流系统不仅仅是一个从上游到下游的连续体,还与河漫滩、河床等在横向和竖向上产生联系,并且随着时间发生动态演变。在进行河流健康评价的过程中,我们需要充分了解河流的这些基本特性、联系规律和变化特征,以促进对河流生态系统的理解,并促进河流的可持续管理。

在进行河流健康评价时,一方面应该尊重河流的自然属性,分析上、中、下游不同位置的自然流量、水质、物种和基质等特征。另一方面,我们还应该充分了解河流所处的流域环境,根据河流自身的演变规律和所处环境来进行河流健康评价。评价指标的选择应根据河流自身的客观规律和状态,避免使用统一的指标和标准对不同的河流进行健康评价。

5) 水质基准理论

水质基准是指在一定的自然特征下,水质成分对特定保护对象不会产生有害影响的最大可接受浓度水平或限度。实际上,水质基准并不是单一的浓度或剂量,而是针对不同保护对象而设定的一系列范围值。一些发达国家已经进行了几十年的水质基准研究,并形成了较为系统的研究体系。而我国的水质基准研究在近几年才开始。

水质基准涉及的水体污染物包括重金属、非金属无机污染物、有机污染物以及一些水质参数,如 pH、色度、浊度和大肠菌群等。"水质基准"和"水质标准"是两个不同的概念,但二者之间存在密切关系。"水质基准"是一个自然科学的概念,是通过科学实验和推论得出的客观结果。获得准确的基准资料需要长期进行大量细致的研究工作,由于研究介质和对象的可变性,以及研究方法的差异性,因此基准结果往往具有一定的不确定性。"水质标准"则由国家(或地方政府)制定,是关于水体污染物允许含量的强制性管理限值或限度。水质标准具有法律强制性,是环境规划和管理的法律依据,体现了国家或地区的环境保护政策和要求。

根据不同的保护对象,水质基准主要分为保护水生生物水质基准和保护人体健康水质基准,并且在理论和方法学上存在一定差异。水生生物水质基准是指水环境中的污染物浓度,在该浓度下对水生生物不会产生长期或短期不良或有害效应的最大允许值。在国际上,美国和欧盟是两个具有代表性的水质基准体系。美国的水质基准指南采用毒性百分数排序法,属于双值基准体系。该体系通过将水体中的污染物浓度与其对生物的毒性进行排序,来确定最大容许浓度。欧盟的水质基准形成过程则是通过推导预测无效应浓度,从而最终确定水质基准。水质基准理论为水质和水生态指标的筛选和评价标准的确定提供了理论基础。它对于保护水体生态系统和维护人体健康至关重要。

6) 水体中污染物的迁移转化理论

污染物的迁移和转化是指当污染物在环境中发生空间位置变化时,通过化学、生物或物理作用,改变其形态或转化为另一种物质的过程。迁移和转化是两个相互联系但又不同的过程,并常常同时进行。在河湖水体中,主要的污染物可以分为四类:无机无毒物(如无机盐、氮磷等)、无机有毒物(如重金属、氰化物等)、有机无毒物(如易降解有机物、蛋白质等)和有机有毒物(如农药等)。这些污染物的迁移形式包括机械迁移、物理化学迁移和生物迁移等,而转化形式则主要包括氧化还原、络合水解和生物降解等方式。

当污染物被排入河流后,在沿流方向下游流动的过程中,受到稀释、扩散和降解等作用,污染物的浓度逐渐减少。污染物在河流中的扩散和分解受到流量、流速和水深等因素的影响。大河和小河在纳污能力上存在很大差异。湖泊和水库的贮水量较大,但水流一般较缓慢,因此对污染物的稀释和扩散能力较弱。污染物不能迅速与湖泊或水库的水混合,容易在局部区域形成污染。当湖泊和水库的平均水深超过一定深度时,由于水温变化,湖泊(或水库)水体会形成温度分层,季节变化时可能发生湖水翻转现象,即湖底的污泥会浮到水面上。

污染物进入河湖并在其中迁移转化,在很大程度上影响着河湖水质,而河湖水质与河湖系统的健康状况密切相关。河湖水体中污染物的迁移转化规律为筛选水质指标提供了基础。

7）河流整体性理论

生态系统是由生物群落与其环境在一定空间范围内组成的,借助于功能流(物种流、能量流、物质流、信息流和价值流)而形成的统一整体。生态系统具有以下特点:① 生态系统是实体存在的,具有时间和空间的概念;② 以生物为主体,由生物和非生物成分组成的完整整体;③ 生态系统处于不断变化的动态状态,其过程就是系统的行为,反映了生态系统的多种功能;④ 生态系统能适应和调控变化(干扰),无论是来自系统内部还是外界。

河流生态系统是生态系统的一个重要类型,具备生态系统的基本特征。河流生态系统是一个复杂的系统,它包括底栖动物、浮游植物、浮游动物、鱼类等生物组成部分,以及气候条件、水文条件、地形条件、水环境条件等非生物因素,这些生物和非生物因素相互影响、相互作用。河流生态系统从源头延伸至河口,包括河岸带、河道、与河岸相关的地下水、洪泛区、湿地、河口以及受淡水输入影响的近海环境等。对于一个完整且健康的河流生态系统来说,不仅包括水体子系统,还应包括影响水体的水陆缓冲带子系统和陆域子系统,这三者通过水文循环相互作用构成了一个不可分割且统一的整体。

在对河流进行研究的过程中,早在 20 世纪 80 年代之前,研究主要集中在河流的水质和生物等单一因素方面,很少以生态系统的整体性概念进行研究。然而,随着 90 年代的到来,不论是关于河流生态需水的研究还是河流的保护和修复研究,开始关注河流的整体结构和功能。因此,在进行河流健康研究时,需要以河流整体性理论为指导,在系统水平上进行研究,将河流水体、岸带和陆域作为一个统一的整体进行考虑。在选择河流的水文指标时,不仅要考虑水体本身的状况,还应考虑河岸带植被对河流健康的影响,选择能够反映河岸带健康状况的指标。

8）浅水湖泊多稳态理论

浅水湖泊是指那些夏季不分层、并且能够在健康状态下大面积生长水生植物的湖泊。与深水湖泊不同的是,浅水湖泊的上下水体经常混合,泥水界面相互作用非常强烈,水生植物对湖泊功能有着重要的影响。

在相同的环境条件下(例如气候、水文、外部营养负荷等),一个浅水湖泊有时可能处于某一状态,而有时可能处于与之完全不同的状态,这被称为浅水湖泊生态系统的多重稳定性现象。浅水湖泊通常存在两种稳定状态:(1)清水稳态:水体中有大量沉水植物覆盖,水质清澈;(2)浊水稳态:沉水植物覆盖度较低甚至消失,浮游植物占主导地位,水质混浊,夏季可能出现蓝藻水华暴发等现象。

　　这两种稳态类型都具有相对稳定的特性,符合生态系统对变化的抵抗能力和保持平衡状态的要求。在一定的营养水平下,沉水植物的存在与否决定了稳态类型,这一现象可以通过图 7.2.4 直观地描述。从图中可以看出,当清水稳态向浊水稳态转换时,营养盐浓度逐渐增加,当达到临界浓度时,水体浑浊度增加,沉水植物数量迅速减少,这个临界点被称为"灾变点"。相反,当浊水稳态向清水稳态转换时,营养盐浓度逐渐降低,当达到临界浓度时,浮游植物浓度减少,而沉水植物开始增加,这个临界点则被称为"恢复点"。灾变点和恢复点是两个分离的点,清水稳态和浊水稳态之间有着可选择的状态范围,该范围位于灾变点和恢复点之间。

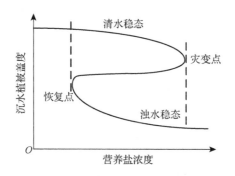

图 7.2.4　湖泊清水稳态与浊水稳态的转化关系

　　不论是拥有沉水植物优势的清水稳态还是拥有浮游植物优势的浊水稳态,都表现出一定程度的稳定性,具备自我调节、自我修复和自我延续的能力,以应对环境干扰所带来的影响和破坏。这两种稳态都能够承受一定程度的外界压力,并通过自身的调节机制来恢复相对平衡状态。然而,超过一定限度,生态系统的自我调节机制会降低或失效,稳态受到破坏,这个限度被称为"稳态阈值"或"稳态极限"。湖泊多稳态理论为制定评价指标的分级标准提供了理论依据。

9) 生态系统健康理论

　　生态系统的健康状态是指系统中物质循环和能量流动未被破坏,关键的生态成分和有机组织保持完整无损、没有疾病,对于长期或突发的自然或人为干扰具备弹性和稳定性,整体功能呈现多样性、复杂性和活力。作为典型的自然—经济—社会复合系统,河湖的健康是其可持续性的基础。为了长期地维持或支持河湖生态系统内部组成部分、组织结构和功能的动态健康和进化发展,必须实现其生态合理性、经济有效性和社会可接受性,从而有助于实现流域或区域的可持续发展。因此,不仅需要将生态、经济和社会三个要素进行整合,还需要考虑不同的保护目标和管理条件对河湖生态过程、经济结构和社会组成的动态变化所带来的影响,以有利于维持河湖系统的连续性。

生态系统健康评价指标是用来推断或解释生态系统其他属性的相关变量或组成部分,并提供生态系统或其组分综合特性或概述的指标。最典型的情况是通过单一的生态系统指标来推断多个属性,对于任何基于生态系统的有效管理和评估计划来说,关键是将生态系统健康评价指标的数量尽量减少到一个可以控制和操纵的水平上。确定生态系统指标的目的是提供一种简便的方法,精确地反映生态系统的结构和功能,辨识已经发生或可能发生的各种变化,特别是具有早期预警和诊断价值的指标。理论上讲,生态系统非常复杂,单一的观测或指标无法全面准确地描述这种复杂性,需要多种类型的观测和评估要素。实践中,通过增加观测和指标的数量可以增加获取信息的可能性。因此,构建既具备科学性又具备可操作性的评价指标体系是生态系统健康评价的核心问题。

10) 生态系统的等级理论

生态系统等级理论认为所有的生态系统都属于特定的等级,并具有一定的时间和空间尺度。对于水生态系统如河湖等,等级理论能够解释不同尺度内存在的组成部分如何与其他尺度的组成部分相互联系。由于等级理论在研究多个时空尺度下的格局和过程、理解和预测复杂生态系统的结构和功能方面具有优势,在景观生态学中越来越受到关注,并成为解释尺度效应和构建多尺度模型的重要基础。尤其是等级理论极大地提高了生态学研究中对尺度的敏感性,对于加深对尺度重要性的认识和理解,以及发展多尺度景观研究方法起到了显著的推动作用。

生态系统等级理论可用于对河流进行分级,通过建立扰动和恢复的连续性生态敏感区来划分不同空间尺度的河流系统,如流域、河流、河区、河段、生态区和微生态区等。由于研究对象在等级和尺度上具有明显的优势,河流健康评价应强调等级和尺度的概念,以把握流域等级系统以及不同等级系统之间的关系。生态系统等级理论表明,河段的健康评价指标在流域或河流尺度上可能失效,反之亦然。因此,在选择河流健康评价指标时,需要充分考虑和分析评价指标的内涵及其所针对的对象。

7.3 河流健康评价指标体系及评价方法

7.3.1 河流健康概念内涵界定

基于国内外对河流健康定义的理解,结合我国河流健康评价的实践需求及河流健康保障工作现状,在已有成果的基础上,提出我们对于河流健康的理解。所谓健康的河流是指在一定程度的人类活动干扰下,河流生态系统具有恢复力和活力,能够保持系统组分间的动态平衡和结构稳定,能够可持续地发挥其生态功能,并能够满足人类社会的合理需求的状态。

7.3.2　评价指标筛选原则

河流生态系统是由河流内的生物群落和其生态环境共同构成的动态平衡系统。在河流生态系统中,生物群落与其生存环境以及不同种群之间进行着物质交换和能量流动,处于相互作用和相互影响的动态平衡状态。构建河流健康评价指标体系应充分考虑河流地理位置、生态系统结构和功能等特征,并遵循以下原则:

(1)科学性原则:指标的概念必须明确,具有科学内涵,能客观反映河流的物理、化学和生态状况的基本特征。指标应能准确衡量人类活动对河流生态环境的影响程度,科学地反映河流的整体健康水平。

(2)代表性原则:选择的指标要有代表性,能够充分反映河流生态系统的状况,并得到广泛应用和验证。指标应具有丰富的信息量和较强的综合性能,能够代表河流生态系统的状态。

(3)独立性原则:所选指标应具有独立性,避免冗余,以提高评价的准确性和科学性。指标之间的选择应相互独立,互不重复。

(4)简明和可操作性原则:所选指标应概念明确,易于理解。评价数据和资料应易于获取,指标的采集、测定、计算和分析应简便方便。

以上原则有助于构建一个科学、综合、准确和可操作的河流健康评价指标体系。

7.3.3　指标筛选方法

指标体系是河流健康评价的基础,指标体系的科学性、合理性和有效性,直接决定了河流健康评价结果的可信度。由于河流类型、功能及评价尺度等方面的差异,在构建评价指标体系时,能否找到最基本的、易于理解和观测的、可操作性强的关键指标来体现河流健康的总体状况,是河流健康评价的关键。

根据上述河流健康评价指标的筛选原则,结合我国河流健康评价的实践,按照《河湖健康评价指南(试行)》确定健康评价指标体系并进行河流健康评价。

7.3.4　研究区河流健康评价指标体系

1)指标体系及权重分配

河流健康评价指标体系采用目标层、准则层、指标层3级体系(见表7.3.1)。从"盆"、"水"、生物、社会服务功能等4个准则层对河流健康状态进行评价。根据

《河湖健康评价指南(试行)》,采用分级指标评分法,逐级加权,同时考虑必选指标权重大于备选指标,最终确定健康评价指标体系由 11 个指标组成(见表 7.3.2)。

表 7.3.1　河流健康评价指标体系

目标层	准则层		指标层	含义	指标类别
河流健康	"盆"		河流纵向连通指数	根据单位河长内影响河流连通性的建筑物或设施数量评价,有生态流量或生态水量保障,有过鱼设施且能正常运行的不在统计范围内	备选指标
			岸线自然状况	从河岸稳定性和岸线植被覆盖率两个方面评价河流岸线健康状况	必选指标
			河岸带宽度指数	单位河长内满足宽度要求的河岸长度	备选指标
			违规开发利用水域岸线程度	涉及入河排污口规范化建设率、入河排污口布局合理程度、河流"四乱"状况三个方面	必选指标
	"水"	水量	生态流量/水位满足程度	计算 4~9 月及 10~3 月最小日均流量占相应时段多年平均流量的百分比/计算河流逐日水位满足生态水位的百分比	必选指标
			流量过程变异程度	计算评价年实测月径流量与天然月径流量的平均偏离程度	备选指标
		水质	水质优劣程度	水样的采样布点、监测频率及监测数据的处理应遵循 SL 219 相关规定,水质评价应遵循 GB 3838—2002 相关规定	必选指标
			底泥污染状况	底泥中每一项污染物浓度占对应标准值的百分比进行评价	备选指标
			水体自净能力	选择水中溶解氧浓度衡量水体自净能力	必选指标
	生物		大型底栖无脊椎动物生物完整性指数	通过对比参考点和受损点大型底栖无脊椎动物状况进行评价	备选指标
			鱼类保有指数	评价现状鱼类种数与历史参考点鱼类种数的差异状况	必选指标
			鸟类状况	评价鸟类的种类、数量	备选指标
			水生植物群落状况	对断面区域水生植物种类、数量、外来物种入侵状况进行评价	备选指标
	社会服务功能		防洪达标率	评价河流堤防及沿河口内建筑物防洪达标情况	备选指标
			供水水量保证程度	一年内河流逐日水位或流量达到供水保证水位或流量的天数占年内总天数的百分比	备选指标
			河流集中式饮用水水源地水质达标率	达标的集中式饮用水水源地(地表水)的个数占评价河流集中式饮用水水源地总数的百分比	备选指标
			岸线利用管理指数	河流岸线保护完好程度,从岸线利用率和已利用岸线完好率两个方面进行评价	备选指标
			通航保证率	正常通航日数占全年总日数的比例	备选指标
			公众满意度	评价公众对河流环境、水质水量、涉水景观等的满意程度	必选指标

表 7.3.2 健康评价指标体系

目标层	准则层		准则层权重	指标层	指标层权重
河流健康	"盆"		0.2	岸线自然状况	0.5
				违规开发利用水域岸线程度	0.5
	"水"	水质	0.3	水质优劣程度	0.4
				底泥污染状况	0.2
				水体自净能力	0.4
	生物		0.2	大型底栖无脊椎动物生物完整性指数	0.25
				鱼类保有指数	0.3
				鸟类状况	0.25
				水生植物群落状况	0.2
	社会服务功能		0.3	岸线利用管理指数	0.4
				公众满意度	0.6

2) 评价方法与评价标准

评价等级是河流生态环境综合状况的表征,基于评价指标分类标准。河流健康分为五类:一类河流(非常健康)、二类河流(健康)、三类河流(亚健康)、四类河流(不健康)、五类河流(劣态)。河流健康分类根据评估指标综合赋分确定,采用百分制,河流健康分类、状态、赋分范围、颜色和 RGB 色值说明见表 7.3.3。

表 7.3.3 河流健康评价分类表

等级	类型	赋分范围	颜色	RGB 色值
一类河流	非常健康	$90 \leqslant RHI \leqslant 100$	蓝	0,180,255
二类河流	健康	$75 \leqslant RHI < 90$	绿	150,200,80
三类河流	亚健康	$60 \leqslant RHI < 75$	黄	255,255,0
四类河流	不健康	$40 \leqslant RHI < 60$	橙	255,165,0
五类河流	劣态	$RHI < 40$	红	255,0,0

评定为一类河流,说明河流在形态结构完整性、水生态完整性与抗扰动弹性、生物多样性、社会服务功能可持续性等方面都保持非常健康状态。

评定为二类河流,说明河流在形态结构完整性、水生态完整性与抗扰动弹性、生物多样性、社会服务功能可持续性等方面保持健康状态,但在某些方面还存在一定缺陷,应当加强日常管护,持续对河流健康提档升级。

评定为三类河流,说明河流在形态结构完整性、水生态完整性与抗扰动弹性、生物多样性、社会服务功能可持续性等方面存在缺陷,处于亚健康状态,应当加强日常维护和监管力度,及时对局部缺陷进行治理修复,消除影响健康的隐患。

评定为四类河流,说明河流在形态结构完整性、水生态完整性与抗扰动弹性、生物多样性等方面存在明显缺陷,处于不健康状态,社会服务功能难以发挥,应当采取综合措施对河流进行治理修复,改善河流面貌,提升河流水环境水生态。

评定为五类河流,说明河流在形态结构完整性、水生态完整性与抗扰动弹性、生物多样性等方面存在非常严重问题,处于劣性状态,社会服务功能丧失,必须采取根本性措施,重塑河流形态和生境。

7.4　典型河流健康调查监测示例

古洛河是窑河左岸支流,源于朱巷镇东许村,经三里河水库,西行过瓦东干渠,至朱巷镇镇北村往北,经左店镇代集村右纳永丰水库来水,于左店镇陆桥社区入窑河,河道干流全长 32.91 km,流域面积 163 km²。古洛河流经水湖、朱巷、左店三个乡镇,涉及朱巷镇东许村、柘塘村、七里村、三里河水库、陈庄村、朱巷村、梁山村、镇北村,左店镇梁埝村、凤凰村、梁曹村、韩庄村、代集村、高阁村、陆桥村,罗塘乡鲁周村,水湖镇李杨村。古洛河开发利用程度较高,主要为农业用水,水功能区划为开发利用区,2020 年管理目标为 IV 类,2030 年管理目标为 III 类。

根据准则层及指标层性质,开展"盆"、"水"、生物、社会服务功能各项指标数据的调查监测工作,采用实地调查、监测分析、无人机航测、历史资料收集、公众问卷调查等方式获得相关数据资料。

7.4.1　监测点位布设

根据河流健康评价体系,为准确反映河岸带及河道现状,监测点位按照规范要求,同时兼顾随机性和代表性原则,根据岸线地形地貌变化以及采样的便利性和安全性等,确定 2 个监测点位,用于水质准则层中,底泥污染状况、水体自净能力指标的监测评价;生物准则层中,大型底栖无脊椎动物生物完整性指数、鱼类保有指数、水生植物群落状况指标的监测评价。

表 7.4.1　监测点位位置坐标表

序号	监测河流	监测点位	经度	纬度
1	古洛河	高庄西 600 m	117°11′21.1″E	32°25′51.0″N
2		杜户东南 480 m 桥下	117°10′30.2″E	32°22′2.3″N

7.4.2　专项勘察调查监测

1）专项勘察方案

根据河流健康评价指标要求,进行实地勘察,开展资料与数据收集,现将查勘内容与方案简述如下:① 掌握、熟知河流的位置与岸线管理范围;② 核对河流监测点位坐标、管理范围内"四乱"等情况;③ 采用无人机航拍、ENVI、ArcGIS 及卫星定位软件处理等手段,收集河流"盆"、"水"、生物、社会服务功能方面涉及河道现状的各项资料;④ 开展水域、岸线实地调研,向当地居民发放、回收满意度调查问卷,并向当地水务(利)局、河长办、生态环境分局、农业农村局、住建局等部门收集河流健康评价相关资料。

2）专项调查方案

根据河流健康评价指标的评估要求,系统收集以下方面的历史数据及统计数据:① 基础图件。包括流域水系图、地形图、流域行政区划图、流域水资源分区图、流域水功能区区划图、流域土壤类型图、流域植被类型图、流域土地利用图等基础信息图件等;② 国民经济统计数据。收集流域社会统计数据,包括人口、畜禽养殖、土地利用、废污水及主要污染物排放量等方面的统计数据;③ 水文及水资源数据。收集河流特征数据,流域历史水文监测系列数据,水资源开发利用统计数据,水工程设计及管理运行、水资源综合规划等方面的资料;④ 水质历史监测数据。系统收集河流水质监测断面监测数据,包括水化学特征监测评估数据、水污染监测与评估数据、营养状况监测评估数据等;⑤ 水生生物历史调查监测数据。收集河流生物监测评估数据,包括河岸带陆向范围植物、水鸟状况、底栖动物、鱼类等方面的数据。同时收集流域地理分区和生态分区的历史监测数据。

3）岸线专项调查

岸线自然状况主要包括河岸稳定性和岸线植被覆盖率两个方面。河岸稳定性调查范围为岸坡,有堤防河岸取当前水位水边线至堤防迎水侧堤脚线的范围,无堤防河岸取当前水位水边线至设计洪水位或历史最高洪水位的范围(图7.4.1)。岸线植被覆盖率调查范围为河岸带,即临水边界线至外缘边界线之间的范围。

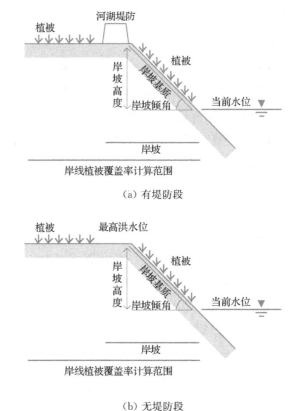

（a）有堤防段

（b）无堤防段

图 7.4.1　岸线自然状况调查范围示意图

4）底泥专项监测

（1）监测频次与时间

底泥污染状况指标监测频次为 1 次/a，监测时间为 2021 年 3 月。

（2）监测项目与方法

在设定点位随机采集底质样品，样品自然风干后，剔除砂砾和植物根系等异物，粗磨备用。四分法取其中两份粗磨样品，一份磨细后过 60 目筛，用于 pH、全氮和总磷的分析；一份磨细后过 100 目筛，用于重金属铜、铅、锌、镉、铬、汞、砷的分析。底质样品的采集、贮存、运输和制备均按照《土壤环境监测技术规范》（HJ/T 166—2004）的要求进行。底质样品监测项目、方法依据及检出限见表 7.4.2。

表 7.4.2　底质样品监测项目、方法依据及检出限一览表

序号	监测项目	方法依据	检出限
1	pH	土壤　pH 值的测定 电位法 HJ 962—2018	—
2	铜	土壤和沉积物 铜、锌、铅、镍、镉的测定 火焰原子吸收分光光度法 HJ 491—2019	1 mg/kg
3	锌		1 mg/kg
4	铬		4 mg/kg
5	镍		3 mg/kg
6	铅	土壤质量　铅、镉的测定 石墨炉原子吸收分光光度法 GB/T 17141—1997	0.1 mg/kg
7	镉		0.01 mg/kg
8	砷	土壤质量 总汞、总砷、总铅的测定 原子荧光法　第 2 部分： 土壤中总砷的测定 GB/T 22105.2—2008	0.01 mg/kg
9	汞	土壤和沉积物 汞、砷、硒、铋、锑的测定 微波消解/原子荧光法 HJ 680—2013	0.002 mg/kg

5）水体专项监测

（1）监测频次与时间

水体自净能力指标（溶解氧 DO）监测频次为 2 次/a，监测时间为 2021 年 3 月和 8 月。

（2）监测项目与方法

便携式溶解氧测定仪溶氧测量形式 mg/L(ppm)O_2，选择零点自动校准或者手动在空气中进行 100%（8.26 mg/L）校准，极谱溶解氧电极内置温度传感器提供自动温度补偿。

准备工作。接好电源，将溶解氧电极找准卡口位置后迟缓旋转插入，旋紧插口螺母。若空气温度和被测水体的温度相差较大（＞10 ℃），应将电极在被测水体中浸 10 min 左右，然后马上将电极插入校准套中 5～6 min 进行校准，根据需求调整气压值（默认 101.3 kPa）。

校准工作。按 UNIT 键选择单位：mg/L、ppm 和%，将溶解氧电极插入校准套中，旋紧校准套帽子，放置 3～5 min 等待读数稳定。按 CAL 键仪器进入校准形式，待显现值稳定并呈现图标时，按 ENTER 键校准，几秒钟后校准完成并返回测

量形式。

实验室测量工作。运用搅拌器测量,将水样倒入一个较大的烧杯中,电极装在电极架上,取适宜的搅拌速度(使溶解氧电极耗费的氧气和溶液搅拌时吸收的氧气达到均衡)开启搅拌器并测试,等测量值稳定时读数。

现场测量工作。在活动水体中测量(水样流速>5 cm/s):将溶解氧电极插入水中,水面应超过电极上温度传感器的位置,电极与水流方向呈45°~75°,并细微晃动电极,持续3~5 min待显现值稳定后读数;在静态水体中测量:将溶解氧电极插入水中,水面应超过电极上温度传感器的位置,电极与水面呈45°~75°,将电极在水体中快速挪动,挪动速度>5 cm/s,持续3~5 min待显现值稳定后读数;在活动较慢的水体中测量:按照第一种情况进行,但电极挪动速度要稍快。

6) 生物专项监测

(1) 监测频次与时间

根据《指南》要求和实际情况,生物指标监测频次与时间确定如表7.4.3。

表 7.4.3　指标监测频次与时间

序号	指标项目	监测频次	监测时间
1	大型底栖无脊椎动物生物完整性指数	2次/a	2021年4月和2021年7月
2	鱼类保有指数	1次/a	2021年4月
3	水生植物群落状况	1次/a	2021年7月

(2) 监测项目与方法

① 大型底栖无脊椎动物

样品采集与固定。调查使用D形网采集底栖动物样品。D形网采集样品时应在水库边与河边可涉水区域,每个监测点中选择3个采样断面,每个断面尽可能多地采集不同生境地小样方。每个小生境样方的采集距离为30 cm,一个监测点需采集6~9个小样方。底质较松软、流速很缓或静水水体中,手握D形网柄采用扫网法快速采集底质内、倒木和水草上的底栖动物。底质为石块的流动水体,将D形网网口迎向水流方向,网框底边紧靠底质,在网口前用脚搅动底质,使底栖动物随水流流入网内,如果水体太浅不适于用脚操作时可用手或其他辅助小型工具翻动底质使底栖动物流入网内。将D形网内获取的底质倒入水桶内,采用淘洗法经40目钢筛筛滤后装入广口瓶内,然后再加95%以上的酒精固定并附上完整的采样标签后带回实验室。

样品预处理及固定。将待筛选样品置于60目网筛中,然后将钢筛置于水盆的清水中轻轻摇晃,洗去样品中剩余的污泥,筛选后挑出其中的杂物和植物枝条、叶片等(仔细检查并拣出掺杂在其中的动物),将筛上肉眼能看得见的全部样品倒入白瓷盘中进行分拣。向白瓷盘中加入少许清水,用镊子或解剖针、吸管拣选,检出各类底栖动物。必要时借助体视显微镜进行拣选。个体柔软、体型较小的动物也可用毛笔分拣,避免损伤虫体。分检出的样品可放入 EP 管,用无水乙醇溶液固定。

样品定量分析。在实验室进行样品分类鉴定,一般鉴定到属或种级分类单元;用滤纸吸去表面固定液,置于电子天平上称其湿重。底栖动物分类鉴定中软体动物分类鉴定参考《浙江省经济动物志:软体动物》;水生昆虫分类鉴定参考 *Aquatic insects of China useful for monitoring water quality*(《中国水生昆虫在水质监测中的应用》)、《中国差翅亚目稚虫的分类学研究(昆虫纲:蜻蜓目)》等;甲壳纲分类鉴定参考《淡水生物学》《中国淡水钩虾的系统学研究》等;蛭纲分类鉴定参考《中国动物志:环节动物门. 蛭纲》;寡毛纲分类鉴定参考《水生生物学报》(中国水栖寡毛类的研究)。

② 鱼类

通过周边走访和实地采样相结合的方式采集鱼类数据资料。走访对象主要包括水产养殖户、渔民、垂钓者和水产市场商户,了解各调查水库鱼类的种类组成和数量比例。实地采样通过对河流部分河段进行拦网驱赶捕捞调查,方法流程参照水利部标准 SL 167—2014。

③ 水生植物

在每个调查位点沿河岸纵向随机选取 3 个具有代表性的 1 m×1 m 的样方,现场观察拍照记录样方内的物种名称、株数、高度、盖度及优势种等指标,并记录每个样方代表的面积比例,参考《世界水生植物》和《湿地高等植物图志》进行种类鉴定。

7.4.3 "盆"指标调查

1) 岸线自然状况

(1) 河岸稳定性

根据现场调查与遥感影像解译结果,古洛河河岸稳定性特征如下,岸坡倾角≤30°,岸坡植被盖度≥50%,岸坡高度≤1 m,基质类别为黏土,河岸受水流轻度冲刷,结构有松动发育痕迹,且有水土流失现象,但近期不会发生变形和破坏,部分河岸如图 7.4.2。

图 7.4.2　古洛河部分河岸状况

（2）岸线植被盖度

对河岸带边界线以内范围采用无人机航拍图像、高清遥感影像、地理软件分析，重点对乔木、灌木和草本植物的盖度进行调查和识别，古洛河岸线植被高密度覆盖，盖度 70.8％，部分岸线如图 7.4.3。

图 7.4.3　古洛河部分岸线植被状况

2）违规开发利用水域岸线情况

（1）入河排污口调查

根据合肥市生态环境局提供的入河排污口基本信息表，古洛河河道沿线有 2 处规模以上入河排污口，分别为朱巷镇污水处理厂入河排污口、左店镇污水处理厂入河排污口，排污口达到一级 A 排放标准，调查情况见表 7.4.4。

表 7. 4. 4　古洛河沿岸规模以上入河排污口调查情况

序号	入河排污口名称	排入河流	污水类型	所在位置	入河方式	排放方式
1	朱巷镇污水处理厂入河排污口	古洛河	生活污水	厂区西侧农田灌溉沟	管道	持续
2	左店镇污水处理厂入河排污口	古洛河	生活污水	厂区西侧农田灌溉沟	管道	持续

（2）河流"四乱"情况调查

根据水行政主管部门提供的 2021 年"四乱"清单，古洛河无未销号或新增的"四乱"问题。根据现场调研、无人机航拍图像识别以及高清遥感影像分析，古洛河发现 1 处围网养殖，认定其程度属于"一般乱占问题"；1 处违规建筑，认定其程度属于"较严重乱建问题"，如图 7. 4. 4。

图 7. 4. 4　古洛河"四乱"情况调查图

7.4.4　"水"指标调查

1）水量情况

古洛河属中小河流，当前没有设置水文监测站点，未能获取实测水位流量数据，考虑到河流尚未编制生态流量（水位）保障方案，考核目标未定，数据资料匮乏，本次水量准则层下的指标暂不评价。

2）水质情况

（1）水质优劣程度

根据长丰县河长办 2021 年重点河湖水质断面监测数据，古洛河监测结果见表 7. 4. 5。

表 7.4.5　2021 年古洛河水质断面监测数据　　　　单位:mg/L

河流名称	断面名称	所在乡镇	月份	化学需氧量	氨氮	总磷	总氮
古洛河	古洛河支流汇入处断面	杨庙镇	1	20	0.392	0.102	0.301
			2	22	1.488	0.171	1.328
			3	30	0.801	0.046	1.275
			4	15	1.035	0.03	0.361
			5	27	0.558	0.159	0.536
			6	23	0.655	0.257	1.459
			7	16	1.313	0.199	1.142
			8	15	1.374	0.148	1.336
			9	15	1.173	0.292	1.469
			10	19	0.867	0.07	0.278
			11	18	0.705	0.106	1.327
			12	15	0.763	0.048	1.242
均值				20	0.927	0.136	1.005
类别				Ⅲ	Ⅲ	Ⅲ	Ⅳ

(2) 底泥污染状况

底泥按照《土壤环境质量　农用地土壤污染风险管控标准(试行)》(GB 15618—2018)进行监测,主要监测底泥中 pH、重金属(Cd、Hg、As、Pb 等指标),底泥监测结果见表 7.4.6,现场采样见图 7.4.5。

表 7.4.6　古洛河底质环境状况(2021 年 3 月)

监测点位	pH	砷	汞	铬	铅	镉	铜	锌	镍
	无量纲	mg/kg							
高庄西 600 m	6.67	6.06	<0.002	45	21	0.08	20	55	32
杜户东南 480 m 桥下	7.56	5.85	0.007	56	31.8	0.06	22	49	22

图7.4.5　古洛河底泥现场采样图

（3）水体自净能力

溶解氧采用便携式多参数测定仪监测，监测结果见表7.4.7。

表7.4.7　古洛河溶解氧浓度监测

监测时间	监测点位	溶解氧/(mg/L)
2021年3月	高庄西600 m	9.18
	杜户东南480 m桥下	9.02
2021年8月	高庄西600 m	7.78
	杜户东南480 m桥下	8.17

7.4.5　生物指标监测

1）大型底栖无脊椎动物生物完整性

2021年4月，在2个监测点位中采集到大型底栖无脊椎动物总计113个，总重量为27.43 g，共包含3门7纲12目22科29种。其中环节动物门有7种，样本数量为31个，平均重量0.132 g；节肢动物门有17种，样本数量为66个，平均重量0.092 g；软体动物门有5种，样本数量为16个，平均重量1.079 g。

2021年7月，在2个监测点位中采集到大型底栖无脊椎动物总计79个，总重量为23.14 g，共包含3门5纲11目24科33种（表7.4.8）。其中环节动物门有4种，样本数量为15个，平均重量0.120 g；节肢动物门有24种，样本数量为46个，平均重量0.110 g；软体动物门有5种，样本数量为18个，平均重量0.900 g。

表 7.4.8 大型底栖无脊椎动物名录(2021 年 7 月)

门	纲	目	科	种	拉丁学名
环节动物门	寡毛纲	颤蚓目	颤蚓科	苏氏尾鳃蚓	*Branchiurasowerbyi*
				水丝蚓属一种	*Limnodrilus sp.*
			线蚓科	线蚓科一种	*Enchytraeidae sp.*
	蛭纲	吻蛭目	舌蛭科	扁蛭属一种	*Clossiphonia sp.*
节肢动物门	甲壳纲	十足目	溪蟹科	华溪蟹科一种	*Sinopotamidae*
	昆虫纲	蜉蝣目	扁蜉科	扁蜉属一种	*Heptagenia sp.*
			蜉蝣科	蜉蝣属一种	*Ephemera sp.*
			河花蜉科	河花蜉属一种	*Potamanthus sp.*
			细蜉科	细蜉属一种	*Caenis sp.*
			小蜉科	小蜉属一种	*Ephemeridiae*
		广翅目	鱼蛉科	斑鱼蛉属一种	*Neochauliodes sp.*
		毛翅目	纹石蛾科	短脉纹石蛾属一种	*Cheumatopsyche sp.*
				纹石蛾属一种	*Hydropsyche sp.*
			原石蛾科	原石蛾属一种	*Rhyacophila sp.*
			长角石蛾科	长角石蛾属一种	*Macrostemum sp.*
		鞘翅目	龙虱科	龙虱科一种	*Dytiscidae sp.*
		蜻蜓目	春蜓科	环尾春蜓属一种	*Lamelligomphus sp.*
			蜻科	丽翅蜻属	*Rhyothemis sp.*
			色蟌科	色蟌科一种	*Calopterygidae sp.*
		双翅目	大蚊科	大蚊属一种	*Tipula sp.*
			虻科	虻科一种	*Tabanidae sp.*
			摇蚊科	无突摇蚊属一种	*Ablabesmyia sp.*
				摇蚊属一种	*Chironomus sp.*
				隐摇蚊属一种	*Cryptochironomus sp.*
				大粗腹摇蚊属一种	*Macropelopia sp.*
				直突摇蚊属一种	*Orthocladius sp.*
				长跗摇蚊属一种	*Tanytarsus sp.*
				扎长足摇蚊属一种	*Zavrelimyia sp.*
软体动物门	腹足纲	基眼目	锥实螺科	萝卜螺属一种	*Radix sp.*
		中腹足目	扁卷螺科	圆扁螺属一种	*Hippeutis sp.*
			豆螺科	沼螺属一种	*Parafossarulus sp.*
			田螺科	铜锈环棱螺	*Bellamya aeruginosa*
				环棱螺属一种	*Bellamya sp.*

2) 鱼类保有情况

2021 年 4 月，古洛河共采集到 8 尾鱼类样本，包含 6 种鱼类，分别是鲫鱼、鲤鱼、鲢鱼、银飘鱼、鲦鱼和泥鳅，丰富度指数 2.40。部分鱼类见图 7.4.6，鱼类名录见表 7.4.9。

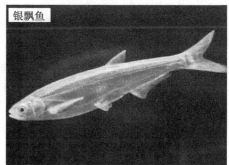

图 7.4.6　部分鱼类概述图

表 7.4.9　鱼类名录

纲	目	科	属	种	拉丁学名
硬骨鱼纲	鲤形目	鲤科	鲫属	鲫鱼	*Carassius auratus*
			鲤属	鲤鱼	*Cyprinus carpio*
			鲢属	鲢鱼	*Hypophthalmichthys molitrix*
			飘鱼属	银飘鱼	*Pseudorasbora sinensis*
			鲦属	鲦鱼	*Hemiculter leucisculus*
		鳅科	泥鳅属	泥鳅	*Misgurnus anguillicaudatus*

3) 鸟类状况

根据中国观鸟记录中心的观测数据，长丰县鸟类的种类、数量较多且较为常见，共包含 11 目 29 科 47 种，出现频率较高的种类是喜鹊、小䴙䴘、山斑鸠、珠颈斑鸠、棕背伯劳、白鹡鸰，部分鸟类见图 7.4.7，鸟类名录见表 7.4.10。

图 7.4.7　部分鸟类概述图

表 7.4.10　鸟类名录

目	科	种	拉丁学名
鸡形目	雉科	雉鸡	*Phasianus colchicus*
雁形目	鸭科	绿头鸭	*Anas platyrhynchos*
		斑嘴鸭	*Anas zonorhyncha*
		绿翅鸭	*Anascrecca*
䴙䴘目	䴙䴘科	小䴙䴘	*Tachybaptus ruficollis*
		凤头䴙䴘	*Podicep scristatus*
鹈形目	鹭科	夜鹭	*Nycticorax nycticorax*
		池鹭	*Ardeola bacchus*
		苍鹭	*Ardea cinerea*
		大白鹭	*Ardea alba*
		白鹭	*Egretta garzetta*
鹤形目	秧鸡科	黑水鸡	*Gallinula chloropus*

目	科	种	拉丁学名
鸻形目	反嘴鹬科	黑翅长脚鹬	*Himantopus himantopus*
	鸻科	灰头麦鸡	*Vanellus cinereus*
	丘鹬科	扇尾沙锥	*Gallinago gallinago*
		鹤鹬	*Tringa erythropus*
		青脚鹬	*Tringa nebularia*
		白腰草鹬	*Tringa ochropus*
鸽形目	鸠鸽科	山斑鸠	*Streptopelia orientalis*
		珠颈斑鸠	*Spilopelia chinensis*
佛法僧目	翠鸟科	普通翠鸟	*Alcedo atthis*
犀鸟目	戴胜科	戴胜	*Upupa epops*
䴕形目	啄木鸟科	星头啄木鸟	*Dendrocopos canicapillus*
雀形目	伯劳科	棕背伯劳	*Lanius schach*
	卷尾科	黑卷尾	*Dicrurus macrocercus*
	鸦科	灰喜鹊	*Cyanopica cyanus*
		喜鹊	*Pica pica*
	山雀科	远东山雀	*Parus minor*
	鹎科	白头鹎	*Pycnonotus sinensis*
	燕科	金腰燕	*Cecropis daurica*
	长尾山雀科	银喉长尾山雀	*Aegithalos glaucogularis*
		红头长尾山雀	*Aegithalos concinnus*
	扇尾莺科	纯色山鹪莺	*Prinia inornata*
	噪鹛科	黑脸噪鹛	*Garrulax perspicillatus*
	莺鹛科	棕头鸦雀	*Sinosuthora webbiana*
	椋鸟科	八哥	*Acridotheres cristatellus*
		丝光椋鸟	*Spodiopsar sericeus*
	鸫科	灰椋鸟	*Spodiopsar cineraceus*
	鸫科	乌鸫	*Turdus merula*
	鹟科	北红尾鸲	*Phoenicurus auroreus*
	鹡鸰科	麻雀	*Passer montanus*
		黄鹡鸰	*Motacilla tschutschensis*
	燕雀科	白鹡鸰	*Motacilla alba*
		黑尾蜡嘴雀	*Eophona migratoria*
	鹀科	金翅雀	*Chloris sinica*
		小鹀	*Emberiza pusilla*
		黄喉鹀	*Emberiza elegans*

4) 水生植物群落状况

2021 年 4 月的调查显示,古洛河水生植物种类多,配置较合理,植株数量多,共发现水生植物 7 种,分别是翅茎灯心草、菱、灰化苔草、水鳖、水花生、香蒲和狐尾藻,其中水花生占据绝对优势地位。水生植物现场调查见图 7.4.8,水生植物名录见表 7.4.11。

图 7.4.8　古洛河水生植物现场调查图

表 7.4.11　水生植物名录

科	属	种	拉丁学名
灯心草科	灯心草属	翅茎灯心草	*Juncus alatus*
菱科	菱属	菱	*Trapa bispinosa*
莎草科	苔草属	灰化苔草	*Cyperaceae*
水鳖科	水鳖属	水鳖	*Hydrocharis dubia*
苋科	莲子草属	水花生	*Alternanthera philoxeroides*
香蒲科	香蒲属	香蒲	*Typha orientalis*
小二仙草科	狐尾藻属	狐尾藻	*Myriophyllum verticillatum*

7.4.6　社会服务功能指标调查

1) 岸线利用管理情况

根据现场调查,古洛河岸线基本维持自然状态,除水利工程建设以外,部分河段沿岸主要存在农田、养殖、桥梁等岸线利用(图 7.4.9),基本情况见表 7.4.12。

图 7.4.9　古洛河岸线利用情况现场调查图

表 7.4.12　古洛河岸线利用管理基本情况　　　　　　　单位：km

调查河流	左岸			右岸		
	岸线总长	已开发利用岸线长度	已利用岸线经恢复完好的长度	岸线总长	已开发利用岸线长度	已利用岸线经恢复完好的长度
古洛河	26.71	14.26	3.83	26.32	13.77	3.12

2）公众满意度情况

（1）调查方法与调查内容

评价公众对河流环境、水质水量、涉水景观等的满意程度。本次公众满意度评价采取网络调查问卷发放形式，调查内容涵盖防洪安全状况、岸线状况、水质状况、水生态状况、水环境状况、总体满意度及意见建议 7 个方面。调查时间为 2021 年 11～12 月，调查对象包括古洛河沿线居民、水利部门、生态环境部门等管理人员等。通过对调查结果的整理，统计得出公众的综合满意度，分析公众对古洛河的整体印象及相应意见、建议。

（2）调查结果

本次公众满意度调查问卷共回收有效问卷 220 份（信息填写完整），现对有效问卷进行统计分析。本次问卷调查，性别组成方面，男性 135 人，女性 85 人；年龄组成方面，15～30 岁 75 人，30～50 岁 117 人，50 岁及以上 28 人；从调查人员与河流的关系来看，本次问卷调查中，"河流周边居民" 68 人；"河流管理者"（如：水利系统公职人员、河长、河流环卫人员等）18 人；"公众" 134 人。

（3）具体调查分项情况详见表 7.4.13，其中 160 人认为不存在"洪水漫溢现象"；159 人认为无"河岸乱采、乱占、乱堆、乱建情况"；152 人认为无"河岸破损情况"；146 人认为"水质透明度"清澈；144 人认为"水质颜色"优美；137 人认为无"垃圾漂浮物"；98 人认为"鱼类"数量多；190 人认为"水草"数量正常；88 人认为"水鸟"数量多;134 人认为"景观绿化情况"优美;132 人认为"娱乐休闲活动"适合。

表 7.4.13 公众满意度调查情况统计表

调查项目		统计选项个数		
与河流的关系		周边居民(68)	管理者(18)	公众(134)
洪水漫溢现象		经常(10)	偶尔(50)	不存在(160)
岸线状况	河岸"四乱"情况	严重(7)	一般(54)	无(159)
	河岸破损情况	严重(5)	一般(63)	无(152)
水质状况	透明度	清澈(146)	一般(71)	浑浊(3)
	颜色	优美(144)	一般(74)	异常(2)
	垃圾漂浮物	多(9)	一般(74)	无(137)
水生态状况	鱼类	数量多(98)	一般(108)	数量少(14)
	水草	太多(13)	正常(190)	太少(17)
	水鸟	数量多(88)	一般(117)	数量少(15)
水环境状况	景观绿化情况	优美(134)	一般(81)	较差(5)
	娱乐休闲活动	适合(132)	一般(77)	不适合(11)
总体满意度(剔除异常值)		很满意(139)	满意(64)	基本满意(9)	不满意(3)

7.5 典型河流评价结果分析

7.5.1 "盆"指标评价

1) 岸线自然状况

（1）评价方法与赋分标准

选取岸线自然状况指标评价河流岸线健康状况,它包括河岸稳定性和岸线植被盖度两个方面。

其中河岸稳定性采用如下公式计算:

$$BS_r = (SA_r + SC_r + SH_r + SM_r + ST_r)/5 \tag{7.5.1}$$

式中:BS_r——河岸稳定性赋分;

SA_r——岸坡倾角分值;

SC_r——岸坡植被盖度分值;

SH_r——岸坡高度分值;

SM_r——河岸基质分值;

ST_r——坡脚冲刷强度分值。

各指标赋分标准见表 7.5.1。

表 7.5.1　河岸稳定性指标赋分标准表

河岸特征	稳定	基本稳定	次不稳定	不稳定
赋分	100	75	25	0
岸坡倾角/(°) (≤)	15	30	45	60
岸坡植被盖度/% (≥)	75	50	25	0
岸坡高度/m (≤)	1	2	3	5
基质 (类别)	基岩	岩土	黏土	非黏土
河岸冲刷状况	无冲刷迹象	轻度冲刷	中度冲刷	重度冲刷
总体特征描述	近期内河岸不会发生变形破坏，无水土流失现象	河岸结构有松动发育迹象，有水土流失迹象，但近期不会发生变形和破坏	河岸松动裂痕发育趋势明显，一定条件下可导致河岸变形和破坏，中度水土流失	河岸水土流失严重，随时可能发生大的变形和破坏，或已经发生破坏

岸线植被盖度计算公式为：

$$PC_r = \sum_{i=1}^{n} \frac{L_{vci}}{L} \times \frac{A_{ci}}{A_{ai}} \times 100 \qquad (7.5.2)$$

式中：PC_r——岸线植被盖度赋分；

$\quad A_{ci}$——岸段 i 的植被覆盖面积（km^2）；

$\quad A_{ai}$——岸段 i 的岸带面积（km^2）；

$\quad L_{vci}$——岸段 i 的长度（km）；

$\quad L$——评价岸段的总长度（km）。

赋分标准见表 7.5.2。

表 7.5.2　岸线植被盖度指标赋分标准表

岸线植被盖度/%	说明	赋分
0～5	几乎无植被	0
>5～25	植被稀疏	25
>25～50	中密度覆盖	50
>50～75	高密度覆盖	75
>75	极高密度覆盖	100

岸线状况指标分值按下式计算：

$$BH = BS_r \times BS_w + PC_r \times PC_w \qquad (7.5.3)$$

式中：BH——岸线状况赋分；

BS_r——河岸稳定性赋分;

BS_w——河岸稳定性权重;

PC_r——岸线植被盖度赋分;

PC_w——岸线植被盖度权重。

岸线状况指标权重见表 7.5.3。

表 7.5.3 岸线状况指标权重表

序号	名称	符号	权重
1	河岸稳定性	BS_w	0.4
2	岸线植被盖度	PC_w	0.6

（2）指标赋分

根据 7.4.3 节,古洛河"岸线自然状况"指标赋分见表 7.5.4～表 7.5.6。

表 7.5.4 古洛河河岸稳定性赋分

调查河流	岸坡倾角/(°)		岸坡植被盖度/%		岸坡高度/m		基质		河岸冲刷状况		河流赋分
	数值	赋分	数值	赋分	数值	赋分	类别	赋分	类别	赋分	
古洛河	≤30	75	≥50	75	≤1	100	黏土	25	轻度	75	70

表 7.5.5 古洛河岸线植被盖度赋分

调查河流	岸线植被盖度/%	赋分
古洛河	70.8	75

表 7.5.6 古洛河"岸线自然状况"指标赋分

评价河流	河岸稳定性		岸线植被盖度		总分
	赋分	权重	赋分	权重	
古洛河	70	0.4	75	0.6	73

2）违规开发利用水域岸线程度

（1）评价方法与赋分标准

违规开发利用水域岸线程度综合考虑了入河排污口规范化建设率、入河排污口布局合理程度和河流"四乱"状况,采用各指标的加权平均值,各指标权重可参考表 7.5.7。

表 7.5.7 违规开发利用水域岸线程度指标权重表

序号	名称	权重
1	入河排污口规范化建设率	0.2
2	入河排污口布局合理程度	0.2
3	河流"四乱"状况	0.6

各分项指标计算赋分方法如下：

① 入河排污口规范化建设率

入河排污口规范化建设率是指已按照要求开展规范化建设的入河排污口数量比例。入河排污口规范化建设是指实现入河排污口"看得见、可测量、有监控"的目标，其中包括：对暗管和潜没式排污口，要求在院墙外、入河前设置明渠段或取样井，以便监督采样；在排污口入河处树立内容规范的标志牌，公布举报电话和微信等其他举报途径；因地制宜，对重点排污口安装在线计量和视频监控设施，强化对其排污情况的实时监管和信息共享。

指标赋分值按照以下公式：

$$R_G = N_i / N \times 100 \tag{7.5.4}$$

式中：R_G——入河排污口规范化建设率赋分；

N_i——开展规范化建设的入河排污口数量（个）；

N——入河排污口总数（个）。

如出现日排放量＞300 m³ 或年排放量＞10 万 m³ 的未规范化建设的排污口，该项得 0 分。赋分标准见表 7.5.8。

表 7.5.8 入河排污口规范化建设率评价赋分标准

入河排污口规范化建设率	优	良	中	差	劣
赋分	100	［90,100)	［60,90)	［20,60)	［0,20)

② 入河排污口布局合理程度

评估入河排污口合规性及其混合区规模，取其中最差状况确定最终得分。赋分标准见表 7.5.9。

表 7.5.9 入河排污口布局合理程度赋分标准表

入河排污口设置情况	赋分
河流水域无入河排污口	80～100
（1）饮用水源一、二级保护区均无入河排污口； （2）仅排污控制区有入河排污口，且不影响邻近水功能区水质达标，其他水功能区无入河排污口	60～80

入河排污口设置情况	赋分
(1) 饮用水源一、二级保护区均无入河排污口; (2) 河流:取水口上游 1 km 无排污口;排污形成的污水带(混合区)长度小于 1 km,或宽度小于 1/4 河宽	40~60
(1) 饮用水源二级保护区存在入河排污口; (2) 河流:取水口上游 1 km 内有排污口;排污形成的污水带(混合区)长度大于 1 km,或宽度为 1/4~1/2 河宽	20~40
(1) 饮用水源一级保护区存在入河排污口; (2) 河流:取水口上游 500 m 内有排污口;排污口形成的污水带(混合区)长度大于 2 km,或宽度大于 1/2 河宽	0~20

③ 河流"四乱"状况

无"四乱"状况的河段赋分为 100 分,"四乱"扣分时应考虑其严重程度,扣完为止,赋分标准见表 7.5.10。河湖"四乱"问题及严重程度分类见 7.5.11 所示。

表 7.5.10　河流"四乱"状况赋分标准表

类型	"四乱"问题扣分标准(每发现 1 处)		
	一般问题	较严重问题	重大问题
乱采	-5	-25	-50
乱占	-5	-25	-50
乱堆	-5	-25	-50
乱建	-5	-25	-50

表 7.5.11　河湖"四乱"问题认定及严重程度分类表

序号	问题类型	问题描述	严重程度		
			一般	较严重	重大
1	乱占	围垦湖泊的			√
2		未经省级人民政府批准围垦河流的,或者超批准范围围垦河流的			√
3		在行洪河道内种植阻碍行洪的高秆作物、林木(堤防防护林、河道防浪林除外)5 000 m² 以上的			√
4		在行洪河道内种植阻碍行洪的高秆作物、林木(堤防防护林、河道防浪林除外)1 000 m² 以上、5 000 m² 以下的		√	
5		在行洪河道内种植阻碍行洪的高秆作物、林木(堤防防护林、河道防浪林除外)1 000 m² 以下的	√		
6		擅自填堵、占用或者拆毁江河的故道、旧堤、原有工程设施的		√	
7		擅自填堵、缩减原有河道沟汊、贮水湖塘洼淀和废除原有防洪围堤的		√	
8		擅自调整河湖水系、减少河湖水域面积或者将河湖改为暗河的			√

序号	问题类型	问题描述	严重程度		
			一般	较严重	重大
9	乱占	擅自开发利用沙洲的		√	
10		围网养殖等非法占用水面面积超过 5 000 m² 以上的			√
11		围网养殖等非法占用水面面积超过 1 000 m² 以上、5 000 m² 以下的		√	
12		围网养殖等非法占用水面面积 1 000 m² 以下的	√		
13	乱采	未经县级以上水行政主管部门或者流域管理机构批准,在河湖水域滩地内从事爆破、钻探、挖筑鱼塘或者开采地下资源及进行考古发掘的			√
14		未经县级以上有关水行政主管部门或者流域管理机构批准,在河湖管理范围内挖砂取土 500 m³ 以上的			√
15		未经县级以上有关水行政主管部门或者流域管理机构批准,在河湖管理范围内挖砂取土 100 m³ 以上、500 m³ 以下的		√	
16		未经县级以上有关水行政主管部门或者流域管理机构批准,在河湖管理范围内零星挖砂取土 100 m³ 以下的	√		
17		检查河段或湖泊存在 1 艘及以上大中型采砂船或 5 艘及以上小型采砂船正在从事非法采砂作业的			√
18		检查河段或湖泊存在 5 艘以下小型采砂船正在从事非法采砂作业的		√	
19	乱堆	在河湖管理范围内倾倒(堆放、贮存、掩埋)危险废物、医疗废物的			√
20		在河湖管理范围内倾倒(堆放、贮存、掩埋)重量 100 t 以上一般工业固体废物或体积 500 m³ 以上生活垃圾、砂石泥土及其他物料的			√
21		在河湖管理范围内倾倒(堆放、贮存、掩埋)重量 1 t 以上、100 t 以下一般工业固体废物或体积 10 m³ 以上、500 m³ 以下生活垃圾、砂石泥土及其他物料的		√	
22		在河湖管理范围内倾倒(堆放、贮存、掩埋)重量 1 t 以下一般工业固体废物或体积 10 m³ 以下生活垃圾、砂石泥土等零星废弃物及其他物料的	√		
23		在河湖水面存在 1 000 m² 以上垃圾漂浮物的			√
24		在河湖水面存在 100 m² 以上、1 000 m² 以下垃圾漂浮物的		√	
25		在河湖水面存在 100 m² 以下少量垃圾漂浮物的	√		
26		在河湖管理范围内建设或弃置严重妨碍行洪的大、中型建筑物、构筑物的			√

序号	问题类型	问题描述	严重程度		
			一般	较严重	重大
27	乱建	在河湖管理范围内建设、弃置妨碍行洪的建筑物、构筑物或者设置拦河渔具的		√	
28		在河湖管理范围内违法违规开发建设别墅、房地产、工矿企业、高尔夫球场的			√
29		在河道管理范围内违法违规布设妨碍行洪、影响水环境的光能风能发电、餐饮娱乐、旅游等设施的		√	
30		在堤防和护堤地安装设施(河道和水工程管理设施除外)、放牧、耕种、葬坟、晒粮、存放物料(防汛物料除外)的,或者在堤防保护范围内取土的		√	
31		在堤防和护堤地建房、打井、开渠、挖窖、开采地下资源、考古发掘以及开展集市贸易活动的		√	
32		在堤防保护范围内打井、钻探、爆破、挖筑池塘、采石、生产或者存放易燃易爆物品等危害堤防安全活动的		√	
33		未申请取得有关水行政主管部门或流域管理机构签署的规划同意书,擅自开工建设水工程的		√	
34		工程建设方案未报经有关水行政主管部门或者流域管理机构审查同意,擅自在河道管理范围内新建、扩建、改建跨河、穿河、穿堤、临河的大中型建设项目的		√	
35		工程建设方案未报经有关水行政主管部门或者流域管理机构审查同意,擅自在河道管理范围内新建、扩建、改建跨河、穿河、穿堤、临河的小型建设项目的,或者未按审查批准的位置和界限建设的	√		

注:该表依据水利部印发实施的河湖管理监督检查办法制度。表中数据以上含本数,以下不含本数。

(2)指标赋分

根据 7.4.3 节,古洛河河道沿线有 2 处规模以上入河排污口,布局合理且已按照要求开展规范化建设;发现 2 处"四乱"问题,其中 1 处问题程度一般,1 处问题程度较严重,"违规开发利用水域岸线程度"指标赋分见表 7.5.12。

表 7.5.12　古洛河"违规开发利用水域岸线程度"指标赋分

评价河流	入河排污口规范化建设率		入河排污口布局合理程度		河流"四乱"状况		总分
	赋分	权重	赋分	权重	赋分	权重	
古洛河	100	0.2	80	0.2	70	0.6	78

7.5.2　"水"指标评价

1)水质优劣程度

(1)评价方法与赋分标准

水样的采样布点、监测频率及监测数据的处理应遵循 SL 219 相关规定,水质评价应遵循 GB 3838—2002 相关规定。有多次监测数据时应采用多次监测结果的平均值,有多个断面监测数据时应以各监测断面的代表性河长作为权重,计算各个断面监测结果的加权平均值。

水质优劣程度评判时分项指标(如总磷 TP、总氮 TN、溶解氧 DO 等)选择应符合各地河长制水质指标考核的要求,由评价时段内最差水质项目的水质类别代表该河流的水质类别,将该项目实测浓度值依据 GB 3838—2002 水质类别标准值和对照评分阈值进行线性内插得到评分值,赋分采用线性插值,水质类别的对照评分见表 7.5.13。当有多个水质项目浓度均为最差水质类别时,分别进行评分计算,取最低值。

表 7.5.13　水质优劣程度赋分标准表

水质类别	Ⅰ、Ⅱ	Ⅲ	Ⅳ	Ⅴ	劣Ⅴ
赋分	[90,100]	[75,90)	[60,75)	[40,60)	[0,40)

(2)指标赋分

根据 7.4.4 节,古洛河"水质优劣程度"指标赋分见表 7.5.14。

表 7.5.14　古洛河"水质优劣程度"指标赋分

评价河流	最差水质类别	赋分
古洛河	总氮	74.9

2)底泥污染状况

(1)评价方法与赋分标准

采用底泥污染指数即底泥中每一项污染物浓度占对应标准值的百分比进行评价。底泥污染指数赋分时选用超标浓度最高的污染物倍数值,赋分标准见表 7.5.15。污染物浓度标准值参考 GB 15618。

表 7.5.15　底泥污染状况赋分标准表

底泥污染指数	<1	2	3	5	>5
赋分	100	60	40	20	0

(2)指标赋分

根据 7.4.4 节,古洛河"底泥污染状况"指标赋分见表 7.5.16。

表 7.5.16　古洛河"底泥污染状况"指标赋分

评价河流	底泥污染指数最大值	赋分
古洛河	0.270	100

3) 水体自净能力

（1）评价方法与赋分标准

选择水中溶解氧浓度衡量水体自净能力,赋分标准见表 7.5.17。溶解氧(DO)对水生动植物十分重要,过高和过低的 DO 对水生生物均造成危害。饱和值与压强和温度有关,若溶解氧浓度超过当地大气压下饱和值的 110%(在饱和值无法测算时,建议饱和值是 14.4 mg/L 或饱和度 192%),此项 0 分。

表 7.5.17　水体自净能力赋分标准表

溶解氧浓度/(mg/L)	≥7.5(饱和度≥90%)	≥6	≥3	≥2	0
赋分	100	80	30	10	0

（2）指标赋分

根据 7.4.4 节,古洛河"水体自净能力"指标赋分见表 7.5.18。

表 7.5.18　古洛河"水体自净能力"指标赋分

评价河流	溶解氧均值/(mg/L)	赋分
古洛河	8.54	100

7.5.3　生物指标评价

1) 大型底栖无脊椎动物生物完整性指数

（1）评价方法与赋分标准

大型底栖无脊椎动物生物完整性指数(BIBI)通过对比参考点和受损点大型底栖无脊椎动物状况进行评价。基于候选指标库选取核心评价指标,对评价河流底栖生物调查数据按照评价参数分值计算方法,计算 BIBI 指数监测值,根据河流所在水生态分区 BIBI 最佳期望值,按照以下公式计算 BIBI 指标赋分,赋分标准见表 7.5.19。

$$BIBIS = \frac{BIBIO}{BIBIE} \times 100 \tag{7.5.5}$$

式中:$BIBIS$——评价河流大型底栖无脊椎动物生物完整性指数赋分;

　　　$BIBIO$——评价河流大型底栖无脊椎动物生物完整性指数监测值;

　　　$BIBIE$——河流所在水生态分区大型底栖无脊椎动物生物完整性指数最佳期望值。

表 7.5.19　大型底栖无脊椎动物生物完整性指数赋分标准表

大型底栖无脊椎动物生物完整性指数	1.62	1.03	0.31	0.1	0
赋分	100	80	60	30	0

（2）指标赋分

根据 7.4.5 节，古洛河"大型底栖无脊椎动物生物完整性指数"指标赋分见表 7.5.20。

表 7.5.20　古洛河"大型底栖无脊椎动物生物完整性指数"指标赋分

评价河流	BIBIS	赋分
古洛河	0.92	76.9

2）鱼类保有指数

（1）评价方法与赋分标准

无法获取历史鱼类"种"类资料的条件下，宜评价 2021 年评价河段的鱼类丰富度指数（d_M），计算公式如下：

$$d_M = \frac{S-1}{\ln N} \tag{7.5.6}$$

式中：S——采样面积内鱼"种"的数量（剔除外来物种）；

N——采样面积内所有鱼的数量。

赋分标准见表 7.5.21。

表 7.5.21　鱼类丰富度指数赋分标准表

d_M取值	指示水质情况	赋分
$d_M > 3$	水体清洁	100
$2 < d_M \leq 3$	轻度污染	60～100
$1 < d_M \leq 2$	中度污染	20～60
$d_M \leq 1$	重度污染	0～20

（2）指标赋分

根据 7.4.5 节，古洛河"鱼类保有指数"指标赋分见表 7.5.22。

表 7.5.22　古洛河"鱼类保有指数"指标赋分

评价河流	丰富度指数d_M	赋分
古洛河	2.40	76

3）鸟类状况

（1）评价方法与赋分标准

调查评价河流内鸟类的种类、数量，结合现场观测记录（如照片）作为赋分依据,赋分见表 7.5.23。鸟类状况赋分也可采用参考点倍数法,以河流水质及形态重大变化前的历史参考时段的监测数据为基点,宜采用 20 世纪 80 年代或以前监测数据。

表 7.5.23　鸟类栖息地状况赋分标准表

鸟类栖息地状况分级	描述	赋分
好	种类、数量多,有珍稀鸟类	100～90
较好	种类、数量比较多,常见	90～80
一般	种类,数量比较少,偶尔可见	80～60
较差	种类少,难以观测到	60～30
非常差	任何时候都没有见到	0～30

（2）指标赋分

根据 7.4.5 节,采用长丰县鸟类观测统计数据代表古洛河流域内鸟类状况,古洛河鸟类栖息地状况较好,鸟类的种类、数量比较多且常见,故古洛河"鸟类状况"指标赋分为 85 分。

4) 水生植物群落状况

（1）评价方法与赋分标准

水生植物群落包括挺水植物、沉水植物、浮叶植物和漂浮植物以及湿生植物。评价河道每 5～10 km 选取 1 个评价断面,对断面区域水生植物种类、数量、外来物种入侵情况进行调查,结合现场验证,按照丰富、较丰富、一般、较少、无 5 个等级分析水生植物群落状况。赋分标准见表 7.5.24,取各断面赋分平均值作为水生植物群落状况得分。

表 7.5.24　水生植物群落状况赋分标准表

水生植物群落状况分级	指标描述	分值
丰富	水生植物种类很多,配置合理,植株密闭	100～90
较丰富	水生植物种类多,配置较合理,植株数量多	90～80
一般	水生植物种类尚多,植株数量不多且散布	80～60
较少	水生植物种类单一,植株数量很少且稀疏	60～30
无	难以观测到水生植物	30～0

（2）指标赋分

根据 7.4.5 节,古洛河"水生植物群落状况"指标赋分见表 7.5.25。

表 7.5.25　古洛河"水生植物群落状况"指标赋分

评价河流	水生植物群落状况分级	赋分
古洛河	较丰富	81

7.5.4　社会服务功能指标评价

1）岸线利用管理指数

（1）评价方法与赋分标准

岸线利用管理指数指河流岸线保护完好程度，按公式（7.5.7）进行计算。岸线利用管理指数包括两个组成部分：

岸线利用率，即已利用生产岸线长度占岸线总长度的百分比。

已利用岸线完好率，即已利用生产岸线经保护恢复原状的长度占已利用生产岸线总长度的百分比。

$$R_u = \frac{L_n - L_u + L_0}{L_n} \tag{7.5.7}$$

式中：R_u——岸线利用管理指数；

L_u——已开发利用岸线长度（km）；

L_n——岸线总长度（km）；

L_0——已利用岸线经保护完好的长度（km）。

岸线利用管理指数赋分值＝岸线利用管理指数×100。

（2）指标赋分

根据 7.4.6 节，古洛河"岸线利用管理指数"指标赋分见表 7.5.26。

表 7.5.26　古洛河"岸线利用管理指数"指标赋分

评价河流	岸线利用管理指数	赋分
古洛河	0.602	60.2

2）公众满意度

（1）评价方法与赋分标准

评价公众对河流环境、水质水量、涉水景观等的满意程度，采用公众调查方法评价，其赋分取评价流域（区域）内参与调查的公众赋分的平均值。公众满意度的赋分如表 7.5.27 所示，赋分采用区间内线性插值。

表 7.5.27　公众满意度指标赋分标准

公众满意度	[95,100]	[80,95)	[60,80)	[30,60)	[0,30)
赋分	100	[80,100)	[60,80)	[30,60)	[0,30)

（2）指标赋分

根据调查问卷的统计结果,公众普遍认为河流水质、水生态、水环境等状况均较好,对古洛河情况较为满意。经统计,古洛河公众总体满意度均值为 90.1 分,指标赋分为 93.5 分。

7.5.5 河流健康综合评价

1）评价方法与赋分标准

对河流健康进行综合评价时,按照目标层、准则层及指标层逐层加权的方法,计算得到河流健康最终评价结果,计算公式如下。

$$RHI_i = \sum_m [YMB_{mw} \times \sum_n (ZB_{nw} \times ZB_{nr})] \tag{7.5.8}$$

式中:RHI_i——第 i 个评价河段河流健康综合赋分;

ZB_{nw}——指标层第 n 个指标的权重;

ZB_{nr}——指标层第 n 个指标的赋分;

YMB_{mw}——准则层第 m 个准则层的权重。

河流采用河段长度为权重按照公式(7.5.9)进行河流健康赋分计算:

$$RHI = \frac{\sum_{i=1}^{R_s}(RHI_i \times W_i)}{\sum_{i=1}^{R_s}(W_i)} \tag{7.5.9}$$

式中:RHI——河流健康综合赋分;

RHI_i——第 i 个评价河段河流健康综合赋分;

W_i——第 i 个评价河段的长度(km);

R_s——评价河段数量(个)。

2）评价成果

古洛河健康评价准则层雷达图见图 7.5.1,健康评价指标层雷达图见图 7.5.2。古洛河健康评价赋分成果见表 7.5.28。

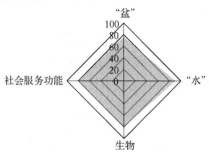

图 7.5.1 古洛河健康评价准则层赋分雷达图

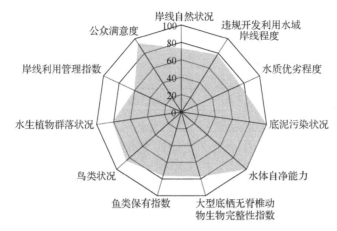

图 7.5.2　古洛河健康评价指标层赋分雷达图

表 7.5.28　古洛河健康赋分表

目标层	准则层	指标层	指标赋分	指标权重	准则层赋分	准则层权重	健康赋分
河流健康	"盆"	岸线自然状况	73	0.5	75.50	0.2	82.04
		违规开发利用水域岸线程度	78	0.5			
	"水"	水质优劣程度	74.9	0.4	89.96	0.3	
		底泥污染状况	100	0.2			
		水体自净能力	100	0.4			
	生物	大型底栖无脊椎动物生物完整性指数	76.9	0.25	79.48	0.2	
		鱼类保有指数	76	0.3			
		鸟类状况	85	0.25			
		水生植物群落状况	81	0.2			
	社会服务功能	岸线利用管理指数	60.2	0.4	80.18	0.3	
		公众满意度	93.5	0.6			

7.6　典型河流健康问题分析及对策

7.6.1　健康评价总体特征

　　根据河流健康评价成果,2021 年古洛河河流健康赋分为 82.04 分,属二类河流、"健康"状态。按照河流健康分级原则,通过"盆"、"水"、生物及社会服务功能四个方面对古洛河进行健康分级,准则层均达到"健康"等级,详见表 7.6.1。

表 7.6.1 古洛河各准则层健康赋分及等级

准则层	赋分	健康等级
"盆"	75.50	健康
"水"	89.96	健康
生物	79.48	健康
社会服务功能	80.18	健康

（1）"盆"、"水"、生物、社会服务功能四个准则层,按赋分高低排序,依次为:"水"89.96 分、社会服务功能 80.18 分、生物 79.48 分、"盆"75.50 分。

（2）本次评价中,古洛河的底泥污染状况、水体自净能力指标赋分均为 100 分,而岸线自然状况、岸线利用管理指数指标赋分较低。

（3）"盆"准则层整体赋分较低,如岸线自然状况 73 分、违规开发利用水域岸线程度 78 分。

（4）"水"准则层整体赋分较高,如底泥污染状况 100 分、水体自净能力 100 分。

（5）生物准则层中与大型底栖无脊椎动物、鱼类相关的指标赋分较低,如大型底栖无脊椎动物生物完整性指数 76.9 分、鱼类保有指数 76 分。

（6）社会服务功能准则层中,岸线利用管理指数指标赋分较低,公众满意度指标赋分较高。

7.6.2 存在的问题分析

乡镇污水收集处理能力不足。朱巷镇和左店镇污水管网建设不完善,乡镇污水处理配套设施建设滞后,古洛河作为乡镇主要的排涝河道,雨污分流不彻底,易造成水体污染,水质恶化。

河道连通性有待优化。古洛河河道未经过疏浚,部分河段河床淤积、河道萎缩明显,河岸杂草丛生,垃圾堆放等问题造成河道严重堵塞,水系连通性不足,水体流动性差,生态功能难以发挥。

河流管理范围内部分土地、滩地使用权有交替重叠现象。古洛河已完成划界工作,但由于历史原因,河流管理范围内土地使用权限难以界定,还存在基本农田和林业用地,致使侵占河道及相关水利工程管理范围、破坏水利工程设施、与水争地等现象时有发生。

7.6.3 措施建议

加强入河排污口监测巡查。针对乡镇污水处理厂入河排污口,进一步加强监测能力建设,提高监测覆盖率,逐步纳入在线监测。建立健全监测通报制度,定期发布排污企业排污量和入河排污口监测信息。加强入河排污口巡查和督查检查,及时发现问题并督促整改落实。

实施古洛河综合治理工程。开展河道岸线整治,包括堤防加固、护坡护岸、清淤疏浚以及拦蓄设施等工程。加强流域区雨污水处理、水量水质监测。因地制宜开展滨河生态绿化带、水域景观建设,构建亲水生态岸线,实现河流环境整洁优美、水清岸绿。

压实河流划界基础工作。完善古洛河管理范围界桩及公告牌埋设,依法依规通过管理范围内可耕作土地认定、确定河流滩地土地权属问题、进行征收河流滩地补偿措施等。

8　水源地安全保障评估

8.1　水源地安全评估背景与意义

自 20 世纪 90 年代,随着工业化和城市化的快速发展,水环境污染问题日益突出,饮用水源地的安全问题也逐渐受到广泛关注。为了保障饮用水源地的安全,国家和地方各级政府陆续出台了一系列政策文件和相关规定,要求开展水源地安全保障评估工作。1996 年颁布的《中华人民共和国水法》明确规定,水资源实行统一管理与分级、分部门管理相结合的制度;同时还规定了水资源保护的要求,包括饮用水水源保护、水功能区划、水环境监测、水污染物排放总量控制等。1998 年,国家环境保护总局发布了《饮用水源保护区划分技术规范》,其中规定了饮用水源保护区的划分方法和评估要求。

为了切实保障饮用水水源安全,水利部于 2011 年启动全国重要饮用水水源地安全保障达标建设工作,对重要饮用水水源地实行核准和安全评估制度。其中,《关于开展全国重要饮用水水源地安全保障达标建设的通知》(水资源〔2011〕329号)提到,要开展全国重要饮用水水源地安全保障达标建设,力争用 5 年时间,列入名录的全国重要饮用水水源地达到"水量保证、水质合格、监控完备、制度健全",初步建成重要饮用水水源地安全保障体系;《全国重要饮用水水源地安全保障评估指南(试行)》(办资源函〔2015〕631 号)文件提出了针对饮用水水源地安全保障的评估指标、评估方法和评分标准,旨在全面评估饮用水水源地安全保障水平,发现和解决潜在的安全问题,提高饮用水水源地保护和管理水平;2016 年印发了《全国重要饮用水水源地名录(2016 年)》(水资源函〔2016〕383 号),对纳入全国重点监管范围的饮用水水源地进行复核调整。

实行最严格的水资源管理制度,针对饮用水水源地,实现"一个保障""一个达标""两个没有""四个到位"(即:保障突发事件情况下的应急供水;水质达到国家规定的水质标准;一级保护区范围内没有与供水无关的设施和活动,二级保护区范围内没有排放污染物的设施或开放活动;水源地保护机构和人员到位,警示标牌、分解碑和隔离措施到位,备用水源地和应急管理预案到位,水质在线监测和共享机制建立到位),是确保饮用水源水质优良、水量充足、水生态良好,保障水源地供水安全的重要举措。开展饮用水水源地安全保障评估工作,对于保障人民群众的健康和生命安全、促进水源地的保护和管理、推动水源地的可持续发展以及为政府制定水源地保护政策提供科学依据都具有重要意义。

8.2 江淮丘陵区水源地概况

安徽省江淮丘陵区4市19个县级区现状共有县级以上饮用水水源地28个,详见表8.1.1、表8.1.2。按照水体类型划分可知,有河流型水源地11个、湖泊型水源地2个、水库型水源地15个;按照使用情况划分可知,有在用水源地20个、备用水源地8个;按照水源地类型划分可知,有国家名录、市级水源地有5个,市级水源地有7个,县级备用水源地有5个,县级水源地有11个。安徽省江淮丘陵区相关地市县级以上水源地情况,概述如下:

合肥市江淮丘陵区共有水源地5个,按照水体类型可划分为河流型水源地1个、湖泊型水源地1个、水库型水源地3个;按照使用情况可划分为在用水源地3个、备用水源地2个;按照水源地类型可划分为国家名录、市级水源地有2个,县级水源地有3个。

淮南市江淮丘陵区共有水源地5个,按照水体类型可划分为河流型水源地4个、水库型水源地1个;按照使用情况可划分为在用水源地4个、备用水源地1个;按照水源地类型可划分为国家名录、市级水源地有1个,市级水源地有2个,县级备用水源地有1个,县级水源地有1个。

滁州市江淮丘陵区共有水源地13个,按照水体类型可划分为河流型水源地2个、水库型水源地11个;按照使用情况可划分为在用水源地9个、备用水源地4个;按照水源地类型可划分为国家名录、市级水源地有1个,市级水源地有1个,县级备用水源地有4个,县级水源地有7个。

六安市江淮丘陵区共有水源地5个,按照水体类型可划分为河流型水源地4个、湖泊型水源地1个;按照使用情况可划分为在用水源地4个、备用水源地1个;按照水源地类型可划分为国家名录、市级水源地有1个,市级水源地有4个。

表8.2.1　安徽省江淮丘陵区县级以上水源地分类统计表　　　单位:个

分类依据		安徽省江淮丘陵区				
		合肥	淮南	滁州	六安	合计
县级以上水源地数量		5	5	13	5	28
水体类型	河流	1	4	2	4	11
	湖泊	1	—	—	1	2
	水库	3	1	11	—	15
使用情况	在用	3	4	9	4	20
	备用	2	1	4	1	8
水源地类型	国家名录,市级水源地	2	1	1	1	5
	市级水源地	—	2	1	4	7
	县级备用水源地		1	4	—	5
	县级水源地	3	1	7	—	11

表8.2.2　安徽省江淮丘陵区县级以上水源地名录一览表

序号	水源地名称	市级行政区	县级行政区	水体类型	使用情况	水源地类型	水资源三级区	保护区划定情况
1	大房郢水库水源地	合肥市	合肥市区	水库	在用	国家名录,市级水源地	巢滁皖及沿江诸河	已划定
2	董铺水库水源地	合肥市	合肥市区	水库	在用	国家名录,市级水源地	巢滁皖及沿江诸河	已划定
3	肥东县众兴水库水源地	合肥市	肥东县	水库	在用	县级水源地	巢滁皖及沿江诸河	已划定
4	肥东县滁河干渠备用水源地	合肥市	肥东县	河流	备用	县级水源地	巢滁皖及沿江诸河	已划定
5	长丰县瓦埠湖备用水源地	合肥市	长丰县	湖泊	备用	县级水源地	巢滁皖及沿江诸河	已划定
6	淮南市东部城区水厂(淮河)水源地	淮南市	淮南市区	河流	在用	国家名录,市级水源地	王蚌区间北岸	已划定
7	袁庄水厂(淮河)水源地	淮南市	淮南市区	河流	在用	市级水源地	王蚌区间北岸	已划定
8	平山头水厂(东淝河)水源地	淮南市	淮南市区	河流	在用	市级水源地	王蚌区间北岸	已划定
9	寿县二水厂(东淝河)水源地	淮南市	寿县	河流	在用	县级水源地	王蚌区间北岸	已划定
10	安丰塘水库备用水源地	淮南市	寿县	水库	备用	县级备用水源地	王蚌区间北岸	已划定
11	沙河集水库水源地	滁州市	滁州市区	水库	在用	国家名录,市级水源地	巢滁皖及沿江诸河	已划定
12	西涧湖水源地	滁州市	滁州市区	水库	在用	市级水源地	巢滁皖及沿江诸河	已划定
13	全椒县黄栗树水库水源地	滁州市	全椒县	水库	在用	县级水源地	巢滁皖及沿江诸河	已划定

续表

序号	水源地名称	市级行政区	县级行政区	水体类型	使用情况	水源地类型	水资源三级区	保护区划定情况
14	全椒县赵店水库水源地	滁州市	全椒县	水库	备用	县级备用水源地	巢滁皖及沿江诸河	已划定
15	明光市南沙河水源地	滁州市	明光市	河流	在用	县级水源地	蚌洪区间南岸	已划定
16	明光市石坝水库水源地	滁州市	明光市	水库	在用	县级水源地	蚌洪区间南岸	已划定
17	定远县城北水库水源地	滁州市	定远县	水库	在用	县级水源地	蚌洪区间南岸	已划定
18	定远县蔡桥水库水源地	滁州市	定远县	水库	备用	县级备用水源地	蚌洪区间南岸	已划定
19	凤阳县凤阳山水库水源地	滁州市	凤阳县	水库	在用	县级水源地	蚌洪区间南岸	已划定
20	凤阳县淮河备用水源地	滁州市	凤阳县	河流	备用	县级备用水源地	蚌洪区间南岸	已划定
21	来安县平阳水库水源地	滁州市	来安县	水库	在用	县级水源地	巢滁皖及沿江诸河	已划定
22	来安县陈郢水库水源地	滁州市	来安县	水库	在用	县级水源地	巢滁皖及沿江诸河	已划定
23	来安县屯仓水库水源地	滁州市	来安县	水库	备用	县级备用水源地	巢滁皖及沿江诸河	已划定
24	六安市二水厂水源地	六安市	六安市区	河流	在用	国家名录，市级水源地	王蚌区间南岸	已划定
25	六安市东城水厂水源地	六安市	六安市区	河流	在用	市级水源地	王蚌区间南岸	已划定
26	六安市新城水厂水源地	六安市	六安市区	河流	在用	市级水源地	王蚌区间南岸	已划定
27	六安市一水厂水源地	六安市	六安市区	河流	在用	市级水源地	王蚌区间南岸	已划定
28	六安市大公堰备用水源地	六安市	六安市区	湖泊	备用	市级水源地	王蚌区间南岸	已划定

安徽省江淮丘陵区县级以上水源地按照水体类型、使用情况、水源地类型分类统计，见图 8.2.1～图 8.2.3。

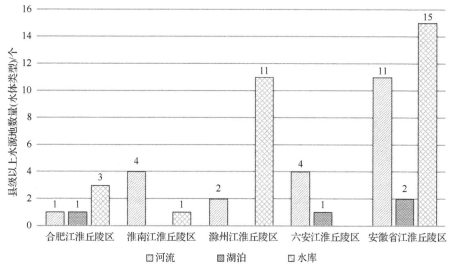

图 8.2.1　安徽省江淮丘陵区县级以上水源地统计图（水体类型）

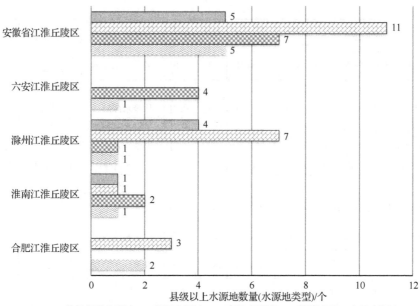

图 8.2.2　安徽省江淮丘陵区县级以上水源地统计图（水源地类型）

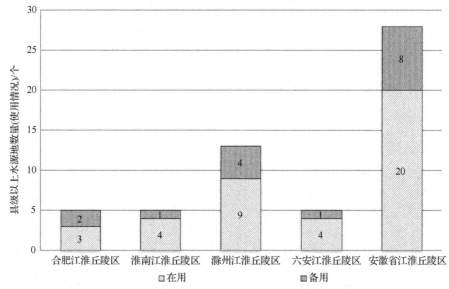

图 8.2.3　安徽省江淮丘陵区县级以上水源地统计图（使用情况）

8.3　水源地安全保障评估技术要求

安徽省江淮丘陵区 4 市 19 个县级区现状 28 个县级以上饮用水水源地均属于

河道型或湖库型水源地,且均已完成水源地保护区划分工作。

为进一步指导和规范全国重要饮用水水源地安全保障达标建设工作,生态环境部(原环境保护部)发布了《全国重要饮用水水源地安全保障评估指南(试行)》,提出了针对饮用水水源地安全保障的内容、工作程序、指标体系、赋分标准和评估方法,具有科学性、可操作性和实用性,为各地开展饮用水水源地安全保障评估工作提供了指导和规范,有助于推动饮用水水源地安全保障工作的开展。

8.3.1　评估工作内容

依据《全国重要饮用水水源地安全保障评估指南(试行)》《全国城市饮用水水源地安全状况评价技术细则》等技术规范、标准,开展饮用水水源地达标建设评估,主要工作内容如下:① 介绍水源地的基本情况,包括水源地概况、现有取水工程设施、水功能区划、水源地保护区划分、备用水源地、水源地达标建设情况及进展等内容;② 分析水源地年供水保证率情况及近 5 年供水保证程度,摸清应急备用水源地及其建设进程、水量调度、供水设施运行安全等情况,对照水量评估各级指标,开展水量安全评估;③ 分析水源地水质达标情况、近 5 年水质达标率变化趋势,摸清水源地水质监测(频次、项目、达标情况)、保护区界标设立、入河排污口、保护区保护现状、植被覆盖等情况,对照水质评估各级指标,开展水质安全评估;④ 根据水源地达标建设和实际现场查勘,分析水源地在线视频监控、巡查、特定指标监测和突发事件应急监测能力等情况,对照水源地监控评估各级指标,开展水源地监控安全评估;⑤ 根据水源地保护区划分、水源地保护规章、管理队伍、应急预案及演练、部门联动、资金保障等情况,对照水源地管理评估各级指标,开展水源地管理安全评估;⑥ 根据饮用水水源地安全保障评估指标体系(4 个一级指标和 25 个二级指标),开展水源地综合评估,并拟定饮用水水源地综合评分及档案材料清单一览表、饮用水水源地安全保障评估一览表;⑦ 对照《全国重要饮用水水源地安全保障评估指南(试行)》等相关技术规范、标准要求及饮用水水源地达标建设评估结果,分析水源地存在问题及达标建设差距,并从工程措施和非工程措施等角度提出针对性的整改措施及建议。

8.3.2　评估指标体系

根据《全国重要饮用水水源地安全保障评估指南》,全国重要饮用水水源地安全保障评估指标体系共分为水量评估、水质评估、监控评估、管理评估 4 个一级指标和 25 个二级指标,详见表 8.3.1。

表 8.3.1　饮用水水源地安全保障达标建设评估指标分值

一级指标		二级指标	分值
水量评估	1	年度供水保证率	14
	2	应急备用水源地建设	8
	3	水量调度管理	4
	4	供水设施运行	4
水质评估	1	取水口处水质达标率	20
	2	封闭管理及界标设立	4
	3	入河排污口设置	3
	4	一级保护区综合治理	3
	5	二级保护区综合治理	2
	6	准保护区综合治理	2
	7	含磷洗涤剂、农药和化肥等的使用	2
	8	保护区交通设施管理	3
	9	保护区植被覆盖率	1
监控评估	1	视频监控	2
	2	巡查制度	2
	3	特定指标监测	3
	4	在线监测	3
	5	信息监控系统	2
	6	应急监测能力	3
管理评估	1	保护区划分	3
	2	部门联动机制	2
	3	法规体系	2
	4	应急预案及演练	3
	5	管理队伍	3
	6	资金保障	2

8.3.3　评估结果分级

　　根据《全国重要饮用水水源地安全保障评估指南》,水源地安全保障评估综合得分等于水量评估、水质评估、监控评估、管理评估 4 个一级指标得分的总和,评估结果分为四个级别:优、良、中和差,其中得分≥90 的水源地被评为"优",80≤得分<90 分的水源地被评为"良",60≤得分<80 的水源地被评为"中",得分为 60 分以下的水源地被评为"差"。饮用水水源地综合评估结果分级见表 8.3.2。

表 8.3.2 饮用水水源地综合评估结果分级表

级别	优	良	中	差
得分	≥90	80≤得分<90	60≤得分<80	<60

8.4 典型水源地评估示例

近年来,安徽省江淮丘陵区相关地市针对市、县、乡级水源地开展了水源地安全保障评估工作,有效提高了区域水源地管理水平,保障了城乡供水安全。本次以六安市淠河饮用水水源地作为例,评估年度选择为 2020 年,按照《全国重要饮用水水源地安全保障评估指南(试行)》提出的评价指标及评价标准体系,针对水源地水量安全、水质安全、监控设施建设、管理制度建设等方面,进行水源地的安全状况评价和综合评估,探讨安徽省江淮丘陵区典型水源地评估重点、主要工作经验与成果。

结合六安淠河水源地实际情况,选定评估范围为淠河两河口以下—横排头段(天然河道)、淠河总干渠的横排头以下—罗管闸段(人工河道),选定评估重点对象为六安一水厂、二水厂、东城水厂、新城水厂以及大公堰备用水源地。

8.4.1 水源地基本情况

1)六安市淠河水源地概况

淠河总干渠发源于六安市裕安区横排头枢纽,自西向东流经六安、合肥两市,全长 104.5 km,其中六安境内 56.8 km。是以灌溉、供水为主,兼顾防洪、发电和生态补水等综合功能,是六安、合肥城镇饮用水最重要的水源,是全国战略优质水源地。

淠河总干渠六安段起于裕安区横排头,止于金安区青龙堰,全长 56.8 km(包括金安区东桥镇马集村 3.7 km),自西向东流经苏埠镇、城南镇、青山乡、平桥乡、小华山街道、市开发区、中市街道、望城岗街道、三里桥街道、东市街道、清水河街道、三十铺镇、东桥镇共 13 个乡镇(街道),每年向六安市提供约 1.76 亿 m³ 优质水源。

横排头渠首枢纽于 1959 年建成,为淠史杭灌区两大渠首之一。该枢纽上游西源建有响洪甸水库,东源建有佛子岭、磨子潭、白莲崖三大水库。横排头枢纽工程包括进水闸(5 孔,每孔宽 5 m)、冲沙闸(4 孔,每孔宽 5 m)、溢流坝、土坝、船闸(后建)等五部分。进水闸根据灌溉需要,自由控制,引水注入淠河总干渠。设计引水流量 300 m³/s,加大流量为 360 m³/s。

罗管闸枢纽工程包括节制闸和船闸,位于六安东三十铺北 2 km 处,用以调节总干渠上、下段之水位,控制各分水口之引水流量。淠东、淠杭、瓦西 3 条干渠的分水闸在罗管闸枢纽以上。设计闸上、下水位:50.15、49.95 m,节制闸为开敞式,钢筋混凝土结构。设计流量 172.1 m³/s,加大流量为 189 m³/s。

淠河总干渠作为六安市城区集中式饮用水水源地,水功能区划为淠河总干渠裕安金安饮用水源农业用水区,全年水质维持在 Ⅱ~Ⅲ 类,水质优良,是六安市城区主要的供水水源,也是六安和合肥及其重要的饮用水水源地和功能保护区。六安市城区饮用水水源地已完成保护区划分工作,并获得省政府批复(皖政秘〔2016〕259 号)。

2)大公堰备用水源地概况

大公堰距离六安市一水厂约 1.5 km。目前大公堰水体面积约 24 万 m²,清淤、堤坝修复后,水体面积约 25 万 m²,有效水深为 5~6 m,清淤后大公堰有效容积约 140 万 m³,可满足水源突发事故时六安市中心城区一周左右的生活用水要求。

3)水源地所在水功能区划情况

根据《六安水功能区划》,六安市城区饮用水水源地涉及的水功能区划为:淠河总干渠裕安金安饮用水源农业用水区。从淠河总干渠渠首横排头枢纽起,至青龙堰,全长 56.8 km。以农业用水为主,也为六安和合肥两市提供饮用水源,按照优先保护饮用水源和保证农业用水水源的原则,划为饮用水源农业用水区。

淠河灌区总干渠是六安市及沿途乡镇如苏家埠、城南镇、三十铺的饮用水源,该区内农田灌溉用水量大,涉及六安金安区、裕安区,并是合肥市区及郊区县等地的输水通道。由于该区具有向大中城市集中供水的功能,对其水质管理要求高,以保护饮用水源不受污染。控制断面现状水质为 Ⅱ~Ⅲ 类,水质管理目标为 Ⅱ 类。在饮用水源取水口周围 500 m 范围内禁止人工水产养殖及其他可能污染水体的活动。

4)供水工程情况

六安市区列入区划的饮用水水源为六安市区所在地的集中式城镇饮用水水源,共有 4 个,分别为一水厂和二水厂饮用水供水水源、东城水厂饮用水供水水源、新城水厂饮用水供水水源、大公堰备用饮用水供水水源(图 8.4.1~图 8.4.5)。六安市城区现状水厂主要有:一水厂、二水厂、东城水厂及新城水厂,取水水源均为淠河总干渠,供水范围是六安市城区范围和经济开发区范围。

六安市一水厂:一期规模 10 万 m³/d,二期规模 20 万 m³/d,净水工艺为常规处理工艺。取水口设置在淠河总干渠 G312 南 200 m,取水泵房设置在厂区内,原水引水管径为 DN1500;供水范围为安丰路以西的主城区范围。

六安市二水厂:始建于 1982 年,位于城市上游淠河总干渠旁,总供水能力为 14 万 m³/d,取水口设置在解放路桥附近,采用岸边式取水构筑物。供水范围主要是安丰路以西的主城区范围。

东城水厂:位于许继慎路和经三路交叉口东北处,现供水能力 7.5 万 m³/d,取水口位于淠河总干渠城区段经三路桥东 200 m 处三女墩村,采用箱式取水头部。

六安市新城水厂:一期规模 3 万 m³/d,取水口位于罗管闸上流 300 m(右岸),计划后期逐步扩容至 6 万 m³/d 供水规模。

图 8.4.1 六安市一水厂

图 8.4.2 六安市二水厂

图 8.4.3 六安市东城水厂

图 8.4.4 六安市新城水厂

图 8.4.5 六安市大公堰备用水源地

8.4.2 水源地水量安全评估

1）年度供水保证率

根据横排头闸来水量实测径流量资料，淠河饮用水水源地多年平均来水量为 34.4 亿 m³，$P=95\%$ 保证率下（相应的干旱年份为 1979 年）来水量为 16.10 亿 m³，可见淠河水源地水量丰富。根据 2020 年城区四座水厂年取水量报表得知：一水厂实际年取水量 2 637.3 万 m³；二水厂实际年取水量 3 829.8 万 m³；东城水厂实际年取水量 1 387.4 万 m³；新城水厂实际年取水量 48.2 万 m³，在设计供水量范围内，

满足供水保证率要求。同时可以看出 2020 年城区四座水厂取水量占淠河水源地
95% 枯水年来水量的比例为 4.9%。（表 8.4.1）

表 8.4.1 六安市城区供水厂 2017～2020 年取水量占比情况统计表

序号	取水户名称	所在地区	取水规模/(万 m³/d)	年取水量/万 m³			
				2017	2018	2019	2020
1	一水厂	裕安区	现状 10；规划 20	2 931.6	3 800.5	3 060.8	2 637.3
2	二水厂	裕安区	现状 14(超负荷，规划年要减少)，规划 10	3 878.9	3 889.2	3 721.3	3 829.8
3	东城水厂	金安区	现状 7.5；规划 10	957.9	996.4	1 190.8	1 387.4
4	新城水厂	三十铺镇	现状 3；规划 6	—	9.2	61.9	48.2
合计				7 768.4	8 695.3	8 034.8	7 902.6
95% 枯水年来水量				161 000			
占比				4.80%	5.40%	5.00%	4.90%

淠河水源地作为六安市城区集中式饮用水水源地，水源优先保障居民生活用
水，根据城区四座供水厂的取水水量占比分析可知，淠河水源地水量能够满足六
安市城区各水厂的取水要求，区域年度供水保证程度较高。图 8.4.6 为六安市城区
供水厂 2017～2020 年取水量统计柱状图。

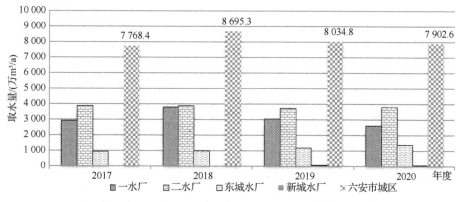

图 8.4.6 六安市城区供水厂 2017～2020 年取水量统计柱状图

2）应急备用水源地

应急备用水源是指具备应急供水水源的水量、水质符合要求，具备替代或置换
应急饮用水的条件，可为保证应急城区生活饮用水而挤占其他用水，应急备用水源
工程应距离城市相对较近，方便取水，工程措施是应急性质的。

六安市城区应急备用水源为大公堰，建设规模为 30 万 m³/d，可满足一水厂突

发事故时 7～12 d 的用水要求,并且有完善的接入自来水厂的供水配套设施,大公堰项目现已建成,具备使用条件;二水厂、东城水厂已经与一水厂实现管网互联互通,具备应急互备的条件;新城水厂现状无应急备用水源地。

3)水量调度管理

水量调度中有优先满足饮用水供水要求,建立了流量、水位双控制指标,并且制定了配置方案,主要依据《安徽省淠史杭灌区管理条例》《安徽省中西部重点区域及淠史杭灌区水量分配方案》《安徽省淠史杭灌区淠河总干渠水资源保护规划》《六安市城市供水用水管理暂行办法》《淠史杭灌区 2020 年灌溉期供水方案》《六安市大别山区水环境生态补偿实施方案》进行水量调度分配。

《六安市人民政府办公室关于印发六安市集中式饮用水水源地突发环境事件应急预案的通知》(六政办秘〔2018〕190 号)文件中提出:淠史杭灌区管理总局在调度和配置本市水库水资源时,优先保障饮用水取水。

现阶段城区四座供水厂受管理运行主体等因素影响,尚未完全实现联网供水,目前正在开展的《六安市城市给水工程规划》相关工作,将进一步优化城区供水格局,同时建议进一步明确城区供水水厂水量调度管理措施,推动供水联合调度方案或预案编制工作。

4)供水设施运行

现阶段六安市城区四座供水水厂,取水和输水工程运行良好,供水设施完好,管网畅通,自来水厂对供水设施定期进行检修。(图 8.4.7～图 8.4.11)

图 8.4.7   六安市一水厂供水设施现状

图 8.4.8　六安市二水厂供水设施现状

图 8.4.9　六安市东城水厂供水设施现状

图 8.4.10　六安市新城水厂供水设施现状

图 8.4.11　六安市大公堰备用水源地取水设施现状

5）水量评估结论

六安市淠河饮用水水源地水量评估得分情况，见表 8.4.2；六安市淠河水源地四座水厂（一水厂、二水厂、东城水厂、新城水厂）水量评估得分情况，见表8.4.3～表8.4.6。

表8.4.2　六安市淠河饮用水水源地水量评估得分一览表

一级指标	二级指标	评价结果	满分	得分	扣分原因
水量评估	年度供水保证率	2020年度四座水厂实际年取水量7 902.6万 m³，取水量占淠河水源地95%枯水年来水量的比例为4.9%，年度供水保证率满足95%的要求	14	14	
	应急备用水源地建设	六安市城区应急备用水源为大公堰，建设规模为30万 m³/d，可满足城区水源地突发事故时7～12 d的用水要求，并且有完善的接入自来水厂的供水配套设施，大公堰项目现已建成，具备使用条件。现阶段二水厂、东城水厂已经与一水厂实现管网互联互通，具备应急备备的条件；新城水厂现状未与城区供水主管网互联互通，应急供水配套设施不完善	8	7	需进一步推动城区水厂联网供水进程，扣1分
	水量调度管理	水量调度中有优先满足饮用水供水要求，建立了流量、水位双控制指标，并且制定了配置方案；《六安市人民政府办公室关于印发六安市集中式饮用水水源地突发环境事件应急预案的通知》（六政办秘〔2018〕190号）文件中提出：淠史杭灌区管理总局在调度和配置本市水库水资源时，优先保障饮用水取水	4	4	
	供水设施运行	现阶段，城区四座水厂及大公堰应急备用水源地供水设施运行正常，管线畅通，对供水设备定期进行维修	4	4	
得分小计			30	29	

表8.4.3　六安市淠河饮用水水源地水量评估得分一览表（一水厂）

一级指标	二级指标	评价结果	满分	得分	扣分原因
水量评估	年度供水保证率	一水厂2020年实际年取水量2 637.3万 m³，年度供水保证率达到95%	14	14	
	应急备用水源地建设	六安市城区应急备用水源为大公堰，建设规模为30万 m³/d，可满足一水厂突发事故时7～12 d的用水要求，并且有完善的接入自来水厂的供水配套设施，大公堰项目现已建成，具备使用条件	8	8	
	水量调度管理	水量调度中有优先满足饮用水供水要求，建立了流量、水位双控制指标，并且制定了配置方案；《六安市人民政府办公室关于印发六安市集中式饮用水水源地突发环境事件应急预案的通知》（六政办秘〔2018〕190号）文件中提出：淠史杭灌区管理总局在调度和配置本市水库水资源时，优先保障饮用水取水	4	4	
	供水设施运行	供水设施运行正常，管线畅通，对供水设备定期进行维修	4	4	
得分小计			30	30	

表8.4.4　六安市淠河饮用水水源地水量评估得分一览表(二水厂)

一级指标	二级指标	评价结果	满分	得分	扣分原因
水量评估	年度供水保证率	二水厂2020年实际年取水量3 829.8万m³,年度供水保证率达到95%	14	14	
	应急备用水源地建设	大公堰作为市区备用水源地,二水厂已与一水厂、东城水厂联网供水、互备互用	8	8	
	水量调度管理	水量调度中有优先满足饮用水供水要求,建立了流量、水位双控制指标,并且制定了配置方案;《六安市人民政府办公室关于印发六安市集中式饮用水水源地突发环境事件应急预案的通知》(六政办秘〔2018〕190号)文件中提出:淠史杭灌区管理总局在调度和配置本市水库水资源时,优先保障饮用水取水	4	4	
	供水设施运行	供水设施运行正常,管线畅通,对供水设备定期进行维修	4	4	
	得分小计		30	30	

表8.4.5　六安市淠河饮用水水源地水量评估得分一览表(东城水厂)

一级指标	二级指标	评价结果	满分	得分	扣分原因
水量评估	年度供水保证率	东城水厂2020年实际年取水量1 387.4万m³,年度供水保证率达到95%。	14	14	
	应急备用水源地建设	大公堰作为市区备用水源地,东城水厂已实现与一水厂、二水厂联网供水、互备互用。	8	8	
	水量调度管理	水量调度中有优先满足饮用水供水要求,建立了流量、水位双控制指标,并且制定了配置方案;《六安市人民政府办公室关于印发六安市集中式饮用水水源地突发环境事件应急预案的通知》(六政办秘〔2018〕190号)文件中提出:淠史杭灌区管理总局在调度和配置本市水库水资源时,优先保障饮用水取水。	4	4	
	供水设施运行	供水设施运行正常,管线畅通,对供水设备定期进行维修	4	4	
	得分小计		30	30	

表 8.4.6 六安市淠河饮用水水源地水量评估得分一览表（新城水厂）

一级指标	二级指标	评价结果	满分	得分	扣分原因
水量评估	年度供水保证率	新城水厂实际年取水量 48.2 万 m^3，年度供水保证率达到 95%	14	14	
	应急备用水源地建设	大公堰作为市区备用水源地，但新城水厂未实现与其他水厂联网供水、互备互用，应急供水配套设施不完善	8	6	应急供水配套设施不完善，扣 2 分
	水量调度管理	水量调度中有优先满足饮用水供水要求，建立了流量、水位双控制指标，并且制定了配置方案；《六安市人民政府办公室关于印发六安市集中式饮用水水源地突发环境事件应急预案的通知》（六政办秘〔2018〕190 号）文件中提出：淠史杭灌区管理总局在调度和配置本市水库水资源时，优先保障饮用水取水	4	4	
	供水设施运行	供水设施运行正常，管线畅通，对供水设备定期进行维修	4	4	
得分小计			30	28	

8.4.3 水源地水质安全评估

1）取水口水质达标

六安市环境监测中心站以及市生态环境局对一水厂、二水厂、东城水厂、新城水厂和大公堰备用水源地水质，每月进行 1 次 61 项指标检测，每年 3 月和 7 月进行 1 次 109 项全指标检测。

全项（109 项）：地表水环境质量标准基本项目 24 项，集中式饮用水地表水源地补充项目 5 项，集中式生活饮用水地表水源地特定项目 80 项；61 项：地表水环境质量标准基本项目（23 项，化学需氧量除外），集中式饮用水地表水源地补充项目 5 项，集中式生活饮用水地表水源地优选特定项目 33 项。

各水厂每月均委托六安市自来水公司中心化验室、市水之缘水质监测站开展原水水质检测 1 次，满足各水厂取水口水质每月至少检测 2 次的标准要求，水质检测结果表明：水厂取水口处、大公堰备用水源地原水水质均达到或优于Ⅲ类水的标准要求，因此认为淠河水源地和大公堰备用水源地水质优良。

2）封闭管理及界标设立

六安市淠河饮用水水源地保护区划分及调整方案于 2016 年获得省政府的批复（皖政秘〔2016〕259 号），完成了水源地达标建设工作，其中包含水源地封闭管理及界标设立保护工程建设内容。根据《六安市人民政府办公室关于印发六安市饮用水水源地保护攻坚战实施方案的通知》（六政办秘〔2019〕94 号）、《六安市人民政府办公室关于印发六安市饮用水水源环境保护条例任务和责任清单的通知》（六政办秘〔2019〕22 号）相关文件,针对生态环境、住建、水利等部门提出了水环境保护和水环境整治的具体工作要求,同时也提出了"规范设立饮用水水源保护区边界标志、稳步推进饮用水水源保护区各类环境问题整治"的相关工作要求。现阶段,一水厂、二水厂、东城水厂、新城水厂和大公堰备用水源地保护区设立隔离栏、宣传牌、界标牌、警示牌基本情况及存在问题,见表 8.4.7～表 8.4.11。淠河水源地一级保护区陆域范围实现封闭管理,布设有隔离防护设施、界标牌和交通警示牌,大部分设施及设备现状基本完好;其中水源地保护区隔离栏一水厂破损 2 处、东城水厂破损 3 处、新城水厂破损 1 处;新城水厂水源地交通警示牌破损 3 处,需要及时更新完善。

表 8.4.7　六安市一水厂淠河水源地封闭管理及界标设立情况

类别	数量	布设位置	现有设施是否存在损坏（或其他问题）
隔离栏（长度）	5 000 m	一级保护区范围内,河道两岸	破损 2 处（樊通桥、六叶路桥位置处）
宣传牌	2	取水口附近	无
界标牌	4	分别位于保护区边界位置处	无
交通警示牌	3	位于保护区范围内的主干道路旁	无

表 8.4.8　六安市二水厂淠河水源地封闭管理及界标设立情况

类别	数量	布设位置	现有设施是否存在损坏（或其他问题）
隔离栏（长度）	5 000 m	一级保护区范围内,河道两岸;与一水厂水源地保护区共用	（破损情况已计入）
宣传牌	4	取水口岸边设立 3 处,对岸设立 1 处	无
界标牌	3	解放南路桥头路口位置	无
交通警示牌	2	位于保护区范围内的主干道路旁	无

表 8.4.9　六安市东城水厂淠河水源地封闭管理及界标设立情况

类别	数量	布设位置	现有设施是否存在损坏（或其他问题）
隔离栏（长度）	2 200 m	一级保护区范围内,河道两岸	破损 3 处
宣传牌	2	取水口位置处	无
界标牌	1	取水口上游 1 km 位置处	无
交通警示牌	2	保护区范围内跨河道路旁	无

表 8.4.10　六安市新城水厂淠河水源地封闭管理及界标设立情况

类别	数量	布设位置	现有设施是否存在损坏（或其他问题）
隔离栏（长度）	4 000 m	一级保护区范围内,河道两岸	破损 1 处
宣传牌	5	取水口、罗管闸附近位置处	无
界标牌	2	保护区边界位置处	无
交通警示牌	10	保护区范围内跨河道路旁	3 处破损

表 8.4.11　六安市大公堰备用水源地封闭管理及界标设立情况

类别	数量	布设位置	现有设施是否存在损坏（或其他问题）
隔离栏（长度）	2 600 m	一级保护区范围内,水域边界	无
宣传牌	2	位于进水闸、出水闸附近	无
界标牌	1	位于保护区边界位置处	无
交通警示牌	2	保护区范围内主干道道路旁	无

3) 入河排污口设置

六安市淠河饮用水水源地保护区划分及调整方案于 2016 年获得省政府的批复(皖政秘〔2016〕259 号),现已完成水源地环境整治工作,一水厂、二水厂、东城水厂、新城水厂一、二级保护区无排污口。

4) 一级保护区、二级保护区、准保护区综合治理

六安市一水厂、二水厂、东城水厂、新城水厂一级保护区内没有与供水设施和保护水源无关的建设项目,无网箱养殖,畜禽养殖、无垂钓或者其他可能污染饮用水水体的活动,水面没有树枝、垃圾等漂浮物。二水厂下游一级保护区内梅山路桥,应该建立防护栏、导流等措施防止应急事件对饮用水水源地的污染;东城水厂一级保护区内约 280 m² 的建筑为淠史杭管理总局所有,原出租给某工厂作为生产车间,现已收回,作为淠河总干渠管理用房(与保护水源有关的构筑物,不属于违章建筑)。

六安市城区四座水厂一级保护区内存在垂钓等可能会污染水体水质的人为活动影响,需及时修复隔离栏,同时加强水源地的巡查和行为管制。

二级保护区无网箱养殖、畜禽养殖、旅游等活动,按照规定采取了防止污染饮用水水体的措施。

5) 含磷洗涤剂、农药和化肥等使用

《六安市饮用水水源环境保护条例》(2017 年 12 月)中明令禁止在水源地保护

区范围内,使用含磷洗涤剂、化肥、农药的行为。

6) 交通设施管理

六安市淠河饮用水水源地一、二级保护区内已修建桥梁21座,桥梁现状和存在问题统计,见表8.4.12。其中一级保护区范围内有8座桥梁,部分桥梁采取雨水导流防治措施,但大多未按照《饮用水水源保护区标志技术要求》(HJ/T 433—2008)合理设置交通警示牌。现阶段市交通局已按规范要求制定危险化学品车辆通行方案,划定危险化学品车辆通行路线,并设置危险化学品车辆禁行标志。

根据淠河水源地保护区范围内跨河桥梁雨水导流和收集设施现状、交通警示牌设置情况,建议完善内容见表8.4.13。

表8.4.12 六安市淠河饮用水水源地(自上而下)跨河桥梁存在问题统计表

序号	桥梁名称	性质	长度/m	与保护区的位置关系	备注
1	横排头闸下桥	公路桥	115	二级保护区内	已设置雨水导流设施,缺少交通警示牌
2	六潜高速公路桥(G35)	公路桥	123		已设置雨水导流设施,缺少交通警示牌
3	老戚家桥	公路桥	104.9		无雨水导流和收集设施,缺少交通警示牌
4	新戚家桥	公路桥	152.3		已设置雨水导流设施,缺少交通警示牌
5	阜六铁路桥	铁路桥	130		缺少交通警示牌
6	宁西铁路桥	铁路桥	117.8		缺少交通警示牌
7	樊通桥	公路桥	114.3	(一水厂、二水厂)一级保护区内	已设置雨水导流和收集装置,缺少交通警示牌
8	合武铁路桥	铁路桥	226.2		缺少交通警示牌
9	宁西铁路桥	铁路桥	111.6		缺少交通警示牌
10	六叶路桥(G312)	公路桥	130.2		已设置雨水导流和收集装置,缺少交通警示牌
11	佛子岭西路桥	公路桥	144.1		无雨水导流和收集设施,交通警示牌不足
12	解放南路桥	公路桥	115.7		无雨水导流和收集设施,缺少交通警示牌
13	梅山南路桥	公路桥	164.2		无雨水导流和收集设施,缺少交通警示牌

序号	桥梁名称	性质	长度/m	与保护区的位置关系	备注
14	齿轮厂吊桥（龙河东路）	公路桥	70.5	二级保护区内	无雨水导流和收集设施,缺少交通警示牌
15	淠史杭大桥	公路桥	193.6		无雨水导流和收集设施,缺少交通警示牌
16	五里墩大桥（皖西大道）	公路桥	123.8		无雨水导流和收集设施,缺少交通警示牌
17	皋城路大桥	公路桥	188.7		无雨水导流和收集设施,缺少交通警示牌
18	备战桥（长安北路）	公路桥	137.8		已设置雨水导流设施,缺少交通警示牌
19	百胜大桥（迎宾大道）	公路桥	109.6	（东城水厂）一级保护区内	已设置雨水导流设施,缺少交通警示牌
20	皋陶桥	公路桥	477	二级保护区内	已设置雨水导流设施,交通警示牌不足
21	三元路桥（胜利北路）	公路桥	464		已设置雨水导流设施,缺少交通警示牌

表 8.4.13　六安市淠河水源地保护区范围内跨河桥梁需完善建设内容说明

序号	桥梁名称	与保护区的位置关系	建议完善内容
1	横排头闸下桥	二级保护区内	增设交通警示牌2块
2	六潜高速公路桥(G35)		增设交通警示牌2块
3	老戚家桥		增设雨水导流设施、交通警示牌2块
4	新戚家桥		增设交通警示牌2块
5	阜六铁路桥		增设交通警示牌2块
6	宁西铁路桥		增设交通警示牌2块
7	樊通桥	（一水厂、二水厂）一级保护区内	增设交通警示牌2块
8	合武铁路桥		增设交通警示牌2块
9	宁西铁路桥		增设交通警示牌2块
10	六叶路桥(G312)		增设交通警示牌2块
11	佛子岭西路桥		增设雨水导流和收集处理设施、交通警示牌2块
12	解放南路桥		增设雨水导流和收集处理设施、交通警示牌2块
13	梅山南路桥		增设雨水导流和收集处理设施、交通警示牌2块

续表

序号	桥梁名称	与保护区的 位置关系	建议完善内容
14	齿轮厂吊桥(龙河东路)		增设雨水导流和收集处理设施、交通警示牌2块
15	淠史杭大桥		增设雨水导流和收集处理设施、交通警示牌2块
16	五里墩大桥(皖西大道)	二级保护区内	增设雨水导流和收集处理设施、交通警示牌2块
17	皋城路大桥		增设雨水导流和收集处理设施、交通警示牌2块
18	备战桥(长安北路)		增设交通警示牌2块
19	百胜大桥(迎宾大道)	(东城水厂) 一级保护区内	增设交通警示牌2块
20	皋陶桥	二级保护区内	增设交通警示牌1块
21	三元路桥(胜利北路)		增设交通警示牌2块

备注:建议根据水源地管理实际需要,在城区段跨河桥梁位置处增设宣传牌,如介绍饮用水水源保护区管理要求等,以提高市民水源地保护意识。

对于未设置雨水导流设施的桥梁,应及时完善导流设置建设,同时加强检修和维护,避免桥面雨水携带污染物进入水源地。交通警示牌应按照《饮用水水源保护区标志技术要求》(HJ/T 433—2008)相关要求设置。饮用水水源保护区道路警示牌,在驶离饮用水水源保护区的路侧,可设立驶离告示牌。同时建议交通局进一步严格制定危险化学品车辆通行方案,划定危险化学品车辆通行路线,并规范设置危险化学品车辆禁行标志。

7)植被覆盖率

根据六安市淠河水源地保护区地形图、影像图,初步估算水源地从两河口—罗管闸总长度约53.5 km,其中一级保护区陆域总面积约0.72 km²,一级保护区内适宜绿化的陆域现状绿化面积达到0.6 km²,植被覆盖率达到了83%;二级保护区内适宜绿化的陆域面积约为6.2 km²,现状绿化率达到60%,同时随着水源地管理水平的提高,二级保护区内适宜绿化的陆域植被覆盖率正在逐步提高。

8)水质评估结论

六安市淠河饮用水水源地水质评估得分情况,见表8.4.14;六安市淠河水源地四座水厂(一水厂、二水厂、东城水厂、新城水厂)水质评估得分情况,见表8.4.15～表8.4.18。

表 8.4.14　六安市淠河饮用水水源地水质评估得分一览表

一级指标	二级指标	评价结果	满分	得分	扣分原因
水质评估	取水口水质达标率	2020 年度六安市淠河饮用水水源地水质达标率为 100%	20	20	
	封闭管理及界标设立	现阶段,淠河水源地一级保护区陆域范围实现封闭管理,布设有隔离防护设施、界标牌和交通警示牌,大部分设施及设备现状基本完好;其中水源地保护区隔离栏一水厂破损 2 处、东城水厂破损 3 处、新城水厂破损 1 处;新城水厂水源地交通警示牌破损 3 处,需要及时更新完善	4	3.5	部分隔离栏、警示牌破损待修复,扣0.5分
	入河排污口设置	水源地一、二级保护区内没有入河排污口	3	3	
	一级保护区综合治理	没有与供水设施和保护水源无关的建设项目,无网箱养殖、畜禽养殖或者其他可能污染饮用水水体的活动,水面没有树枝、垃圾等漂浮物。存在垂钓等可能会污染水体水质的人为活动影响	3	2.5	存在垂钓等人为活动影响,扣0.5分
	二级保护区综合治理	二级保护无畜禽养殖等活动,按照规定采取了防止污染饮用水水体措施	2	2	
	准保护区综合治理	没有对水体产生严重污染的建设项目,没有危险废物、生活垃圾堆放场所和处置场所	2	2	
	含磷洗涤剂、农药和化肥等使用	《六安市饮用水水源环境保护条例》(2017 年 12 月)中明令禁止在水源地保护区范围内,使用含磷洗涤剂、化肥、农药的行为	2	2	
	保护区交通设施管理	六安市淠河饮用水水源地一、二级保护区内已修建桥梁 21 座,其中一级保护区范围内有 8 座桥梁,部分桥梁采取雨水导流防治措施,但大多未按照《饮用水水源保护区标志技术要求》(HJ/T 433—2008)合理设置交通警示牌。现阶段,已按规范要求制定危险化学品车辆通行方案,划定危险化学品车辆通行路线,并设置危险化学品车辆禁行标志	3	2	有待完善跨河桥梁雨水导流、交通警示牌设施,同时进一步加强交通设施管理工作,扣1分
	保护区植被覆盖率	一级保护区内的陆域基本上进行了绿化,植被覆盖率达到了 83%,二级保护区内的陆域绿化面积也正逐步提高	1	1	
得分小计			40	38	

表 8.4.15   六安市淠河饮用水水源地水质评估得分一览表(一水厂)

一级指标	二级指标	评价结果	满分	得分	扣分原因
水质评估	取水口水质达标率	2020年水质达标率为100%	20	20	
	封闭管理及界标设立	现阶段,一水厂水源地一级保护区陆域范围实现封闭管理,布设有隔离防护设施、界标牌和交通警示牌,设施及设备现状基本完好;隔离网破损2处	4	3.5	部分隔离栏破损待修复,扣0.5分
	入河排污口设置	水源地一、二级保护区内没有入河排污口	3	3	
	一级保护区综合治理	没有与供水设施和保护水源无关的建设项目,无网箱养殖,畜禽养殖,水面没有树枝、垃圾等漂浮物;存在垂钓等可能会污染水体水质的人为活动影响	3	2.5	存在垂钓等人为活动影响,扣0.5分
	二级保护区综合治理	二级保护区无畜禽养殖等活动,按照规定采取了防止污染饮用水水体措施	2	2	
	准保护区综合治理	没有对水体产生严重污染的建设项目,没有危险废物、生活垃圾堆放场所和处置场所	2	2	
	含磷洗涤剂、农药和化肥等使用	《六安市饮用水水源环境保护条例》(2017年12月)中明令禁止在水源地保护区范围内,使用含磷洗涤剂、化肥、农药的行为	2	2	
	保护区交通设施管理	一级保护区范围内有7座桥梁,部分桥梁采取雨水导流防治措施,但大多未按照《饮用水水源保护区标志技术要求》(HJ/T 433—2008)合理设置交通警示牌。现阶段,已按规范要求制定危险化学品车辆通行方案,划定危险化学品车辆通行路线,并设置危险化学品车辆禁行标志	3	2	有待进一步加强交通设施管理工作,扣1分
	保护区植被覆盖率	一级保护区内的陆域基本上进行了绿化,植被覆盖率达到了83%,二级保护区内的陆域绿化面积也正逐步提高	1	1	
得分小计			40	38	

表 8.4.16 六安市淠河饮用水水源地水质评估得分一览表（二水厂）

一级指标	二级指标	评价结果	满分	得分	扣分原因
水质评估	取水口水质达标率	2020 年水质达标率为 100%	20	20	
	封闭管理及界标设立	现阶段，二水厂水源地一级保护区陆域范围实现封闭管理，布设有隔离防护设施、界标牌和交通警示牌，设施及设备现状基本完好；隔离网破损 2 处	4	3.5	部分隔离栏破损待修复，扣 0.5 分
	入河排污口设置	水源地一、二级保护区内没有入河排污口	3	3	
	一级保护区综合治理	没有与供水设施和保护水源无关的建设项目，无网箱养殖，畜禽养殖，水面没有树枝、垃圾等漂浮物；存在垂钓等可能会污染水体水质的人为活动影响	3	2.5	存在垂钓等人为活动影响，扣 0.5 分
	二级保护区综合治理	二级保护区无畜禽养殖等活动，按照规定采取了防止污染饮用水水体措施	2	2	
	准保护区综合治理	没有对水体产生严重污染的建设项目，没有危险废物、生活垃圾堆放场所和处置场所的	2	2	
	含磷洗涤剂、农药和化肥等使用	《六安市饮用水水源环境保护条例》（2017 年 12 月）中明令禁止在水源地保护区范围内，使用含磷洗涤剂、化肥、农药的行为	2	2	
	保护区交通设施管理	一级保护区范围内有 7 座桥梁，部分桥梁采取雨水导流防治措施，但大多未按照《饮用水水源保护区标志技术要求》（HJ/T 433—2008）合理设置交通警示牌。现阶段，已按规范要求制定危险化学品车辆通行方案，划定危险化学品车辆通行路线，并设置危险化学品车辆禁行标志	3	2	有待进一步加强交通设施管理工作，扣 1 分
	保护区植被覆盖率	一级保护区内的陆域基本上进行了绿化，植被覆盖率达到了 83%，二级保护区内的陆域绿化面积也正逐步提高	1	1	
得分小计			40	38	

表 8.4.17 六安市淠河饮用水水源地水质评估得分一览表(东城水厂)

一级指标	二级指标	评价结果	满分	得分	扣分原因
水质评估	取水口水质达标率	2020 年水质达标率为 100%	20	20	
	封闭管理及界标设立	现阶段,东城水厂水源地一级保护区陆域范围实现封闭管理,布设有隔离防护设施、界标牌和交通警示牌,设施及设备现状基本完好;东城水厂水源地保护区范围隔离栏破损 3 处	4	3.5	部分隔离栏破损待修复,扣 0.5 分
	入河排污口设置	水源地一、二级保护区内没有入河排污口	3	3	
	一级保护区综合治理	没有与供水设施和保护水源无关的建设项目,无网箱养殖、畜禽养殖,水面没有树枝、垃圾等漂浮物;存在垂钓等可能会污染水体水质的人为活动影响	3	2.5	存在垂钓等人为活动影响,扣 0.5 分
	二级保护区综合治理	二级保护区无畜禽养殖等活动,按照规定采取了防止污染饮用水水体措施	2	2	
	准保护区综合治理	没有对水体产生严重污染的建设项目,没有危险废物、生活垃圾堆放场所和处置场所的	2	2	
	含磷洗涤剂、农药和化肥等使用	《六安市饮用水水源环境保护条例》(2017 年 12 月)中明令禁止在水源地保护区范围内,使用含磷洗涤剂、化肥、农药的行为	2	2	
	保护区交通设施管理	一级保护区范围内有百胜大桥(迎宾大道),采取了雨水导流防治措施,但未按照《饮用水源保护区标志技术要求》(HJ/T 433—2008)合理设置交通警示牌。现阶段,已按规范要求制定危险化学品车辆通行方案,划定危险化学品车辆通行路线,并设置危险化学品车辆禁行标志	3	2.5	有待进一步加强交通设施管理工作,扣 0.5 分
	保护区植被覆盖率	一级保护区内的陆域基本上进行了绿化,植被覆盖率达到了 83%,二级保护区内的陆域绿化面积也正逐步提高	1	1	
得分小计			40	38.5	

表 8.4.18 六安市淠河饮用水水源地水质评估得分一览表（新城水厂）

一级指标	二级指标	评价结果	满分	得分	扣分原因
水质评估	取水口水质达标率	2020 年水质达标率为 100％	20	20	
	封闭管理及界标设立	现阶段，新城水厂水源地一级保护区陆域范围实现封闭管理，布设有隔离防护设施、界标牌和交通警示牌；隔离栏破损 1 处，交通警示牌破损 3 处	4	3	部分隔离栏、警示牌破损待修复，扣 1 分
	入河排污口设置	水源地一、二级保护区内没有入河排污口	3	3	
	一级保护区综合治理	没有与供水设施和保护水源无关的建设项目，无网箱养殖，畜禽养殖，水面没有树枝、垃圾等漂浮物；存在垂钓等可能会污染水体水质的人为活动影响	3	2.5	存在垂钓等人为活动影响，扣 0.5 分
	二级保护区综合治理	二级保护区无畜禽养殖等活动，按照规定采取了防止污染饮用水水体措施	2	2	
	准保护区综合治理	没有对水体产生严重污染的建设项目，没有危险废物、生活垃圾堆放场所和处置场所的	2	2	
	含磷洗涤剂、农药和化肥等使用	《六安市饮用水水源环境保护条例》(2017 年 12 月)中明令禁止在水源地保护区范围内，使用含磷洗涤剂、化肥、农药的行为	2	2	
	保护区交通设施管理	保护区范围内无交通设施	3	3	
	保护区植被覆盖率	一级保护区内的陆域基本上进行了绿化，植被覆盖率达到了 83％，二级保护区内的陆域绿化面积也正逐步提高	1	1	
得分小计			40	38.5	

8.4.4　水源地监控评估

1) 视频监控

现阶段，一水厂、二水厂、东城水厂、新城水厂和大公堰备用水源地在取水口、取水泵房及重要设施处安装有视频监控，目前视频监控设施安装情况，见表 8.4.19。一水厂、东城水厂、新城水厂视频监控设施基本能够满足监控要求，同时建有监控信息管理平台，管理和运行状态良好；二水厂厂区视频监控设备不足，需及时补充完善。

表 8.4.19　六安市淠河饮用水水源地视频监控设施布设情况

水源地	数量/个	布设位置
一水厂	46	厂区内 34 个(取水口 1 个),厂区外 12 个
二水厂	6	取水口处有 2 个,厂区 3 个,泵房内 1 个
东城水厂	36	取水口附近 2 个,厂区 34 个
新城水厂	29	取水口 4 个,厂区 25 个
大公堰	10	进水闸、出水闸各 1 个,取水泵房及周边 3 个,厂区 5 个

2) 巡查制度

一水厂、二水厂、东城水厂均由六安市新、老淠河执法大队定期进行巡查,有完整的巡查记录,一级保护区实行逐日巡查,二级保护区实行不定期巡查。新城水厂安排管理人员对一级保护区进行逐日巡查,二级保护区实行不定期巡查。

现阶段四座水厂均按照要求开展了水源日常巡查,但巡查记录不完整,后续管理工作中,需做好巡查登记工作。

3) 特定指标监测

六安市环境监测中心站以及市生态环境局对一水厂、二水厂、东城水厂、新城水厂和大公堰备用水源地水质,每年 3 月和 7 月进行 1 次 109 项全指标检测,满足特定指标监测要求。

4) 在线监测

水量在线监测:一水厂、二水厂、东城水厂、新城水厂取水口附近水域安装有水量在线计量监测设施,水厂管理部门按照取水许可管理相关规定,办理了取水许可证,同时按照水量计量数据缴纳水资源费(税),计量设施和设备运行状态良好。

水质在线监测设施:现阶段一水厂、二水厂、东城水厂厂区内建有水质在线监测设施和设备,能够实现水质部分指标在线监测。同时一水厂取水口和淠河水源地罗管闸位置处建有水质在线监控站点,纳入国家及省市水资源监控能力管理平台,实现水源地水质在线监控。新城水厂每月将水质送至六安市自来水公司中心化验室、市水之缘水质监测站进行监测。

5) 信息监控系统

一水厂、二水厂、东城水厂、新城水厂建有水质、水量安全监控系统,具备取水量、水质、水位等水文水资源监测信息采集、传输和分析能力。在淠河饮用水水源地建有水资源国控系统设备,并建有信息化管理平台,相关监测数据直接接入六安市和安徽省水利厅水资源管理信息平台监控系统。

此外,一水厂和东城水厂厂区内部建有监控信息平台,能够实现取水水量、水质等信息的采集和传输和分析功能。

6)应急监测能力

《六安市人民政府办公室关于印发六安市集中式饮用水水源地突发环境事件应急预案的通知》(六政办秘〔2018〕190号)文件中提出:饮用水水源地突发环境事件的应急监测由市生态环境局牵头,市水利局、市卫生计生委、市国土资源局、供水单位等组成,制定应急监测实施方案,负责组织协调污染水域环境实时的应急监测。同时要求建立水污染应急数据库,建立健全各专业水污染应急监测队伍。

六安市环境监测中心站,具备预警和突发事件发生时,加密监测和增加监测项目,同时具有突发性水污染事件的应急监测能力。

7)应急监测能力

六安市淠河饮用水水源地监控评估得分情况,见表8.4.20;六安市淠河水源地四座水厂(一水厂、二水厂、东城水厂、新城水厂)监控评估得分情况,见表8.4.21～表8.4.24。

表8.4.20　六安市淠河饮用水水源地监控评估得分一览表

一级指标	二级指标	评价结果	满分	得分	扣分原因
监控评估	视频监控	一水厂、东城水厂、新城水厂视频监控设施基本能够满足监控要求,同时建有监控信息管理平台,管理和运行状态良好;二水厂厂区视频监控设备不足,需及时补充完善	2	1.5	二水厂视频监控不足,扣0.5分
	巡查制度	建有巡查制度,但一级保护区不能实现逐日巡查,巡查记录不完整	2	1	巡查记录不完整,扣1分
	特定指标监测	六安市环境监测中心站以及市生态环境局每月进行1次61项指标检测,每年3月和7月进行1次109项全指标检测	3	3	
	在线监测	取水口安装有水量在线计量和水质在线监测设施	3	3	
	信息监控系统	水量和水质纳入六安市和安徽省水利厅水资源管理信息平台监控系统	2	2	
	应急监测能力	已制定《六安市集中式饮用水水源地突发环境事件应急预案》文件,六安市环境监测中心站具备应急监测能力	3	3	
得分小计			15	13.5	

表 8.4.21 六安市淠河饮用水水源地监控评估得分一览表（一水厂）

一级指标	二级指标	评价结果	满分	得分	扣分原因
监控评估	视频监控	一水厂在取水口及取水设施处安装有视频监控，能够满足监控要求	2	2	
	巡查制度	建有巡查制度，但一级保护区不能实现逐日巡查，巡查记录不完整	2	1	巡查记录不完整，扣1分
	特定指标监测	六安市环境监测中心站以及市生态环境局每月进行1次61项指标检测，每年3月和7月进行1次109项全指标检测	3	3	
	在线监测	取水口安装有水量在线计量和水质在线监测设施	3	3	
	信息监控系统	水量和水质纳入六安市和安徽省水利厅水资源管理信息平台监控系统	2	2	
	应急监测能力	已制定《六安市集中式饮用水水源地突发环境事件应急预案》文件，六安市环境监测中心站具备应急监测能力	3	3	
得分小计			15	14	

表 8.4.22 六安市淠河饮用水水源地监控评估得分一览表（二水厂）

一级指标	二级指标	评价结果	满分	得分	扣分原因
监控评估	视频监控	二水厂在取水口及取水设施处安装有视频监控；现状视频监控能力不足，主要供水工程设施不能实现24小时监控	2	1	视频监控不足，扣1分
	巡查制度	一级保护区实行逐日巡查，二级保护区实行不定期巡查，巡查记录不完整	2	1	巡查记录不完整，扣1分
	特定指标监测	六安市环境监测中心站以及市生态环境局每月进行1次61项指标检测，每年3月和7月进行1次109项全指标检测	3	3	
	在线监测	取水口安装有水量在线计量，水质参照一水厂水质自动监测站在线监测数据	3	3	
	信息监控系统	水量和水质纳入六安市和安徽省水利厅水资源管理信息平台监控系统	2	2	
	应急监测能力	已制定《六安市集中式饮用水水源地突发环境事件应急预案》文件，六安市环境监测中心站具备应急监测能力	3	3	
得分小计			15	13	

表 8.4.23　六安市淠河饮用水水源地监控评估得分一览表（东城水厂）

一级指标	二级指标	评价结果	满分	得分	扣分原因
监控评估	视频监控	东城水厂在取水口及取水设施处安装有视频监控,能够满足监控要求	2	2	
	巡查制度	建有巡查制度,但一级保护区不能实现逐日巡查,巡查记录不完整	2	1	巡查记录不完整,扣1分
	特定指标监测	六安市环境监测中心站以及市生态环境局每月进行1次61项指标检测,每年3月和7月进行1次109项全指标检测	3	3	
	在线监测	取水口安装有水量在线计量和水质在线监测设施	3	3	
	信息监控系统	水量和水质纳入六安市和安徽省水利厅水资源管理信息平台监控系统	2	2	
	应急监测能力	已制定《六安市集中式饮用水水源地突发环境事件应急预案》文件,六安市环境监测中心站具备应急监测能力	3	3	
得分小计			15	14	

表 8.4.24　六安市淠河饮用水水源地监控评估得分一览表（新城水厂）

一级指标	二级指标	评价结果	满分	得分	扣分原因
监控评估	视频监控	新城水厂在取水口及取水设施处安装有视频监控,能够满足监控要求	2	2	
	巡查制度	建有巡查制度,但一级保护区不能实现逐日巡查,巡查记录不完整	2	1	巡查记录不完整,扣1分
	特定指标监测	六安市环境监测中心站以及市生态环境局每月进行1次61项指标检测,每年3月和7月进行1次109项全指标检测。	3	3	
	在线监测	取水口安装有水量在线计量,水质参照罗管闸水质监测站在线监测数据。	3	3	
	信息监控系统	水量和水质纳入六安市和安徽省水利厅水资源管理信息平台监控系统	2	2	
	应急监测能力	已制定《六安市集中式饮用水水源地突发环境事件应急预案》文件,六安市环境监测中心站具备应急监测能力	3	3	
得分小计			15	14	

8.4.5　水源地管理评估

1）保护区划分

（1）2016年划分结果

根据《安徽省人民政府关于六安市城区饮用水水源保护区划分及调整方案的

批复》(皖政秘〔2016〕259号),六安市城区饮用水水源地保护区划分结果如下:

一级保护区范围包括:六安市一水厂取水口上游1912 m(樊通桥)至二水厂取水口下游783 m(梅山路桥)的淠河总干渠整个水域,东城水厂取水口上游1000 m至下游100 m的淠河总干渠整个水域,新城水厂取水口上游1000 m至下游100 m的淠河总干渠整个水域;与一级保护区水域长度一致,宽度为一级保护区水域两侧纵深50 m的陆域;大公堰正常水位线49.5 m高程以下的全部水域、陆域。

二级保护区范围包括:淠河总干渠上游两河口至下游罗管闸(除一级保护区外)的所有水域;与一级、二级保护区水域长度一致,宽度为一级保护区两侧纵深150 m、二级保护区水域两侧纵深200 m的陆域;大公堰周围G312国道、解放南路、南屏路及淠河总干渠合围的区域。

(2)2023年划分结果

为切实做好城区饮用水水源保护区保护和监管,进一步提高风险防范意识,最大限度降低环境风险,结合六安市城区发展和水源地管理需要,2023年对淠河水源地保护区进行了调整(表8.4.25)。根据《安徽省生态环境厅关于同意六安市城区饮用水水源保护区调整方案的批复》(皖环办复〔2023〕185号),调整后六安市城区饮用水水源地保护区划分结果如下:

一级保护区:水域范围为六安市一水厂取水口上游1912 m(樊通桥)至二水厂取水口下游783 m(梅山路桥)的淠河总干渠水域;东城水厂取水口上游1000 m至下游100 m的淠河总干渠水域;新城水厂取水口上游1000 m至下游100 m的淠河总干渠水域。陆域范围为:长度与一级保护区水域长度一致,宽度为一级保护区水域两侧边界线至沿河堤岸临水侧。大公堰常水位线49.5 m高程以下全部水域、陆域为一级保护区。

二级保护区:水域范围为淠河总干渠上游两河口至下游罗管闸(除一级保护区外)的所有水域。陆域范围为:长度为淠河总干渠上游两河口至下游罗管闸;两河口至横排头段宽度为水域左侧边界线至左岸沿河道路S330省道、独山大桥连接线临水侧,水域右侧边界线至右岸沿河道路X209县道、六龙路(青山段)和杨湾防洪大坝临水侧;横排头至罗管闸段宽度为水域两侧边界线至该段水利工程管理范围边界(一级保护区除外)。大公堰二级保护区范围为G312国道、南屏路、解放南路、淠河总干渠合围区域(一级保护区除外)。

表 8.4.25　六安市城区饮用水水源地保护区划分成果表(2023 年)

序号	水源地名称	水源类型	水厂名称	保护区划分	
				一级保护区	二级保护区
1	淠河总干渠	河流	一水厂、二水厂	水域范围为六安市一水厂取水口上游 1 912 m(樊通桥)至二水厂取水口下游 783 m(梅山路桥)的淠河总干渠水域;陆域范围:长度与一级保护区水域长度一致,宽度为一级保护区水域两侧边界线至沿河堤岸临水侧	水域范围为淠河总干渠上游两河口至下游罗管闸(除一级保护区外)的所有水域。陆域范围为:长度为淠河总干渠上游两河口至下游罗管闸;两河口至横排头段宽度为水域左侧边界线至左岸沿河道路 S330 省道、独山大桥连接线临水侧,水域右侧边界线至右岸沿河道路 X209 县道、六龙路(青山段)和杨湾防洪大坝临水侧;横排头至罗管闸段宽度为水域两侧边界线至该段水利工程管理范围边界(一级保护区除外)
2	淠河总干渠	河流	东城水厂	水域范围:东取水口上游 1 000 m 至下游 100 m 的淠河总干渠水域;陆域范围:长度与一级保护区水域长度一致,宽度为一级保护区水域两侧边界线至沿河堤岸临水侧	
3	淠河总干渠	河流	新城水厂	水域范围:取水口上游 1 000 m 至下游 100 m 淠河总干渠;陆域范围:长度与一级保护区水域长度一致,宽度为一级保护区水域两侧边界线至沿河堤岸临水侧	
4	淠河总干渠	河流	大公堰	大公堰常水位线 49.5 m 高程以下全部水域、陆域	大公堰二级保护区范围为 G312 国道、南屏路、解放南路、淠河总干渠合围区域(一级保护区除外)

2) 部门联动机制

六安市政府成立了六安市环境保护委员会,建立了针对集中式饮用水水源地的部门联动机制,采用了生态环境、水利、住建等多部门联合保护整治的措施,实现资源共享和重大事项会商的制度,通过相互督促,落实环境安全的主体责任,完善环境风险管理制度和预防措施,推进了应急设施的建设,提升了水源地及水环境事故应急、风险防控水平,优化了对突发环境事件整治的解决方案,完善了对环境保护的工作。

3) 法规体系

六安市制定了饮用水水源地保护的相关法规、规章或办法,并经批准实施,包括《淠河总干渠饮用水源地环境保护方案》、《六安市饮用水水源环境保护条例》、《六安市人民政府办公室关于印发六安市饮用水水源地保护攻坚战实施方案的通知》(六政办秘〔2019〕94 号)、《六安市人民政府办公室关于印发六安市饮用水水源环境保护条例任务和责任清单的通知》(六政办秘〔2019〕22 号)等一系列关于保护饮用水水源地的相关法规、规章或办法。同时按《六安市饮用水水源环境保护条例》等相关法律、法规及规范要求,加强对水源地环境的整治,重视饮用水源保护,为进一步加强水源地保护提供了法律和制度保障。

4）应急预案及演练

六安市政府制定了《六安市水污染防治工作方案》、《六安市人民政府办公室关于印发六安市集中式饮用水水源地突发环境事件应急预案的通知》（六政办秘〔2018〕190 号）、《六安市人民政府办公室关于印发开展饮用水水源地环境保护专项检查工作方案的通知》（六政办秘〔2017〕127 号）等文件。其中《六安市集中式饮用水水源地突发环境事件应急预案》中明确提出了应急的宣传、培训和演练要求，应急演练至少每年一次，演练内容主要包括在事故期间通信系统是否正常运作、信息报送流程、各小组配合情况、人员应急能力等。要对演练情况进行总结分析、评价，之后及时修订完善预案。

表 8.4.26　2020 年六安市城区水源地（水厂）应急演练基本情况表

组织单位	供水工程	应急演练内容	开展时间	演练地点
六安市供水有限责任公司	一水厂	液氯泄漏、消防、水质安全应急演练	2020 - 05 - 14	一水厂厂区、应急水源泵站
六安市自来水公司	二水厂	液氯泄漏、消防火灾、水质检测综合应急演练	2020 - 06 - 29	二水厂厂区内
六安市东城供水有限公司	东城水厂	液氯泄漏处置、消防灭火应急演练	2020 - 06 - 24	东城水厂厂区
六安市新城水务有限公司	新城水厂	液氯泄露应急救援、消防安全应急演练	2020 - 06 - 12	新城水厂厂区

六安市城区四座水厂也分别制定了供水应急预案、生产设施和设备定期检修方案，在 2020 年均开展了应急演练。六安市生态环境局具备应对重大突发污染事件的物资和技术储备，强化六安市淠河水源地应急监测能力建设，配备相关的应急监测设施设备，及时掌握水质、水量的变化，具备预警和突发事件发生时，加密监测和增加监测项目的应急监测能力。

现阶段针对淠河水源地突发水污染事件、洪水和干旱等特殊条件下供水安全保障的应急演练不足，需进一步加强应急演练工作。

5）管理队伍

水源地的管理和保护配备专职管理人员，落实工作经费，其中一水厂、二水厂、东城水厂由新、老淠河执法中队负责，新城水厂派专门的人负责巡查、落实水源地的管理，目前水源地在管理队伍建设方面相对较为完善，但在技术人员专业培训上存在不足。

《六安市人民政府办公室关于印发六安市饮用水水源环境保护条例任务和责任清单的通知》（六政办秘〔2019〕22 号）文件，进一步明确了市政府、生态环境局、水利局、住建局等单位在水源地保护工作中的职责和任务。综上分析可知，六安市淠河饮用水水源地管理体制相对较为完善，各级管理部门有待进一步落实管理要求，提高水源地技术人员管理能力。

6) 资金保障

六安市人民政府对淠河饮用水水源地的管理和建设大力支持,面对突发环境事件进行积极预防,及时处置和恢复重建,对此提出装备建设和人员培训、应急演练等经费预算上报财务处并执行。各级财政和审计部门对突发环境事件财政应急保障资金的使用和效果进行监管和评估。同时,国家、安徽省对饮用水水源地规范化建设都高度重视,并有相应的专项资金支持,六安市淠河饮用水水源地保护相关工作和规范化建设资金可以得到保障。

六安市淠河饮用水水源地管理评估得分情况,见表8.4.27。

表 8.4.27　六安市淠河饮用水水源地管理评估得分一览表

一级指标	二级指标	评价结果	满分	得分	扣分原因
管理评估	保护区划分	经安徽省政府批准,确定了六安市淠河饮用水水源地水源保护区范围	3	3	
	部门联动机制	建立了针对水源地的部门联动机制,采用了多部门联合保护整治的措施,实现资源共享和重大事项会商的制度	2	2	
	法规体系	《淠河总干渠饮用水水源地环境保护方案》、《六安市饮用水水源环境保护条例》、《六安市人民政府办公室关于印发六安市饮用水水源地保护攻坚战实施方案的通知》、《六安市人民政府办公室关于印发六安市饮用水水源环境保护条例任务和责任清单的通知》(六政办秘〔2019〕22号)等一系列关于保护饮用水水源地的相关法规、规章或办法。同时按照《六安市饮用水水源环境保护条例》等相关法律、法规及规范要求,加强对水源地环境的整治,重视饮用水源保护,加快对水源地的规范建设,为进一步加强水资源保护提供了法律和制度保障	2	2	
	应急预案及演练	制定了《六安市集中式饮用水水源地突发环境事件应急预案》,对突发污染事件的物质和技术等储备做出了规定和要求;六安市城区四座水厂也分别制定了供水应急预案、生产设施和设备定期检修方案;2020年城区四座水厂均组织开展了应急演练工作,但针对水源地突发水污染事件、洪水和干旱等特殊条件下供水安全保障的应急演练不足	3	2.5	针对水源地突发水污染事件、洪水和干旱等特殊条件下供水安全保障的应急演练不足,扣0.5分
	管理队伍	《六安市人民政府办公室关于印发六安市饮用水水源环境保护条例任务和责任清单的通知》(六政办秘〔2019〕22号)文件,进一步明确了市政府、生态环境局、水利局、住建局等单位在水源地保护工作中的职责和任务,管理体制相对较为完善,各级管理部门有待进一步落实管理要求,提高水源地技术人员管理能力	3	2.5	各级管理部门管理要求有待进一步落实,在水源地管理和技术人员培训上存在不足,扣0.5分
	资金保障	六安市人民政府应对集中式饮用水水源地的管理和建设大力支持,市及县区政府等对突发事故发生提供资金保障	2	2	
得分小计			15	14	

8.4.6 水源地综合评估

六安市淠河饮用水水源地 2020 年安全评估结果,见表 8.4.28。综合评定:六安市淠河饮用水水源地评估结果为优。

表 8.4.28 2020 年六安市淠河饮用水水源地安全保障评估情况

水源地名称/供水水厂	水量评估	水质评估	监控评估	管理评估	得分	级别
	30	40	15	15	100	
淠河水源地	29	38	13.5	14	94.5	优
综合评定:六安市淠河饮用水水源地评估结果为优。						
分水厂逐个进行评估						
一水厂	30	38	14	14	96	优
二水厂	30	38	13	14	95	优
东城水厂	30	38.5	14	14	96.5	优
新城水厂	28	38.5	14	14	94.5	优

六安市 2020 年度淠河饮用水水源地达标建设评估情况,见表 8.4.29。针对城区四座水厂(一水厂、二水厂、东城水厂、新城水厂)水源地逐个进行评估,具体情况见表 8.4.30~表 8.4.33。

表 8.4.29 六安市 2020 年度淠河饮用水水源地达标建设评估一览表

一级指标	二级指标	评价结果	满分	得分	扣分原因
水量评估	年度供水保证率	2020 年度四座水厂实际年取水量 7 902.6 万 m³,取水量占淠河水源地 95% 枯水年来水量的比例为 4.9%,年度供水保证率满足 95% 的要求	14	14	
	应急备用水源地建设	六安市城区应急备用水源为大公堰,建设规模为 30 万 m³/d,可满足城区水源地突发事故时 7~12 d 的用水要求,并且有完善的接入自来水厂的供水配套设施,大公堰项目现已建成,具备使用条件。现阶段二水厂、东城水厂已经与一水厂实现管网互联互通,具备应急互备的条件;新城水厂现状未与城区供水主管网互联互通,应急供水配套设施不完善	8	7	需进一步推动城区水厂联网供水进程,扣 1 分
	水量调度管理	水量调度中有优先满足饮用水供水要求,建立了流量、水位双控制指标,并且制定了配置方案;《六安市人民政府办公室关于印发六安市集中式饮用水水源突发环境事件应急预案的通知》(六政办秘〔2018〕190 号)文件中提出:淠史杭灌区管理总局在调度和配置本市水库水资源时,优先保障饮用水取水	4	4	
	供水设施运行	现阶段,城区四座水厂及大公堰应急备用水源地供水设施运行正常,管线畅通,对供水设备定期进行维修	4	4	
得分小计				29	

续表

一级指标	二级指标	评价结果	满分	得分	扣分原因
水质评估	取水口水质达标率	2020年度六安市淠河饮用水水源地水质达标率为100%	20	20	
	封闭管理及界标设立	现阶段,淠河水源地一级保护区陆域范围实现封闭管理,布设有隔离防护设施、界标牌和交通警示牌,大部分设施及设备现状基本完好;其中水源地保护区隔离栏一水厂破损2处、东城水厂破损3处、新城水厂破损1处;新城水厂水源地交通警示牌破损3处,需要及时更新完善	4	3.5	部分隔离栏、警示牌破损待修复,扣0.5分
	入河排污口设置	水源地一二级保护区内没有入河排污口	3	3	
	一级保护区综合治理	没有与供水设施和保护水源无关的建设项目,无网箱养殖、畜禽养殖或者其他可能污染饮用水水体的活动,水面没有树枝、垃圾等漂浮物。存在垂钓等可能会污染水体水质的人为活动影响	3	2.5	存在垂钓等人为活动影响,扣0.5分
	二级保护区综合治理	二级保护区无畜禽养殖等活动,按照规定采取了防止污染饮用水水体措施	2	2	
	准保护区综合治理	没有对水体产生严重污染的建设项目,没有危险废物、生活垃圾堆放场所和处置场所	2	2	
	含磷洗涤剂、农药和化肥等使用	《六安市饮用水水源环境保护条例》(2017年12月)中明令禁止在水源地保护区范围内,使用含磷洗涤剂、化肥、农药的行为	2	2	
	保护区交通设施管理	六安市淠河饮用水水源地一、二级保护区内已修建桥梁21座,其中一级保护区范围内有8座桥梁,部分桥梁采取雨水导流防治措施,但大多未按照《饮用水水源保护区标志技术要求》(HJ/T 433—2008)合理设置交通警示牌。现阶段,已按规范要求制定危险化学品车辆通行方案,划定危险化学品车辆通行路线,并设置危险化学品车辆禁行标志	3	2	有待完善跨河桥梁雨水导流、交通警示牌设施,同时进一步加强交通设施管理工作,扣1分
	保护区植被覆盖率	一级保护区内的陆域基本上进行了绿化,植被覆盖率达到了83%,二级保护区内的陆域绿化面积也正逐步提高	1	1	
	得分小计			38	
监控评估	视频监控	一水厂、东城水厂、新城水厂视频监控设施基本能够满足监控要求,同时建有监控信息管理平台,管理和运行状态良好;二水厂厂区视频监控设备不足,需及时补充完善	2	1.5	二水厂视频监控不足,扣0.5分
	巡查制度	建有巡查制度,但一级保护区不能实现逐日巡查,巡查记录不完整	2	1	巡查记录不完整,扣1分
	特定指标监测	六安市环境监测中心站以及市生态环境局每月进行1次61项指标检测,每年3月和7月进行1次109项全指标检测	3	3	
	在线监测	取水口安装有水量在线计量和水质在线监测设施	3	3	
	信息监控系统	水量和水质纳入六安市和安徽省水利厅水资源管理信息平台监控系统	2	2	
	应急监测能力	已制定《六安市集中式饮用水水源地突发环境事件应急预案》文件,六安市环境监测中心站具备应急监测能力	3	3	
	得分小计			13.5	

续表

一级指标	二级指标	评价结果	满分	得分	扣分原因
管理评估	保护区划分	经安徽省政府批准,确定了六安市淠河饮用水水源地水源保护区范围	3	3	
	部门联动机制	建立了针对水源地的部门联动机制,采用了多部门联合保护整治的措施,实现资源共享和重大事项会商的制度	2	2	
	法规体系	《淠河总干渠饮用水源地环境保护方案》、《六安市饮用水水源环境保护条例》、《六安市人民政府办公室关于印发六安市饮用水水源地保护攻坚战实施方案的通知》、《六安市人民政府办公室关于印发六安市饮用水水源环境保护条例任务和责任清单的通知》(六政办秘〔2019〕22号)等一系列关于保护饮用水水源地的相关法规、规章或办法。同时按照《六安市饮用水水源环境保护条例》等相关法律、法规及规范要求,加强对水源地环境的整治,重视饮用水水源保护,加快对水源地的规范建设,为进一步加强水资源保护提供了法律和制度保障	2	2	
	应急预案及演练	制定了《六安市集中式饮用水水源地突发环境事件应急预案》,对突发污染事件的物质和技术等储备做出了规定和要求;六安市城区四座水厂也分别制定了供水应急预案、生产设施和设备定期检修方案;2020年城区四座水厂均组织开展了应急演练工作,但针对水源地突发水污染事件,洪水和干旱等特殊条件下供水安全保障的应急演练不足	3	2.5	针对水源地突发水污染事件、洪水和干旱等特殊条件下供水安全保障的应急演练不足,扣0.5分
	管理队伍	《六安市人民政府办公室关于印发六安市饮用水水源环境保护条例任务和责任清单的通知》(六政办秘〔2019〕22号)文件,进一步明确了市政府、生态环境局、水利局、住建局等单位在水源地保护工作中的职责和任务,管理体制相对较为完善,各级管理部门有待进一步落实管理要求,提高水源地技术人员管理能力	3	2.5	各级管理部门有待进一步落实管理要求,在水源地管理和技术人员培训上存在不足,扣0.5分
	资金保障	六安市人民政府应对集中式饮用水水源地的管理和建设大力支持,市及县区政府等对突发事故发生提供资金保障	2	2	
	得分小计			14	
六安市淠河饮用水水源地综合评分94.5分,评级为优					

表 8.4.30　六安市 2020 年度淠河饮用水水源地达标建设评估一览表(一水厂)

一级指标	二级指标	评价结果	满分	得分	扣分原因
水量评估	年度供水保证率	一水厂 2020 年实际年取水量 2 637.3 万 m³,年度供水保证率达到 95%	14	14	
	应急备用水源地建设	六安市城区应急备用水源为大公堰,建设规模为 30 万 m³/d,可满足一水厂突发事故时 7~12 d 的用水要求,并且有完善的接入自来水厂的供水配套设施,大公堰项目现已建成,具备使用条件	8	8	
	水量调度管理	水量调度中有优先满足饮用水供水要求,建立了流量、水位双控制指标,并且制定了配置方案;《六安市人民政府办公室关于印发六安市集中式饮用水水源地突发环境事件应急预案的通知》(六政办秘〔2018〕190 号)文件中提出:淠史杭灌区管理总局在调度和配置本市水库水资源时,优先保障饮用水取水	4	4	
	供水设施运行	供水设施运行正常,管线畅通,对供水设备定期进行维修	4	4	
	得分小计			30	
水质评估	取水口水质达标率	2020 年水质达标率为 100%	20	20	
	封闭管理及界标设立	现阶段,一水厂水源地一级保护区陆域范围实现封闭管理,布设有隔离防护设施、界标牌和交通警示牌,设施及设备现状基本完好;隔离网破损 2 处	4	3.5	部分隔离栏破损待修复,扣 0.5 分
	入河排污口设置	水源地一二级保护区内没有入河排污口	3	3	
	一级保护区综合治理	没有与供水设施和保护水源无关的建设项目,无网箱养殖、畜禽养殖,水面没有树枝、垃圾等漂浮物;存在垂钓等可能会污染水体水质的人为活动影响	3	2.5	存在垂钓等人为活动影响,扣 0.5 分
	二级保护区综合治理	二级保护区无畜禽养殖等活动,按照规定采取了防止污染饮用水水体措施	2	2	
	准保护区综合治理	没有对水体产生严重污染的建设项目,没有危险废物、生活垃圾堆放场所和处置场所	2	2	
	含磷洗涤剂、农药和化肥等使用	《六安市饮用水水源环境保护条例》(2017 年 12 月)中明令禁止在水源地保护区范围内,使用含磷洗涤剂、化肥、农药的行为	2	2	
	保护区交通设施管理	一级保护区范围内有 7 座桥梁,部分桥梁采取雨水导流防治措施,但大多未按照《饮用水水源保护区标志技术要求》(HJ/T 433—2008)合理设置交通警示牌。现阶段,已按规范要求制定危险化学品车辆通行方案,划定危险化学品车辆通行路线,并设置危险化学品车辆禁行标志	3	2	有待进一步加强交通设施管理工作,扣 1 分
	保护区植被覆盖率	一级保护区内的陆域基本上进行了绿化,植被覆盖率达到 83%,二级保护区内的陆域绿化面积也正逐步提高	1	1	
	得分小计			38	

续表

一级指标	二级指标	评价结果	满分	得分	扣分原因
监控评估	视频监控	一水厂在取水口及取水设施处安装有视频监控,能够满足监控要求	2	2	
	巡查制度	建有巡查制度,但一级保护区不能实现逐日巡查,巡查记录不完整	2	1	巡查记录不完整,扣1分
	特定指标监测	六安市环境监测中心站以及市生态环境局每月进行1次61项指标检测,每年3月和7月进行1次109项全指标检测	3	3	
	在线监测	取水口安装有水量在线计量和水质在线监测设施	3	3	
	信息监控系统	水量和水质纳入六安市和安徽省水利厅水资源管理信息平台监控系统	2	2	
	应急监测能力	已制定《六安市集中式饮用水水源地突发环境事件应急预案》文件,六安市环境监测中心站具备应急监测能力	3	3	
	得分小计			14	
管理评估	保护区划分	经安徽省政府批准,确定了六安市淠河饮用水水源地水源保护区范围	3	3	
	部门联动机制	建立了针对水源地的部门联动机制,采用了多部门联合保护整治的措施,实现资源共享和重大事项会商的制度	2	2	
	法规体系	《淠河总干渠饮用水源地环境保护方案》、《六安市饮用水水源环境保护条例》、《六安市人民政府办公室关于印发六安市饮用水水源地保护攻坚战实施方案的通知》、《六安市人民政府办公室关于印发六安市饮用水水源环境保护条例任务和责任清单的通知》(六政办秘〔2019〕22号)等一系列关于保护饮用水水源地的相关法规、规章或办法。同时按照《六安市饮用水水源环境保护条例》等相关法律、法规及规范要求,加强对水源地环境的整治,重视饮用水水源保护,加快对水源地的规范建设,为进一步加强水资源保护提供了法律和制度保障	2	2	
	应急预案及演练	制定了《六安市集中式饮用水水源地突发环境事件应急预案》,对突发污染事件的物质和技术等储备做出了规定和要求;六安市城区四座水厂也分别制定了供水应急预案、生产设施和设备定期检修方案;2020年城区四座水厂均组织开展了应急演练工作,但针对水源地突发水污染事件、洪水和干旱等特殊条件下供水安全保障的应急演练不足。	3	2.5	针对水源地突发水污染事件、洪水和干旱等特殊条件下供水安全保障的应急演练不足,扣0.5分
	管理队伍	《六安市人民政府办公室关于印发六安市饮用水水源环境保护条例任务和责任清单的通知》(六政办秘〔2019〕22号)文件,进一步明确了市政府、生态环境局、水利局、住建局等单位在水源地保护工作中的职责和任务,管理体制相对较为完善,各级管理部门有待进一步落实管理要求,提高水源地技术人员管理能力。	3	2.5	各级管理部门管理要求有待进一步落实,在水源地管理和技术人员培训上存在不足,扣0.5分
	资金保障	六安市人民政府应对集中式饮用水水源地的管理和建设大力支持,市及县区政府等对突发事故发生提供资金保障	2	2	
	得分小计			14	
六安市淠河饮用水水源地(一水厂)综合评分96分,评级为优					

表 8.4.31　六安市 2020 年度淠河饮用水水源地达标建设评估一览表(二水厂)

一级 指标	二级 指标	评价结果	满分	得分	扣分原因
水量 评估	年度供水 保证率	二水厂 2020 年实际年取水量 3 829.8 万 m³,年度供水 保证率达到 95%	14	14	
	应急备用 水源地建设	大公堰作为市区备用水源地,二水厂已与一水厂、东城 水厂联网供水、互备互用	8	8	
	水量 调度管理	水量调度中有优先满足饮用水供水要求,建立了流量、 水位双控制指标,并且制定了配置方案;《六安市人民政 府办公室关于印发六安市集中式饮用水水源地突发环 境事件应急预案的通知》(六政办秘〔2018〕190 号)文件 中提出:淠史杭灌区管理总局在调度和配置本市水库水 资源时,优先保障饮用水取水	4	4	
	供水 设施运行	供水设施运行正常,管线畅通,对供水设备定期进行 维修	4	4	
		得分小计		30	
水质 评估	取水口 水质达标率	2020 年水质达标率为 100%	20	20	
	封闭管理 及界标设立	现阶段,二水厂水源地一级保护区陆域范围实现封闭管 理,布设有隔离防护设施、界标牌和交通警示牌,设施及 设备现状基本完好;隔离网破损 2 处	4	3.5	部分隔离栏 破损待修 复,扣 0.5 分
	入河排 污口设置	水源地一二级保护区内没有入河排污口	3	3	
	一级保护区 综合治理	没有与供水设施和保护水源无关的建设项目,无网箱养 殖,畜禽养殖,水面没有树枝、垃圾等漂浮物;存在垂钓 等可能会污染水体水质的人为活动影响	3	2.5	存在垂钓等 人为活动影 响,扣 0.5 分
	二级保护区 综合治理	二级保护区无畜禽养殖等活动,按照规定采取了防止污 染饮用水水体措施	2	2	
	准保护区 综合治理	没有对水体产生严重污染的建设项目,没有危险废物、 生活垃圾堆放场所和处置场所	2	2	
	含磷洗涤 剂、农药和 化肥等使用	《六安市饮用水水源环境保护条例》(2017 年 12 月)中明 令禁止在水源地保护区范围内,使用含磷洗涤剂、化肥、 农药的行为	2	2	
	保护区 交通 设施管理	一级保护区范围内有 7 座桥梁,部分桥梁采取雨水导流 防治措施,但大多未按照《饮用水水源保护区标志技术 要求》(HJ/T 433—2008)合理设置交通警示牌。现阶 段,已按规范要求制定危险化学品车辆通行方案,划定 危险化学品车辆通行路线,并设置危险化学品车辆禁行 标志	3	2	有待进一步 加强交通设 施管理工 作,扣 1 分
	保护区 植被 覆盖率	一级保护区内的陆域基本上进行了绿化,植被覆盖率达 到了 83%,二级保护区内的陆域绿化面积也正逐步提高	1	1	
		得分小计		38	

续表

一级指标	二级指标	评价结果	满分	得分	扣分原因
监控评估	视频监控	二水厂在取水口及取水设施处安装有视频监控;现状视频监控能力不足,主要供水工程设施不能实现24小时监控	2	1	视频监控不足,扣1分
	巡查制度	一级保护区实行逐日巡查,二级保护区实行不定期巡查	2	1	巡查记录不完整,扣1分
	特定指标监测	六安市环境监测中心站以及市生态环境局每月进行1次61项指标检测,每年3月和7月进行1次109项全指标检测	3	3	
	在线监测	取水口安装有水量在线计量,水质参照一水厂水质自动监测站在线监测数据	3	3	
	信息监控系统	水量和水质纳入六安市和安徽省水利厅水资源管理信息平台监控系统	2	2	
	应急监测能力	已制定《六安市集中式饮用水水源地突发环境事件应急预案》文件,六安市环境监测中心站具备应急监测能力	3	3	
	得分小计			13	
管理评估	保护区划分	经安徽省政府批准,确定了六安市淠河饮用水水源地水源保护区范围	3	3	
	部门联动机制	建立了针对水源地的部门联动机制,采用了多部门联合保护整治的措施,实现资源共享和重大事项会商的制度	2	2	
	法规体系	《淠河总干渠饮用水源地环境保护方案》、《六安市饮用水水源环境保护条例》、《六安市人民政府办公室关于印发六安市饮用水水源地保护攻坚战实施方案的通知》、《六安市人民政府办公室关于印发六安市饮用水水源环境保护条例任务和责任清单的通知》(六政办秘〔2019〕22号)等一系列关于保护饮用水水源地的相关法规、规章或办法。同时按照《六安市饮用水水源环境保护条例》等相关法律、法规及规范要求,加强对水源地环境的整治,重视饮用水水源保护,加快对水源地的规范建设,为进一步加强水资源保护提供了法律和制度保障	2	2	
	应急预案及演案	制定了《六安市集中式饮用水水源地突发环境事件应急预案》,对突发污染事件的物质和技术等储备做出了规定和要求;六安市城区四座水厂也分别制定了供水应急预案、生产设施和设备定期检修方案;2020年城区四座水厂均组织开展了应急演练工作,但针对水源地突发水污染事件、洪水和干旱等特殊条件下供水安全保障的应急演练不足	3	2.5	针对水源地突发水污染事件、洪水和干旱等特殊条件下供水安全保障的应急演练不足,扣0.5分
	管理队伍	《六安市人民政府办公室关于印发六安市饮用水水源环境保护条例任务和责任清单的通知》(六政办秘〔2019〕22号)文件,进一步明确了市政府、生态环境局、水利局、住建局等单位在水源地保护工作中的职责和任务,管理体制相对较为完善,各级管理部门有待进一步落实管理要求,提高水源地技术人员管理能。	3	2.5	各级管理部门管理要求有待进一步落实,在水源地管理和技术人员培训上存在不足,扣0.5分
	资金保障	六安市人民政府应对集中式饮用水水源地的管理和建设大力支持,市及县区政府等对突发事故发生提供资金保障	2	2	
	得分小计			14	
六安市淠河饮用水水源地(二水厂)综合评分95分,评级为优					

表 8.4.32　六安市 2020 年度淠河饮用水水源地达标建设评估一览表（东城水厂）

一级指标	二级指标	评价结果	满分	得分	扣分原因
水量评估	年度供水保证率	东城水厂 2020 年实际年取水量 1 387.4 万 m³，年度供水保证率达到 95%	14	14	
	应急备用水源地建设	大公堰作为市区备用水源地，东城水厂已实现与一水厂、二水厂联网供水、互备互用	8	8	
	水量调度管理	水量调度中有优先满足饮用水供水要求，建立了流量、水位双控制指标，并且制定了配置方案；《六安市人民政府办公室关于印发六安市集中式饮用水水源地突发环境事件应急预案的通知》（六政办秘〔2018〕190 号）文件中提出：淠史杭灌区管理总局在调度和配置本市水库水资源时，优先保障饮用水取水	4	4	
	供水设施运行	供水设施运行正常，管线畅通，对供水设备定期进行维修	4	4	
		得分小计		30	
水质评估	取水口水质达标率	2020 年水质达标率为 100%	20	20	
	封闭管理及界标设立	现阶段，东城水厂水源地一级保护区陆域范围实现封闭管理，布设有隔离防护设施、界标牌和交通警示牌，设施及设备现状基本完好；东城水厂水源地保护区范围隔离栏破损 3 处	4	3.5	部分隔离栏破损待修复，扣 0.5 分
	入河排污口设置	水源地一二级保护区内没有入河排污口	3	3	
	一级保护区综合治理	没有与供水设施和保护水源无关的建设项目，无网箱养殖、畜禽养殖，水面没有树枝、垃圾等漂浮物；存在垂钓等可能会污染水体水质的人为活动影响	3	2.5	存在垂钓等人为活动影响，扣 0.5 分
	二级保护区综合治理	二级保护区无畜禽养殖等活动，按照规定采取了防止污染饮用水水体措施	2	2	
	准保护区综合治理	没有对水体产生严重污染的建设项目，没有危险废物、生活垃圾堆放场所和处置场所	2	2	
	含磷洗涤剂、农药和化肥等使用	《六安市饮用水水源环境保护条例》（2017 年 12 月）中明令禁止在水源地保护区范围内，使用含磷洗涤剂、化肥、农药的行为	2	2	
	保护区交通设施管理	一级保护区范围内有百胜大桥（迎宾大道），采取了雨水导流防治措施，但未按照《饮用水水源保护区标志技术要求》（HJ/T 433—2008）合理设置交通警示牌。现阶段，已按规范要求制定危险化学品车辆通行方案，划定危险化学品车辆通行路线，并设置危险化学品车辆禁行标志	3	2.5	有待进一步加强交通设施管理工作，扣 0.5 分
	保护区植被覆盖率	一级保护区内的陆域基本上进行了绿化，植被覆盖率达到了 83%，二级保护区内的陆域绿化面积也正逐步提高	1	1	
		得分小计		38.5	

续表

一级指标	二级指标	评价结果	满分	得分	扣分原因
监控评估	视频监控	东城水厂在取水口及取水设施处安装有视频监控,能够满足监控要求	2	2	
	巡查制度	建有巡查制度,但一级保护区不能实现逐日巡查,巡查记录不完整	2	1	巡查记录不完整,扣1分
	特定指标监测	六安市环境监测中心站以及市生态环境局每月进行1次61项指标检测,每年3月和7月进行1次109项全指标检测	3	3	
	在线监测	取水口安装有水量在线计量和水质在线监测设施	3	3	
	信息监控系统	水量和水质纳入六安市和安徽省水利厅水资源管理信息平台监控系统	2	2	
	应急监测能力	已制定《六安市集中式饮用水水源地突发环境事件应急预案》文件,六安市环境监测中心站具备应急监测能力	3	3	
	得分小计			14	
管理评估	保护区划分	经安徽省政府批准,确定了六安市淠河饮用水水源地水源保护区范围	3	3	
	部门联动机制	建立了针对水源地的部门联动机制,采用了多部门联合保护整治的措施,实现资源共享和重大事项会商的制度	2	2	
	法规体系	《淠河总干渠饮用水源地环境保护方案》、《六安市饮用水水源环境保护条例》、《六安市人民政府办公室关于印发六安市饮用水水源地保护攻坚战实施方案的通知》、《六安市人民政府办公室关于印发六安市饮用水水源环境保护条例任务和责任清单的通知》(六政办秘〔2019〕22号)等一系列关于保护饮用水水源地的相关法规、规章或办法。同时按照《六安市饮用水水源保护条例》等相关法律、法规及规范要求,加强对水源地环境的整治,重视饮用水水源保护,加快对水源地的规范建设,为进一步加强水资源保护提供了法律和制度保障	2	2	
	应急预案及演练	制定了《六安市集中式饮用水水源地突发环境事件应急预案》,对突发污染事件的物质和技术等储备做出了规定和要求;六安市城区四座水厂也分别制定了供水应急预案、生产设施和设备定期检修方案;2020年城区四座水厂均组织开展了应急演练工作,但针对水源地突发水污染事件,洪水和干旱等特殊条件下供水安全保障的应急演练不足	3	2.5	针对水源地突发水污染事件、洪水和干旱等特殊条件下供水安全保障的应急演练不足,扣0.5分
	管理队伍	《六安市人民政府办公室关于印发六安市饮用水水源环境保护条例任务和责任清单的通知》(六政办秘〔2019〕22号)文件,进一步明确了市政府、生态环境局、水利局、住建局等单位在水源地保护工作中的职责和任务,管理体制相对较为完善,各级管理部门有待进一步落实管理要求,提高水源地技术人员管理能力	3	2.5	各级管理部门管理要求有待进一步落实,在水源地管理和技术人员培训上存在不足,扣0.5分
	资金保障	六安市人民政府应对集中式饮用水水源地的管理和建设大力支持,市及县区政府等对突发事故发生提供资金保障	2	2	
	得分小计			14	
六安市淠河饮用水水源地(东城水厂)综合评分96.5分,评级为优					

表 8.4.33　六安市 2020 年度淠河饮用水水源地达标建设评估一览表（新城水厂）

一级指标	二级指标	评价结果	满分	得分	扣分原因
水量评估	年度供水保证率	新城水厂实际年取水量 48.2 万 m³,年度供水保证率达到 95%	14	14	
	应急备用水源地建设	大公堰作为市区备用水源地,但新城水厂未实现与其他水厂联网供水、互备互用,应急供水配套设施不完善	8	6	应急供水配套设施不完善,扣 2 分
	水量调度管理	水量调度中有优先满足饮用水供水要求,建立了流量、水位双控制指标,并且制定了配置方案;《六安市人民政府办公室关于印发六安市集中式饮用水水源地突发环境事件应急预案的通知》(六政办秘〔2018〕190 号)文件中提出:淠史杭灌区管理总局在调度和配置本市水库水资源时,优先保障饮用水取水	4	4	
	供水设施运行	供水设施运行正常,管线畅通,对供水设备定期进行维修	4	4	
	得分小计			28	
水质评估	取水口水质达标率	2020 年水质达标率为 100%	20	20	
	封闭管理及界标设立	现阶段,新城水厂水源地一级保护区陆域范围实现封闭管理,布设有隔离防护设施、界标牌和交通警示牌;隔离栏破损 1 处、交通警示牌破损 3 处	4	3	部分隔离栏、警示牌破损待修复,扣 1 分
	入河排污口设置	水源地一二级保护区内没有入河排污口。	3	3	
	一级保护区综合治理	没有与供水设施和保护水源无关的建设项目,无网箱养殖,畜禽养殖,水面没有树枝、垃圾等漂浮物;存在垂钓等可能会污染水体水质的人为活动影响	3	2.5	存在垂钓等人为活动影响,扣 0.5 分
	二级保护区综合治理	二级保护区无畜禽养殖等活动,按照规定采取了防止污染饮用水水体措施	2	2	
	准保护区综合治理	没有对水体产生严重污染的建设项目,没有危险废物、生活垃圾堆放场所和处置场所	2	2	
	含磷洗涤剂、农药和化肥等使用	《六安市饮用水水源环境保护条例》(2017 年 12 月)中明令禁止在水源地保护区范围内,使用含磷洗涤剂、化肥、农药的行为	2	2	
	保护区交通设施管理	保护区范围内无交通设施	3	3	
	保护区植被覆盖率	一级保护区内的陆域基本上进行了绿化,植被覆盖率达到了 83%,二级保护区内的陆域绿化面积也正逐步提高	1	1	
	得分小计			38.5	

续表

一级指标	二级指标	评价结果	满分	得分	扣分原因
监控评估	视频监控	新城水厂在取水口及取水设施处安装有视频监控,能够满足监控要求	2	2	
	巡查制度	建有巡查制度,但一级保护区不能实现逐日巡查,巡查记录不完整	2	1	巡查记录不完整,扣1分
	特定指标监测	六安市环境监测中心站以及市生态环境局每月进行1次61项指标检测,每年3月和7月进行1次109项全指标检测	3	3	
	在线监测	取水口安装有水量在线计量,水质参照罗管闸水质监测站在线监测数据	3	3	
	信息监控系统	水量和水质纳入六安市和安徽省水利厅水资源管理信息平台监控系统	2	2	
	应急监测能力	已制定《六安市集中式饮用水水源地突发环境事件应急预案》文件,六安市环境监测中心站具备应急监测能力	3	3	
	得分小计			14	
管理评估	保护区划分	经安徽省政府批准,确定了六安市淠河饮用水水源地水源保护区范围	3	3	
	部门联动机制	建立了针对水源地的部门联动机制,采用了多部门联合保护整治的措施,实现资源共享和重大事项会商的制度	2	2	
	法规体系	《淠河总干渠饮用水源地环境保护方案》、《六安市饮用水水源环境保护条例》、《六安市人民政府办公室关于印发六安市饮用水水源地保护攻坚战实施方案的通知》、《六安市人民政府办公室关于印发六安市饮用水水源环境保护条例任务和责任清单的通知》(六政办秘〔2019〕22号)等一系列关于保护饮用水水源地的相关法规、规章或办法。同时按照《六安市饮用水水源环境保护条例》等相关法律、法规及规范要求,加强对水源地环境的整治,重视饮用水源保护,加快对水源地的规范建设,为进一步加强水资源保护提供了法律和制度保障	2	2	
	应急预案及演练	制定了《六安市集中式饮用水水源地突发环境事件应急预案》,对突发污染事件的物质和技术等储备做出了规定和要求;六安市城区四座水厂也分别制定了供水应急预案、生产设施和设备定期检修方案;2020年城区四座水厂均组织开展了应急演练工作,但针对水源地突发水污染事件、洪水和干旱等特殊条件下供水安全保障的应急演练不足	3	2.5	针对水源地突发水污染事件、洪水和干旱等特殊条件下供水安全保障的应急演练不足,扣0.5分
	管理队伍	《六安市人民政府办公室关于印发六安市饮用水水源环境保护条例任务和责任清单的通知》(六政办秘〔2019〕22号)文件,进一步明确了市政府、生态环境局、水利局、住建局等单位在水源地保护工作中的职责和任务,管理体制相对较为完善,各级管理部门有待进一步落实管理要求,提高水源地技术人员管理能力	3	2.5	各级管理部门管理要求有待进一步落实,在水源地管理和技术人员培训上存在不足,扣0.5分
	资金保障	六安市人民政府应对集中式饮用水水源地的管理和建设大力支持,市及县区政府等对突发事故发生提供资金保障	2	2	
	得分小计			14	
	六安市淠河饮用水水源地(新城水厂)综合评分94.5分,评级为优				

8.5 典型水源地安全保障评估及建议

8.5.1 存在问题

六安市 2020 年度淠河饮用水水源地(城区一水厂、二水厂、东城水厂、新城水厂)存在的主要问题,见表 8.5.1。

表 8.5.1 六安市 2020 年淠河饮用水水源地四水厂达标建设评估问题清单

分项	水厂	主要问题	扣分	得分
水量评估	一水厂			30
	二水厂			30
	东城水厂			30
	新城水厂	应急供水配套设施不完善,未实现与其他水厂联网互备	2	28
水质评估	一水厂	① 一级保护区范围内隔离网破损 2 处(樊通桥、六叶路桥位置处);存在垂钓等可能会污染水体水质的人为活动影响。② 一级保护区范围内有 7 座桥梁,部分桥梁采取雨水导流防治措施,但大多未按照《饮用水水源保护区标志技术要求》(HJ/T 433—2008)合理设置交通警示牌	2	38
	二水厂		2	38
	东城水厂	① 一级保护区范围隔离栏破损 3 处;存在垂钓等可能会污染水体水质的人为活动影响。② 一级保护区范围内有百胜大桥(迎宾大道),采取了雨水导流防治措施,但未按照《饮用水水源保护区标志技术要求》(HJ/T 433—2008)合理设置交通警示牌	1.5	38.5
	新城水厂	隔离栏破损 1 处、交通警示牌破损 3 处;存在垂钓等可能会污染水体水质的人为活动影响	1.5	38.5
监控评估	一水厂	建有巡查制度,但一级保护区不能实现逐日巡查,巡查记录不完整	1	14
	二水厂	①视频监控能力不足;②建有巡查制度,但一级保护区不能实现逐日巡查,巡查记录不完整	2	13
	东城水厂	建有巡查制度,但一级保护区不能实现逐日巡查,巡查记录不完整	1	14
	新城水厂	建有巡查制度,但一级保护区不能实现逐日巡查,巡查记录不完整	1	14
管理评估	一水厂	① 针对水源地突发水污染事件、洪水和干旱等特殊条件下供水安全保障的应急演练不足;② 各级管理部门管理要求有待进一步落实,在水源地管理和技术人员培训上存在不足	1	14
	二水厂		1	14
	东城水厂		1	14
	新城水厂		1	14
综合评估	一水厂		4	96
	二水厂		5	95
	东城水厂		3.5	96.5
	新城水厂		5.5	94.5

8.5.2 整改建议

对照重要饮用水水源地达标建设"水量保障、水质合格、监控完备、制度健全"的总体目标要求,根据实际情况,提出以下整改建议:

1) 水量安全保障方面

完善应急供水配套设施建设:建议由六安市政府统筹组织市住建局、一水厂、二水厂、东城水厂、新城水厂管理单位,金安区人民政府协同配合,进一步理顺城区水厂供水管理体制,促进四座水厂联网供水、互备互用,加快推进六安市城区供水一体化进程。

加强应急备用水源调度管理和保护:建议由市住建局牵头,市水利局、生态环境局协同配合,通过制定备用水源地启用及水量调度方案,促进水体流动、改善水质条件,加强备用水源地一级保护区隔离栏和标识牌设施管护,完善备用水源地各项保护工作。

2) 水质安全保障方面

完善水源地保护区隔离栏、标识牌修复工作:建议由市生态环境局牵头,市住建局、水利局协同配合,加强饮用水水源保护区整治力度。六安市供水有限责任公司负责完成一水厂一级保护区破损隔离栏修复工作,六安市东城供水有限公司负责完成东城水厂一级保护区破损隔离栏修复工作,六安市新城水务有限公司负责完成新城水厂一级保护区破损隔离栏、破损标识牌修复工作。

完善保护区跨河桥梁雨水导流、交通警示牌设施建设:对于穿过保护区的桥梁(樊通桥、六叶路桥(G312)、佛子岭西路桥、解放南路桥、梅山南路桥、百胜大桥(迎宾大道)),由六安市城市管理行政执法局负责管理;其余渠段涉河建设项目由安徽省淠史杭灌区淠河总干渠管理局负责管理,完善雨水导流(8 座桥梁)、交通警示牌(41 块)等设施建设,做好雨污截留工作,避免桥面雨污水进入水源地。

表 8.5.2　淠河水源地保护区范围内跨河桥梁需完善建设内容说明

序号	桥梁名称	与保护区的位置关系	建议完善内容
1	横排头闸下桥		增设交通警示牌 2 块
2	六潜高速公路桥(G35)		增设交通警示牌 2 块
3	老戚家桥	二级保护区内	增设雨水导流设施、交通警示牌 2 块
4	新戚家桥		增设交通警示牌 2 块
5	阜六铁路桥		增设交通警示牌 2 块
6	宁西铁路桥		增设交通警示牌 2 块

序号	桥梁名称	与保护区的位置关系	建议完善内容
7	樊通桥		增设交通警示牌2块
8	合武铁路桥		增设交通警示牌2块
9	宁西铁路桥	（一水厂、二水厂）	增设交通警示牌2块
10	六叶路桥(G312)	一级保护区内	增设交通警示牌2块
11	佛子岭西路桥		增设雨水导流和收集处理设施、交通警示牌2块
12	解放南路桥		增设雨水导流和收集处理设施、交通警示牌2块
13	梅山南路桥		增设雨水导流和收集处理设施、交通警示牌2块
14	齿轮厂吊桥(龙河东路)		增设雨水导流和收集处理设施、交通警示牌2块
15	淠史杭大桥		增设雨水导流和收集处理设施、交通警示牌2块
16	五里墩大桥(皖西大道)	二级保护区内	增设雨水导流和收集处理设施、交通警示牌2块
17	皋城路大桥		增设雨水导流和收集处理设施、交通警示牌2块
18	备战桥(长安北路)		增设交通警示牌2块
19	百胜大桥(迎宾大道)	（东城水厂）一级保护区内	增设交通警示牌2块
20	皋陶桥	二级保护区内	增设交通警示牌1块
21	三元路桥(胜利北路)		增设交通警示牌2块

备注:建议根据水源地管理实际需要,在城区段跨河桥梁位置处增设宣传牌,如介绍饮用水水源保护区管理要求等,以提高市民水源地保护意识。

3）水源地监控保障方面

提高二水厂取供水设施视频监控能力:建议由六安市自来水公司负责,增加二水厂视频监控设备,实现对重要取供水设施处24小时自动视频监控。

完善水源地巡查制度,做好巡查登记记录:按照水源地一级保护区实行逐日巡查,二级保护区实行不定期巡查的相关要求,建议由市生态环境局牵头,市水利局、住建局配合,六安市供水有限责任公司、六安市自来水公司、六安市东城供水有限公司、六安市新城水务有限公司分别负责完善一水厂、二水厂、东城水厂、新城水厂水源地巡查工作制度,落实巡查记录工作。

4）水源地管理保障方面

加强应急队伍监测和培训,完善应急保障体系:按照《六安市人民政府办公室关于印发六安市集中式饮用水水源地突发环境事件应急预案的通知》(六政办秘〔2018〕190号)文件相关要求,每年至少开展一次应急演练,重点针对水源地突发水污染事件、洪水和干旱等特殊条件下供水安全、应急监测开展演练。建议由市人民政府组织,市生态环境局、住建局、水利局协同做好相关应急演练工作,完善应急监测队伍建设和物资储备机制,加强应急队伍监测和培训,提升应急监测能力和水平。六安市淠河饮用水水源地达标建设评估整改措施建议及责任落实部门一览表,见表8.5.3。

表8.5.3 六安市淠河饮用水水源地达标建设评估整改措施建议及责任落实部门一览表

分项	存在问题	整改措施	具体内容	整改期限	责任落实部门
水量评估	应急供水配套设施不完善,未实现城区一体化供水	完善应急供水配套设施建设	进一步理顺城区水厂供水管理体制,促进四座水厂联网供水、互备互用,加快推进六安市城区供水一体化进程	至2021年底前完成	六安市政府统筹组织市住建局、一水厂、二水厂、东城水厂、新城水厂管理单位,金安区人民政府协同配合
		加强应急备用水源调度管理和保护	通过制定备用水源地启用及水量调度方案,促进水体流动、改善水质条件,加强备用水源地一级保护区隔离栏和标识牌设施管护,完善备用水源地各项保护工作	2021年7月～10月	市住建局牵头,市水利局、生态环境局协同配合
水质评估	① 水源地保护区隔离栏一水厂破损2处、东城水厂破损3处、新城水厂破损1处;新城水厂水源地交通警示牌破损3处,需要及时更新完善; ② 水源地保护区存在垂钓等可能会污染水体水质的人为活动影响	完善水源地保护区隔离栏、标识牌修复工作	加强饮用水水源保护区整治力度	2021年7月～8月	市生态环境局牵头,市住建局、水利局协同配合
			一水厂一级保护区破损隔离栏修复工作		六安市供水有限责任公司
			东城水厂一级保护区破损隔离栏修复工作		六安市东城供水有限公司
			新城水厂一级保护区破损隔离栏、破损标识牌修复工作		六安市新城水务有限公司
	③ 六安市淠河饮用水水源地一、二级保护区内已修建桥梁21座,其中一级保护区范围内有8座桥梁,部分桥梁采取雨水导流防治措施,但大多未按照《饮用水水源保护区标志技术要求》(HJ/T 433—2008)合理设置交通警示牌	完善保护区跨河桥梁雨水导流、交通警示牌设施建设	穿过保护区的桥梁(樊通桥、六叶路桥(G312)、佛子岭西路桥、解放南路桥、梅山南路桥、百胜大桥(迎宾大道)),完善雨水导流(3座桥梁)、交通警示牌(12块)等设施建设,做好雨污截留工作,避免桥面雨污水进入水源地	2021年7月～10月	六安市城市管理行政执法局
			其余渠段涉河建设项目由安徽省淠史杭灌区淠河总干渠管理局负责管理,完善雨水导流(5座桥梁)、交通警示牌(29块)等设施建设,做好雨污截留工作,避免桥面雨污水进入水源地		安徽省淠史杭灌区淠河总干渠管理局

分项	存在问题	整改措施	具体内容	整改期限	责任落实部门
监控评估	四座水厂均存在巡查记录不完整的情况;另外二水厂视频监控设施不足	提高二水厂取供水设施视频监控能力	增加二水厂视频监控设备,实现对重要取供水设施处24小时自动视频监控	2021年7月~9月	六安市自来水公司
		完善水源地巡查制度,做好巡查登记记录	按照水源地一级保护区实行逐日巡查,二级保护区实行不定期巡查的相关要求,进一步完善巡查工作制度,做好巡查记录工作	自2021年7月始,持续实施	由市生态环境局牵头,市水利局、住建局配合,六安市供水有限责任公司、六安市自来水公司、六安市东城供水有限公司、六安市新城水务有限公司负责落实
管理评估	① 应急预案演练不足; ② 各级管理部门管理要求有待进一步落实,在水源地管理和技术人员培训上存在不足	加强应急队伍监测和培训,完善应急保障体系	按照《六安市人民政府办公室关于印发六安市集中式饮用水水源地突发环境事件应急预案的通知》(六政办秘〔2018〕190号)文件相关要求,每年至少开展一次应急演练,重点针对水源地突发水污染事件、洪水和干旱等特殊条件下供水安全、应急监测开展演练,完善应急监测队伍建设和物资储备机制,加强应急队伍监测和培训,提升应急监测能力和水平	2021年7月~9月(落实到水源地日常管理工作中)	市人民政府组织,市生态环境局、住建局,水利局协同

8.5.3　保障措施

(1) 加强部门协调工作机制,落实水源地保护任务

六安市人民政府是饮用水水源地管理保护的责任主体,需认真落实管理责任,把饮用水水源地保护工作摆上突出位置,加强组织领导,建立统筹协调推进机制,不断提升管理保护能力和水平。水源地保护联合管理执法成员单位要切实增强大局意识和协作意识。市政府发挥好协调作用,会同有关部门共同推进水源地保护各项工作任务落实。

(2) 加大水源地保护经费投入,健全管理保护机制

财政部门要统筹水源地管理保护所需资金,落实管理经费,加强财政资金绩效管理。要积极创新投融资体制机制,引导社会资本参与水源保护、水污染防治

项目建设管理,充分激发市场活力,建立健全长效、稳定的水源地管理保护投入机制。

(3) 加大水源地保护宣传,引导公众参与

通过设立水源地保护责任公示牌、依靠网络平台等方式,拓宽公众参与渠道,对饮用水源地管理保护效果进行监督,鼓励检举揭发各种环境违法行为。加大新闻宣传和舆论引导力度,普及饮用水源保护的相关知识,增强全社会对饮用水源保护的忧患意识,形成社会公众参与机制,营造全民关注、保护饮用水水源的浓厚氛围。

9 水资源优化配置与调度

实施江河流域水量分配和统一调度，是《中华人民共和国水法》确立的水资源管理重要制度，是落实最严格水资源管理制度、合理配置和有效保护水资源、加强水生态文明的关键措施。2018 年水利部以水资源〔2018〕144 号印发《水利部关于做好跨省江河流域水资源调度管理工作的意见》，文件要求"全面落实水量分配方案，强化水资源统一调度，合理配置生活、生产和生态用水，严格流域用水总量和重要断面水量下泄控制，保障河湖基本生态用水；全面强化水资源调度管理，提升水资源开发利用监管能力，加快形成目标科学、配置合理、调度优化、监管有力的流域水资源调度管理体系，实现水资源可持续利用"。2020 年 12 月颁布的《中华人民共和国长江保护法》规定："国务院水行政主管部门有关流域管理机构或者长江流域县级以上地方人民政府水行政主管部门依据批准的水量分配方案，编制年度水量分配方案和调度计划，明确相关河段和控制断面流量水量、水位管控要求。"

2021 年 2 月，经安徽省政府同意，安徽省水利厅对秋浦河等 32 条跨市河湖水量分配方案，并要求配套编制水资源调度方案，实施水资源统一调度。2021 年 10 月，为规范水资源调度管理行为，实现有序调水，水利部印发《水资源调度管理办法》（水调管〔2021〕314 号），按照水资源调度管理的系统性要求，统筹生活、生产、生态等用水，从调度方案和调度计划编制、调度实施、监督检查、责任追究等环节明确水资源调度管理的内容和要求，推进水资源调度管理的规范化和制度化。

鉴于江淮丘陵区已有 9 处河湖（高塘湖、淠河、瓦埠湖、巢湖、天河湖、池河、滁河、杭埠河、淮河）编制了跨省、跨市级行政区的水量分配方案，3 处河湖（史灌河、淮河、杭埠河、滁河）和水工程（引江济淮工程、淠史杭灌区、驷马山引江工程）已制定了水量调度方案，且近年来史灌河、淮河、淠史杭灌区等已开始通过年度水资源调度计划编制、水资源调度计划逐月滚动修正等工作，持续推进流域水资源调度工作落实、保障水量分配方案的推广应用。以下就以典型河湖或水工程的水量分配、调度方案编制，或调度计划制定与修编为例，对江淮丘陵区水资源优化配置与调度工作开展情况进行详细介绍。

9.1 水量分配方案编制示例

9.1.1 工作背景及必要性

开展江河流域水量分配工作是贯彻落实《中华人民共和国水法》《中共中央、国务院关于加快水利改革发展的决定》(中发〔2011〕1号)要求,推进依法行政、实行最严格的水资源管理制度、建立和完善国家水权制度、预防调解水事纠纷、维系生态环境良性循环和支撑经济社会可持续发展的迫切需要。

史河源于大别山山区,是淮河干流中游右岸较大支流,六安市史河自源头分别流经金寨县、叶集区、霍邱县三个县区,在叶集区茶棚店附近入河南省,又在入淮前于霍邱县临水镇入安徽省境,六安市境内河长120 km,流域面积2 685 km²。流域多年平均水资源总量18.37亿m³,其中地表水资源量18.14亿m³。为合理配置流域水资源,维系流域良好生态环境,促进水资源可持续利用,保障经济社会可持续发展,依据《中华人民共和国水法》,六安市水利局组织编制六安市史河流域水量分配方案。拟通过史河流域合理分水,确定行政区之间的水量,统筹城市和农业、市区和各县之间的用水权益,公平公正,规范用水行为。

9.1.2 确立目标任务

1)水量分配目标

开展跨境河湖水量分配是落实"合理分水、管住用水"的水资源管理工作目标必由之路,需统筹生活、生产和生态用水配置,统筹上下游、左右岸、干支流用水需求,严格取用水管理、强化水工程联合调度、加强控制断面水量监测与调控,将水量分配工作纳入最严格水资源管理制度考核范围,促进江河水资源有效保护与科学利用。

开展六安市史河流域水量分配方案编制,需全面了解国家、地区、流域最严格水资源管理制度实施方案,按照水利部对水量分配方案编制的技术要求,在摸清流域水资源开发利用现状、未来供用水变化形势基础上,综合考虑各级《水资源综合规划》和《史灌河流域水量分配方案》提出的水量指标,进一步地逐级分配至流域所在的县区,根据不同来水频率下地表水最大可分配限额确定本流域各行政区地表水用水量和耗损量。最终结合流域水量平衡分析成果,考虑重点河段河道内用水要求,通过流域水量平衡关系推演计算,提出主要控制断面的河道内最小生态需水量等成果。

2）分配范围

充分考虑河流流域和行政区边界条件，按六安市史河流域套县区级行政区划范围作为水量配置与分析计算范围。六安市史河流域总面积 2 685 km²，涉及金寨县、叶集区和霍邱县，其中金寨县涉及流域面积 2 414 km²；史河干流过六安市叶集区后进入河南省固始县境，流域在叶集区内面积为 177 km²；史河出河南境部分干流经霍邱县陈村西注入淮河，史河在霍邱县境内主要支流为泉河，涉及流域面积 94 km²。六安市史河流域套县、县级行政区范围统计表见表 9.1.1。

表 9.1.1　六安市史河流域套行政区范围统计表

控制面积/km²	涉及县区	行政区面积/km²	流域内占行政区总面积比例/%
2 685	金寨县	2 414	62
	叶集区	177	31
	霍邱县	94	3

3）控制指标

确定规划水平年为 2030 年，供水保证率依据《安徽省中西部重点区域及淠史杭灌区水量分配方案》，城乡居民生活用水保证率为 100％以上（居民基本生活用水保证率为 100％），农业灌溉保证率采用 80％，重要工业（大型火力发电企业等）用水保证率达到设计要求，一般工业用水在干旱年份允许缺水。结合《史灌河流域水量分配方案》，综合确定本次水量分配方案来水保证率为：多年平均、50％、75％、80％、90％和 95％。

六安市史河流域水量分配方案的控制指标主要包括分配水量、重要控制断面下泄水量指标两类。2030 水平年，六安市史河流域河道外当地地表水多年平均分配水量为 3.26 亿 m³，其中金寨县、叶集区、霍邱县分别为：2.22 亿 m³、0.54 亿 m³、0.50 亿 m³。六安市史河流域不同来水条件下河道外 2030 水平年当地地表水水量分配方案见表 9.1.2。

表 9.1.2　2030 年六安市史河流域地表水水量分配方案

保证率	行政区	分配水量/亿 m³	地表水耗损量/亿 m³
多年平均	金寨县	2.22	1.81
	叶集区	0.54	0.44
	霍邱县	0.50	0.41
	合计	3.26	2.66

保证率	行政区	分配水量/亿 m³	地表水耗损量/亿 m³
50%	金寨县	2.14	1.72
	叶集区	0.52	0.42
	霍邱县	0.48	0.39
	合计	3.14	2.53
75%	金寨县	2.66	2.22
	叶集区	0.65	0.54
	霍邱县	0.61	0.51
	合计	3.92	3.27
80%	金寨县	2.75	2.25
	叶集区	0.67	0.55
	霍邱县	0.63	0.52
	合计	4.05	3.32
90%	金寨县	1.97	1.66
	叶集区	0.48	0.41
	霍邱县	0.44	0.37
	合计	2.89	2.44
95%	金寨县	1.28	1.10
	叶集区	0.32	0.27
	霍邱县	0.26	0.22
	合计	1.86	1.59

根据《史灌河流域水量分配方案》,六安市史河流域水量分配方案编制时选取叶集断面位置作为下泄水量重要控制断面,提出控制断面多年平均的年下泄水量控制指标,并根据流域水资源特点和水资源调度管理工作的需要,提出各来水频率主要控制断面年下泄水量控制指标。

9.1.3　水资源现状分析

1) 水资源条件

根据安徽省第三次水资源调查评价成果,分析整理六安市史河流域水资源量及水资源可利用量成果数据,六安市史河流域多年平均地表水资源量为 18.14 亿 m³,50%、75%、80%、90%、95% 不同来水频率地表水资源量分别为 17.32 亿 m³、13.28 亿 m³、12.08 亿 m³、9.87 亿 m³、8.68 亿 m³。鉴于地下水资源量相对较小、开发利用程度不高,限于篇幅,此处不再对流域地下水资源量和水资源总量进行详细陈述。

2) 开发利用现状

(1) 供水工程

供水工程按水源可分为地表水源、地下水源供水工程两大类。主要包括以地表水为水源的蓄水工程、引水工程、提水工程、调水工程,以浅层地下水或中深层地下水为水源的水井工程。根据已有资料成果,六安市史河流域现有地表水源工程设计供水能力约 12.39 亿 m³。其中,蓄水工程供水能力 11.40 亿 m³,引提水工程供水能力 0.99 亿 m³。

表 9.1.3　六安市史河流域地表水源工程供水能力统计表　　　　单位:亿 m³

区域	蓄水工程	引提水工程	合计
金寨县	11.13	0.28	11.41
叶集区	0.23	0.35	0.57
霍邱县	0.04	0.36	0.41
史河流域	11.40	0.99	12.39

(2) 现状供用耗水量

以 2018 年作为现状基准年,2018 年六安市史河流域供水总量 1.74 亿 m³,其中地表水源供水量 1.67 亿 m³,占流域供水总量的比重为 95.98%,地表水是流域供水的主要水源。2018 年六安市史河流域供水量见表 9.1.4。

表 9.1.4　2018 年六安市史河流域供水量统计表　　　　单位:亿 m³

区域	地表水源工程	地下水源工程	其他	合计
金寨县	1.06	0.02	0.00	1.08
叶集区	0.30	0.03	0.01	0.34
霍邱县	0.31	0.01	0.00	0.32
史河流域	1.67	0.06	0.01	1.74

六安市史河流域 2018 年用水总量 1.74 亿 m³,其中生活用水量 0.26 亿 m³,工业用水量 0.20 亿 m³,农业用水量 1.25 亿 m³,河道外生态环境用水量 0.03 亿 m³,农业是流域内第一大用水户。2018 年六安市史河流域内金寨县、叶集区和霍邱县用水量占比流域总用水量分别为 62.07%、20.11% 和 17.82%,金寨县为流域内第一大用水户。

表 9.1.5 **2018 年六安市史河流域用水量统计表** 单位：亿 m³

区域	生活用水	工业用水	农业用水	生态环境	合计
金寨县	0.18	0.13	0.75	0.02	1.08
叶集区	0.04	0.05	0.25	0.01	0.35
霍邱县	0.04	0.02	0.25	0.00	0.31
史河流域	0.26	0.20	1.25	0.03	1.74

根据流域内 2018 年各市水资源公报的耗水量成果，2018 年六安市史河流域耗水量 0.98 亿 m³，其中生活用水耗水量 0.11 亿 m³，工业用水耗水量 0.03 亿 m³，农业用水耗水量 0.81 亿 m³，生态环境用水耗水量 0.03 亿 m³，流域综合用水消耗率约为 56%。

表 9.1.6 **2018 年六安市史河流域耗水量统计表** 单位：亿 m³

区域	生活用水	工业用水	农业用水	生态环境	合计
金寨县	0.07	0.02	0.49	0.02	0.60
叶集区	0.02	0.01	0.16	0.01	0.20
霍邱县	0.02	0.00	0.16	0.00	0.18
史河流域	0.11	0.03	0.81	0.03	0.98

（3）近年用水变化趋势

2015—2018 年六安市史河流域用水总量基本稳定，受降雨影响，不同年型间农业用水量有所变化从而导致用水总量有一定的变化。用水结构中，生活用水总体呈递增的趋势，工业用水随着节水型社会建设的推进呈递减趋势，流域内和史河灌区农业用水受降雨因素影响波动变化，史河流域 2015—2018 年降水频率均在 50% 左右，其中 2016 年降水量相对较大。六安市史河流域和史河灌区 2015—2018 年用水统计见表 9.1.7、表 9.1.8。

表 9.1.7 **近年六安市史河流域用水量情况统计表** 单位：亿 m³

年份	生活用水	工业用水	农业用水	生态环境	合计
2015 年	0.23	0.22	1.21	0.01	1.67
2016 年	0.24	0.22	1.20	0.03	1.69
2017 年	0.26	0.23	1.30	0.04	1.83
2018 年	0.26	0.20	1.25	0.03	1.74

表 9.1.8　近年史河灌区引水情况统计表　　　　　　　　单位：亿 m³

年份	史河总干渠	汲东干渠	沣西干渠	沣东干渠
2015 年	6.14	0.89	2.31	1.35
2016 年	6.66	1.99	1.57	0.79
2017 年	8.28	2.26	2.84	1.73
2018 年	13.47	1.91	2.99	1.82

（4）现状用水水平分析

2018 年六安市史河流域内人均用水量为 244.7 m³，低于全省平均值 369.5 m³。流域内万元 GDP 用水量为 109.7 m³，高于全省平均值 77.9 m³，用水效率有待提高。流域内万元工业增加值用水量为 40.5 m³，高于全省平均 33.3 m³，工业用水效率有待提高。2018 年流域内农田灌溉亩均用水量 338.0 m³，高于全省平均值 265.9 m³。

表 9.1.9　2018 年六安市史河流域用水量统计表

区域	人均用水量/m³	万元 GDP 用水量/m³	万元工业增加值用水量/m³	农田灌溉亩均用水量/m³
史河流域	244.7	109.7	40.5	338.0
六安市	506.2	185.4	56.3	333.0
安徽省	369.5	77.9	33.3	265.9

9.1.4　需水预测

依据流域内各行政区《水资源综合规划》确定的用水结构，结合近年来用水变化趋势和未来发展的新变化，统筹协调生活、生产、生态用水需求，合理确定 2030 水平年各区域农业、工业、生活和生态需水量。随着城乡供水一体化实施，规划 2030 年六安市史河流域涉及供水总人口约 105 万人，其中城镇人口约 37 万人；农村人口约 68 万人。工业增加值 174 亿元，农田有效灌溉面积 60 万亩。

六安市史河流域内各行政区河道外需水量采用定额法进行预测，主要包括生活、生产和河道外生态环境需水。预测流域多年平均总需水量为 3.46 亿 m³，流域内的金寨县、叶集区和霍邱县需水量分别为 2.39 亿 m³、0.57 亿 m³、0.50 亿 m³。50%、75%、80%、90% 和 95% 保证率条件下，流域总需水量分别为 3.35 亿 m³、4.11 亿 m³、4.25 亿 m³、4.55 亿 m³、4.73 亿 m³。不同保证率六安市史河流域需水预测成果见表 9.1.10。

表 9.1.10 六安市史河流域 2030 水平年需水量预测成果表 单位: 亿 m³

保证率	流域套行政区	生活			工业	农业	生态环境	合计
		城镇	农村	小计				
多年平均	金寨县	0.26	0.22	0.48	0.45	1.45	0.01	2.39
	叶集区	0.04	0.02	0.06	0.15	0.35	0.01	0.57
	霍邱县	0.02	0.02	0.04	0.09	0.37	0.00	0.50
	合计	0.32	0.26	0.58	0.69	2.17	0.02	3.46
50％	金寨县	0.26	0.22	0.48	0.45	1.38	0.01	2.32
	叶集区	0.04	0.02	0.06	0.15	0.33	0.01	0.55
	霍邱县	0.02	0.02	0.09	0.35	0.00	0.48	
	合计	0.32	0.26	0.58	0.69	2.06	0.02	3.35
75％	金寨县	0.26	0.22	0.48	0.45	1.89	0.01	2.83
	叶集区	0.04	0.02	0.06	0.15	0.45	0.01	0.67
	霍邱县	0.02	0.02	0.04	0.09	0.48	0.00	0.61
	合计	0.32	0.26	0.58	0.69	2.82	0.02	4.11
80％	金寨县	0.26	0.22	0.48	0.45	1.98	0.01	2.92
	叶集区	0.04	0.02	0.06	0.15	0.47	0.01	0.69
	霍邱县	0.02	0.02	0.04	0.09	0.51	0.00	0.64
	合计	0.32	0.26	0.58	0.69	2.96	0.02	4.25
90％	金寨县	0.26	0.22	0.48	0.45	2.18	0.01	3.12
	叶集区	0.04	0.02	0.06	0.15	0.52	0.01	0.74
	霍邱县	0.02	0.02	0.04	0.09	0.56	0.00	0.69
	合计	0.32	0.26	0.58	0.69	3.26	0.02	4.55
95％	金寨县	0.26	0.22	0.48	0.45	2.30	0.01	3.24
	叶集区	0.04	0.02	0.06	0.15	0.55	0.01	0.77
	霍邱县	0.02	0.02	0.04	0.09	0.59	0.00	0.72
	合计	0.32	0.26	0.58	0.69	3.44	0.02	4.73

9.1.5 水资源配置

1）可分配水量

地表水可分配水量为 2030 水平年流域当地地表水可供分配的最大水量,即为水资源配置方案中的当地地表水配置量。2030 水平年六安市史河流域多年平均可分配水量为 3.26 亿 m³,流域 50％、75％、80％、90％ 和 95％ 保证率下,可分配水量分别为 3.15 亿 m³、3.93 亿 m³、4.05 亿 m³、2.89 亿 m³ 和 1.86 亿 m³。六安市史河流域 2030 年地表水可分配水量见表 9.1.11。

表 9.1.11　六安市史河流域 2030 年地表水可分配水量表　　　单位：亿 m³

保证率	可分配水量
多年平均	3.26
50%	3.15
75%	3.93
80%	4.05
90%	2.89
95%	1.86

根据协调平衡后的用水总量控制指标，在保护生态、强化节水、严格控制用水增长的基础上，统筹协调区域间用水、不同行业用水，不同水源供水的关系，综合平衡、协调分解。水资源配置成果原则上不应突破《水资源综合规划》确定的 2030 年成果，生态环境用水量原则上不应低于《水资源综合规划》确定的 2030 年成果。

2）分水源配置方案

六安市史河流域 2030 水平年多年平均总配置水量为 3.33 亿 m³，其中地表水源配置量 3.26 亿 m³，地下水源 0.06 亿 m³，其他水源配置量为 0.01 亿 m³。流域内金寨县、叶集区和霍邱县多年平均总配置量分别为 2.27 亿 m³、0.55 亿 m³ 和 0.51 亿 m³，其中地表水源配置量分别为 2.22 亿 m³、0.54 亿 m³、0.50 亿 m³。六安市史河流域 2030 水平年各水源不同来水保证率的水资源配置成果见表 9.1.12。

表 9.1.12　六安市史河流域规划 2030 年分水源水资源配置表　　　单位：亿 m³

保证率	行政区	地表水源	地下水源	其他	合计
多年平均	金寨县	2.22	0.04	0.01	2.27
	叶集区	0.54	0.01	0.00	0.55
	霍邱县	0.50	0.01	0.00	0.51
	合计	3.26	0.06	0.01	3.33
50%	金寨县	2.14	0.04	0.01	2.19
	叶集区	0.52	0.01	0.00	0.53
	霍邱县	0.48	0.01	0.00	0.49
	合计	3.14	0.06	0.01	3.21

保证率	行政区	地表水源	地下水源	其他	合计
75%	金寨县	2.66	0.03	0.01	2.70
	叶集区	0.65	0.01	0.00	0.66
	霍邱县	0.61	0.00	0.00	0.61
	合计	3.92	0.04	0.01	3.97
80%	金寨县	2.75	0.03	0.01	2.79
	叶集区	0.67	0.01	0.00	0.68
	霍邱县	0.63	0.01	0.00	0.64
	合计	4.05	0.05	0.01	4.11
90%	金寨县	1.97	0.05	0.01	2.03
	叶集区	0.48	0.01	0.00	0.49
	霍邱县	0.44	0.01	0.00	0.45
	合计	2.89	0.07	0.01	2.97
95%	金寨县	1.28	0.06	0.01	1.35
	叶集区	0.32	0.01	0.00	0.33
	霍邱县	0.26	0.01	0.00	0.27
	合计	1.86	0.08	0.01	1.95

3）分行业配置方案

2030 水平年六安市史河流域多年平均配置总水量 3.32 亿 m³，其中生活用水量 0.44 亿 m³、工业用水量 0.69 亿 m³、农业用水量 2.17 亿 m³、河道外生态环境用水量 0.02 亿 m³，基本保障居民生活水平提高、经济发展和环境改善的用水要求。六安市史河流域规划 2030 年各行业不同来水保证率的水资源配置成果见表 9.1.13。

表 9.1.13　六安市史河流域规划 2030 年分行业水资源配置表　　　　单位：亿 m³

保证率	流域套行政区	生活			工业	农业	生态环境	合计
		城镇	农村	小计				
多年平均	金寨县	0.26	0.09	0.35	0.45	1.45	0.01	2.26
	叶集区	0.04	0.01	0.05	0.15	0.35	0.01	0.55
	霍邱县	0.02	0.02	0.04	0.09	0.37	0.00	0.50
	合计	0.32	0.12	0.44	0.69	2.17	0.02	3.32
50%	金寨县	0.26	0.09	0.35	0.45	1.38	0.01	2.19
	叶集区	0.04	0.01	0.05	0.15	0.33	0.01	0.54
	霍邱县	0.02	0.02	0.04	0.09	0.35	0.00	0.48
	合计	0.32	0.12	0.44	0.69	2.06	0.02	3.21

保证率	流域套行政区	生活			工业	农业	生态环境	合计
		城镇	农村	小计				
75%	金寨县	0.26	0.09	0.35	0.45	1.89	0.01	2.70
	叶集区	0.04	0.01	0.05	0.15	0.45	0.01	0.66
	霍邱县	0.02	0.02	0.04	0.09	0.48	0.00	0.61
	合计	0.32	0.12	0.44	0.69	2.82	0.02	3.97
80%	金寨县	0.26	0.09	0.35	0.45	1.98	0.01	2.79
	叶集区	0.04	0.01	0.05	0.15	0.47	0.01	0.68
	霍邱县	0.02	0.02	0.04	0.09	0.51	0.00	0.64
	合计	0.32	0.12	0.44	0.69	2.96	0.02	4.11
90%	金寨县	0.26	0.09	0.35	0.45	1.21	0.01	2.02
	叶集区	0.04	0.01	0.05	0.15	0.29	0.01	0.50
	霍邱县	0.02	0.02	0.04	0.09	0.31	0.00	0.44
	合计	0.32	0.12	0.44	0.69	1.81	0.02	2.96
95%	金寨县	0.26	0.09	0.35	0.45	0.54	0.01	1.35
	叶集区	0.04	0.01	0.05	0.15	0.13	0.01	0.34
	霍邱县	0.02	0.02	0.04	0.09	0.14	0.00	0.27
	合计	0.32	0.12	0.44	0.69	0.81	0.02	1.96

9.1.6　控制断面下泄量

根据六安市史河流域水文水资源特点,考虑水文站网布设、跨界控制断面和主要水利工程节点,并结合《史灌河流域水量分配方案》,选取六安市史河省际控制断面 1 处,即为叶集出境断面。

在现状调查的基础上,合理确定城镇生活、农村生活、工业、农业用水的退水系数,各行业用水的退水进入河道后,作为地表水的一部分,参与调节计算。采用 1956—2018 年天然径流量系列进行调节计算,按照水量平衡原理,控制断面下泄水量将各保证率下断面地表径流量扣除断面以上地表水耗损量,考虑调入、调出水量和重要控制工程调蓄后确定。

依据《史灌河流域水量分配方案》,分析整理主要控制断面下泄水量指标,不同来水频率下泄水量中已包含河道内基本生态需水量,叶集断面多年平均以及 75%、80%、95% 等不同年型下的下泄水量分别为 8.15 亿 m³、1.72 亿 m³、1.67 亿 m³、1.11 亿 m³。

9.1.7 方案合理性分析

1) 与相关成果协调性

六安市史河流域水资源量计算与《安徽省第三次水资源调查评价》成果衔接，水资源配置与流域内各县、区级行政区《水资源综合规划》衔接，供需水预测符合流域内各县、区《城市总体规划》发展需求，结合《六安市"十三五"水资源消耗总量和强度双控工作方案》中县、区级行政区 2020 年用水总量控制指标，2020 年金寨县、叶集区和霍邱县用水总量指标分别为 1.82 亿 m³、1.24 亿 m³ 和 7.99 亿 m³，根据各县、区《水资源综合规划》，2030 年金寨县、叶集区和霍邱县用水总量指标分别为 2.41 亿 m³、1.44 亿 m³ 和 8.18 亿 m³。本次水量分配方案未超区域用水总量指标。水量分配方案以《史灌河流域水量分配方案》的安徽省配置水量成果为约束上限，史河灌区的配置水量与《安徽省中西部重点区域及淠史杭灌区水量分配方案》成果衔接。保证了分配成果的合理性与可行性。

2) 水资源开发程度合理性

根据流域地表水资源开发利用分析成果，六安市史河流域现状年地表水资源开发利用率为 37.5%，2030 水平年地表水资源开发利用率为 46.3%。区域内城乡供水一体化发展和金寨县工业园区扩建，增加了用水需求，新增用水与《水资源综合规划》和《城市总体规划》成果相符，符合流域水资源开发利用特点与配置格局。

3) 分配水量合理性

本次水量分配方案是在水资源配置方案基础上，采用当地地表水配置量作为流域地表水的可分配水量，因此流域水资源配置方案的合理性直接影响分配水量的合理性。水资源配置方案充分考虑未来规划用水需求，以《史灌河流域水量分配方案》的安徽省配置方案为控制上限，全面统筹行业用水，优水优用，首先保障城乡居民生活用水，干旱年压缩农业用水。2030 规划年，城乡供水一体化发展，使得史河流域农村生活需水量增加至 0.26 亿 m³。依据《史灌河流域水量分配方案》，2030 规划年史灌河流域安徽省农村生活配置水量为 0.12 亿 m³，本次水量分配方案以《史灌河流域水量分配方案》中的安徽省农村生活配置水量为六安市史河流域农村生活用水配置上限，按照农村饮水安全供水人口规模均摊分配水量，保证区域供用水的公平公正。农村生活缺水量通过流域外水源开发，增加区域蓄水能力，可保障供用水需求。

4) 行政区间协调性

从人口、有效灌溉面积、GDP 的分布来看，六安市史河流域金寨县所占的比重均在 67% 左右,与 2030 规划水平年流域内金寨县分配水量比重 67.9% 相当;六安市史河流域叶集区所占的比重均在 18% 左右,与 2030 规划水平年流域内叶集区分配水量比重 16.8% 相当;六安市史河流域霍邱县所占的比重均在 15% 左右,与 2030 规划水平年流域内霍邱县分配水量比重 15.3% 相当。

六安市史河流域现状年当地地表水总供水量为 1.67 亿 m^3,其中金寨县、叶集区和霍邱县所占比重分别为 63.5%、18.1% 和 18.4%;2030 规划水平年,六安市史河流域当地地表水总供水量为 3.27 亿 m^3,其中金寨县、叶集区和霍邱县所占比例分别为 67.9%、16.8% 和 15.3%。2030 规划水平年金寨县供水比重较现状年有所增加,主要原因为金寨县城乡供水一体化发展和金寨工业园区规模的扩大,大大增加了金寨水厂向金寨城区和周边农村的供水量,乡村振兴战略发展和工业化进程必然使金寨县 2030 规划水平年供水比重增加。2030 规划水平年叶集区和霍邱县在史河流域内的供水比重较现状年有所减小,多水源供水规划使叶集区和霍邱县对史河流域的供水水源依赖性减少。

综上,认为 2030 规划水平年六安市史河流域套行政区地表水供水比重较现状年基本一致,水量分配与各行政区发展实际协调,具有合理性。

表 9.1.14 流域内各行政区水量分配份额匹配性指标表

区域	现状年								2030 规划水平年分配水量	
	人口		有效灌溉面积		GDP		地表水用水量			
	万人	比重	万亩	比重	亿元	比重	亿 m^3	比重	亿 m^3	比重
金寨县	52.6	64.7%	33.8	67.4%	97.1	69.2%	1.06	63.5%	2.22	67.9%
叶集区	11.9	14.6%	8.4	16.8%	25.7	18.3%	0.30	18.1%	0.55	16.8%
霍邱县	16.8	20.7%	7.9	15.8%	17.6	12.5%	0.31	18.4%	0.50	15.3%
史河流域	81.3	100.0%	50.1	100.0%	140.4	100.0%	1.67	100.0%	3.27	100.0%

9.2 水量调度方案编制示例

9.2.1 流域概况介绍

选择史灌河作为介绍水量调度方案编制技术的示范流域,史灌河流域跨安徽、河南两省,流域总面积 6 889 km^2。史灌河在红石嘴以上为山区河流,河道平均比降 2.5%,其间小支流众多,山高坡度,水流湍急,河床大部分是裸露岩石或砾石,泥沙随山洪而下。红石嘴至黎集为丘陵坡水区,河道平均比降 0.38%,此段河道宽浅,坡度较缓,沙质河床,河槽不稳定。黎集以下为平原河网区,地势平坦。史灌河流域东邻淠河水系,西接白露河水系,南依大别山山脉,北抵淮河。流域地形南高北低,南部最高峰太白峰海拔 1 140 m,北部至淮河地面海拔一般为 23 m 左右。长江河口以上为上游,属于山丘区,长江河口至黎集引水枢纽为中游,属于丘陵区,黎集引水枢纽以下为下游,属于平原区。

史灌河为淮河南岸最大的支流,是淮河干流主要产水地区之一。史河发源于大别山北麓的安徽省金寨县大伏山,史河上游 1956 年建成梅山水库,控制流域面积 1 970 km²。灌河发源于河南省商城县黄柏山,灌河上游 1975 年建成鲇鱼山水库,控制流域面积 924 km²,两水库控制流域面积占全流域的 42%,库区以下还有 4 001 km²。

史河干流出梅山水库后,北流 10 km 至红石嘴渠首枢纽,继续北流 31.5 km 有黎集渠首枢纽,流经固始县城后,至蒋集与灌河相汇,经霍邱县临水集汇泉河后,在固始县三河尖入淮河。自进入彭州孜后,史河成为安徽与河南两省的界河,至叶集孙家沟后,进入河南固始县境内。通过史河总干渠及分干渠向沣河、汲河流域内的史河灌区供水,渠首为红石嘴枢纽工程;通过鲇鱼山总干渠及分干渠向白露河流域内的鲇鱼山灌区供水,渠首为烟北头枢纽。

9.2.2　水资源调度控制对象

1)水平年

《史灌河流域水量分配方案》现已批复,提出了史灌河的可分配水量、河道外水量分配方案及主要控制断面指标,史灌河流域地表水可分配水量是依据《综合规划》2030 年工况条件下地下水、跨流域调水、其他水源供水量以及河道内生态环境用水量经合理配置确定的。在 2030 年规划工况无明确变化依据条件下,仍采用原工程规划成果。可分配水量水平年至 2030 年,分配对象为当地地表水。

2)考核断面

确定叶集、蒋家集、陈村 3 个断面为史灌河流域水量分配控制断面,安徽省出境水量以叶集水文站实测径流量核定,河南省出境水量以陈村水文站实测径流量核定。

3)控制节点

对史灌河水量调度的关键在于重要节点的控制,根据对干支流重要蓄水工程及控制断面的分析,水量调度的重要控制节点可根据下述原则确定:① 确定的控制节点可以反映省界的出入境水量的变化;② 影响省际用水、河流防污调度需要或具有兴利调节功能的重要控制性工程;③ 确定的控制节点的监测设施应较为完善,便于监测、调控。

史灌河水量调度的重要节点可以在水资源开发利用工程现状调查的基础上,综合考虑史灌河水资源开发利用的特点、省界出入境水量的控制点、重要控制性工程以及有监测设施的河道断面等因素确定。

根据《史灌河流域水量分配方案》批复成果及水量调度方案项目目标、工作要求,通过分析史灌河流域主要控制工程的分布、工程特性、调度权限及其调度运用方式,甄别选定对实现史灌河水量分配方案发挥重要作用的控制工程,作为主要控制断面。初步拟定的主要控制断面和控制工程如下:① 主要控制断面(考核断面):叶集、蒋家集、陈村为水量调度的重要控制节点。② 控制工程:河南省境内 3座,安徽省境内 2 座,共计 5 处控制工程节点。

史灌河水量调度方案项目主要考核断面和控制断面情况,由于马堽枢纽、黎集枢纽现在流量监测条件尚不完善,红石嘴枢纽同时具备包括溢流坝、发电洞、输沙洞、总干渠、南干渠在内的多个口门,流量计量条件较为复杂。因而,目前调度方案中,仅叶集、蒋家集、陈村考核断面,以及鲇鱼山水库、梅山水库具备考核条件。其余各水利枢纽工程(如马堽、黎集、红石嘴)受限于监测条件,所给出总的下泄流量仅作为参考。

9.2.3 水量调度模型设计

史灌河水量调度模型的定位是在史灌河流域范围内,依据河流水量分配方案等的规定,遵循高效、公平和可持续的原则,通过各种工程与非工程调度措施,考虑市场经济的规律和资源优化配置准则,通过有效增加供水、积极保护生态环境、合理抑制需求等手段和措施,对水资源在受水区域和各行业间进行的时空调配。

针对不同来水条件(多年平均、50%、75%、90%、95%年型),结合史灌河水量调度目标,通过建立史灌河水量联合调度模型,分析确定闸坝群合理的汛前、汛末及汛后期蓄、泄水调度规则及闸坝群水量联合调度规则,为编制史灌河水量调度方案提供技术支撑。

1) 水资源系统概化

水资源系统是以水为主体构成的一种特定系统,这个系统是指处在一定范围或环境下,为实现水资源开发利用目标,由相互联系、相互制约、相互作用的若干水资源工程单元和管理技术单元所组成的有机体。依据行政区和流域边界等将流域划分为数个或多个子单元,作为用户概化、水量平衡计算的最小单位,继而通过不同行业水源的用水户概化、水资源供需配置网络构建、水源划分等步骤,建立供水工程—用水户—河道水系之间的点线面联系。

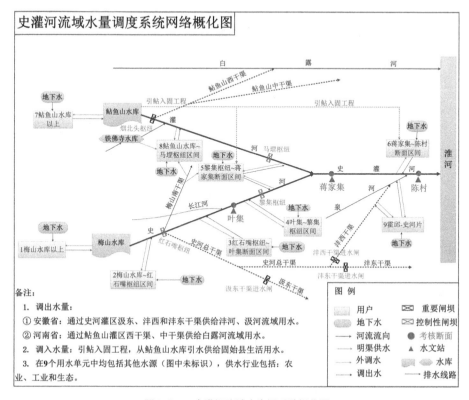

图 9.2.1 史灌河流域水资源系统概化图

2）输入条件设定

水量调度模型的主要计算功能包括：来水条件分析、需水预测、水资源供需调配与滚动修正四大模块。在对 2030 水平年各来水年型条件下水量调度方案制定时，将来水、需水条件作为水量调度计算的输入条件处理。涉及到地表、地下径流量、水资源总量及降雨量的部分，统一为 1956—2000 年序列。

模型输入包括涡河流域的基础资料和与方案设置有关的参数，其中基础资料可以直接从系统的数据库中读取；与方案设置有关的参数可以通过系统手动输入，或选择系统的默认结果，读取系统数据库中的信息。

（1）基础资料

基本资料是系统的固定性参数，主要包括水资源系统的水力关系、水文水资源信息、工程信息资料等，具体如下：

系统水力关系：各类工程、用水区、渠道河道之间的水力联系，包括外调水工程

与各分区、当地工程的水力联系,以及用水退水的排放关系;

水文水资源信息:各分区地表水资源量、地下水资源量,地表水可利用量、重要工程和节点天然入库流量、非常规水源可利用量(雨水、微咸水),以及外调水等数据;

工程信息资料:包括闸坝、提(引)水工程、分水工程、外调水工程资料。

① 闸坝等

基本工程资料:包括正常蓄水位、死水位、总库容、汛限水位、水位库容曲线、调节性能。

② 提(引)水工程资料

设计提(引)水能力,最大提(引)水流量,供水范围。

③ 分水工程资料

分水点位置,分水规则,设计分水指标。

④ 外调水工程资料

调水过程、调水过程调蓄能力、供水范围及受水用户,依据水量分配方案确定的不同来水年型外调水量。

监测信息:包括气象降雨、水文等信息。

a. 气象降雨信息

雨量站降雨量监测数据。

b. 水文信息

各河道控制断面的流量、河道径流量。

(2) 与方案设置相关的参数

与方案设置相关的参数包括决策性参数和控制性参数,是可控信息或与计算过程相关但不能通过基本资料获取的信息,具体如下:

规划决策信息:规划过程信息、渠系利用系数、耗水率及退水率、渠道过水能力、各类水源供水优先级及利用比例、中小型工程重点发展地区,此类信息可通过手动设置。

需水资料:各类用户需水量及年内分配过程、生态环境对河道过水要求,此类信息可通过手动设置,也可通过设置部分参数计算得到。

模型率定资料:校验调整系统控制性参数所需的系统实际过程,包括近年实际供用水资料、水库实际入流、统计耗水量等,此类信息可通过手动设置,或通过统计分析得到。

① 来水条件分析

为满足水量调度方案编制要求,需针对 2030 年水平年 50%、75%、90%、95%年型及多年平均来水条件进行来水、需水预测。在方案编制过程中,除采用上述模型预报结果之外,更多的是应当采用代表年来水作为相应年型来水条件的处理方式。

不同来水频率下水量分配指标计算方法通常有"丰增枯减""线性插值""年分配水量比例法"等方法。本次结合流域的特点,选择陈村站作为流域代表控制站,采用"年分配水量比例法"进行不同来水频率年度分配水量计算,给出可分配水量细化成果。

基于重点流域代表站 1956—2000 年径流系列的频率分析成果,采用各年型对应频率下代表站相应年份年内径流过程作为年径流总量、逐月径流分配。例如,史灌河流域蒋家集代表站 75%频率相应代表年为 1997 年,采用蒋家集站 1997 年的年内径流分配系数划分史灌河流域天然径流。史灌河流域代表年选取情况,见表9.2.1 所示。

表 9.2.1　史灌河流域代表年选取成果

来水频率(年型)	史灌河流域径流量/亿 m³	代表年
多年平均	37.11	1974
50%	27.39	1959
75%	20.32	1997
90%	16.96	1966
95%	39.50	1971

相应史灌河流域年内径流过程,采用蒋家集站代表年的年内分配比例进行划分得到。各单元的年径流依面积权重将流域年径流量划分至各单元。蒋家集代表站不同来水频率年逐月水量过程,见表 9.2.2。蒋家集代表站长系列径流量频率曲线见图 9.2.2。

表 9.2.2　蒋家集代表站不同来水频率年逐月水量汇总表　　　　　　　单位:万 m³

来水频率	典型年	1 月	2 月	3 月	4 月	5 月	6 月
多年平均	1974	2 875.3	2 702.6	12 507.5	12 243.5	35 670.7	159 723.2
50%	1959	3 730.5	13 217	16 659	32 617.5	101 904.9	30 700.7
75%	1997	4 410.9	5 237.5	43 191.2	23 012	10 929.8	12 882.9
90%	1966	4 658.3	2 446.4	16 349	21 672.7	15 195.2	14 115.5

来水频率	典型年	1月	2月	3月	4月	5月	6月
95%	1971	4 658.3	2 446.4	16 349	21 672.7	15 195.2	14 115.5

来水频率	典型年	7月	8月	9月	10月	11月	12月
多年平均	1974	23 141.3	13 845.8	7 917.4	40 307	11 814.4	8 658.9
50%	1959	50 461.4	38 805.6	8 347.6	11 343.1	5 894.5	5 200.4
75%	1997	57 169.4	26 679.4	23 242.3	3 616.5	7 045.8	10 117.4
90%	1966	4 658.3	2 446.4	16 349	21 672.7	15 195.2	14 115.5
95%	1971	32 265	11 744.7	1 205.5	749.5	1 338.2	950.6

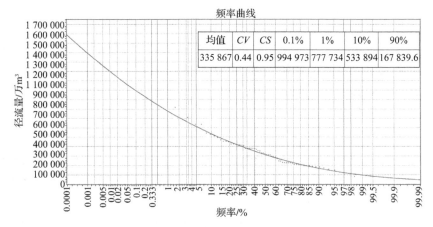

图 9.2.2 蒋家集代表站长系列径流量频率曲线

② 需水预测

需水量的计算与预测是水资源供需分析和调度的重要环节。水资源调度就是要协调不同用水部门、不同时段间的供需矛盾。用水户的用水方式、数量与过程存在较大差异,需水量的计算与预测必须根据不同用水户的特点进行。

本成果所采用的用水户的细部分类包括:生活用水、生态用水、工业生产用水、农业生产用水四类。根据调度要求,按月、年时间尺度,针对各类用水户特点采用独立的方法预测系统中概化的用水户各类需水水量。需水预测同时需要遵循与流域、河南省水量分配方案成果一致性,结合省、市水资源公报和《淮河流域及山东半岛水资源综合规划》成果分析确定。

需水预测按照计算单元进行计算,计算结果按照行政分区汇总。需水预测与社会经济发展规划相结合,反映本地区社会经济可持续发展的要求。需水预测一般以定额法为基本方法,用趋势法、机理预测法、人均综合用水量预测法、弹性系数法等进行复核,在进行预测时根据研究区域的需要和条件,可再进行更细的分类。全国第三次水资源调查评价成果中仅涉及 2010—2016 年期间的供、用水、耗等专业成果,时间系列较短,这是本系列成果中未采用趋势法的原因之一。

定额需水预测法是根据用水量的主要影响因素的变化趋势,确定相应的用水指标及用水定额,然后根据用水定额和长期服务人口(或工业产值等)计算出远期的需水量。该方法通常将用水部门,进行划分(如划分成生活、工业、农业、环境等用水部门)然后对各部门的用水影响因素(如人口、工业产值、灌溉面积等)及用水定额进行预测,再分别预测各部门的需水量,总需水量即为各部分之和。

利用定额法进行需水预测计算需要的指标主要有:城镇/农村用水人口,城镇/农村某水平年年人均用水定额;一般工业与高用水工业(火电行业)发展指标,如增加值(万元)、装机容量(万 kW)等),一般工业与高用水工业取水定额(万元增加值取水量),也可为单位产品取水量,建筑业工业发展指标(如增加值),建筑业取水定额,第三产业发展指标,第三产业取水定额,规划水平年工业供水系统水利用系数;研究区规划水平年作物种类总数,研究区规划水平年某作物灌溉面积,研究区规划水平年某作物灌溉定额,规划水平年综合灌区渠系水利用系数,研究区作物灌溉制度,研究区林地和牧场灌溉面积,研究区林地和牧场灌溉定额,研究区林地和牧场渠系水利用系数,研究区鱼塘面积,研究区鱼塘亩均补水定额,禽畜养殖头数,禽畜需水定额,禽畜生长周期;城镇绿地面积,城镇绿地灌溉定额,城镇市区面积,城镇市区单位面积的环境卫生需水定额(采用历史资料和现状调查法确定),研究区林草植被种类总数,研究区某林草植被面积,研究区某林草植被灌溉定额。限于篇幅,本成果仅介绍需水预测方法与最终成果,相关计算过程与数据可参阅本系列其他成果。

a. 生活需水预测

生活需水在一定的范围内的增长速度是比较有规律的,因而可以用定额法推求未来需水量。对总需水量的估算,考虑因素主要是用水人口和用水定额。生活需水分为城市生活需水和农村生活需水两部分来进行预测。本次生活需水预测考虑经济社会发展条件下的人口及城市化水平,采用用水定额法进行预测。

采用用水定额法进行预测,公式如下:

$$W_i = n_i \times K_i \tag{9.2.1}$$

式中:W_i——某水平年城镇/农村生活需水量(m^3/d);

n_i——需水人数(人);

　　K_i——某水平年拟定的人均用水综合定额,(m³/(人·d))。

b. 工业需水预测

工业分为一般工业和火电业。由于火电厂用水量较大,而消耗水量较小,故将火电厂用水量和一般工业用水量分别预测。

- 一般工业需水

工业需水预测的计算公式为:

$$W^t = \frac{X^t \times A^t}{g^t} \tag{9.2.2}$$

式中:t——规划水平年序号;

　　　　W^t——t 规划水平年工业总需水量(亿 m³);

　　　　X^t——t 规划水平年工业发展指标(如增加值(万元)、装机容量(万 kW)等);

　　　　A^t——规划水平年工业取水定额(万元增加值取水量,也可为单位产品(如装机容量)取水量);

　　　　g^t——t 规划水平年工业供水系统水利用系数(本次计算取 0.95)。

- 火电行业需水预测

火电行业主要采用循环式供水,水资源重复利用率达到 95%。确定各分区火电行业需水定额。根据单位千瓦净需水量、发电量、5% 的管网漏失率可确定各规划水平年各镇区火电行业需水量。

引用公式形式与一般工业需水预测公式相同。

c. 农村生产需水预测

结合流域自身产业分布特点,将史灌河流域农村生产需水分为灌溉需水和林牧渔畜需水两大部分。

- 灌溉需水

农田灌溉需水量预测主要考虑以下指标:(1)灌溉面积的发展速度;(2)不同保证率情况下的不同灌溉方式(灌溉制度);(3)不同作物组成及灌溉定额;(4)渠系水利用系数。

其中,灌溉定额是关键指标之一,通常采用典型调查法及水量平衡法来进行计算。农田灌溉需水量具体计算公式如下:

$$W_{毛}^t = \frac{W_{净}^t}{h^t} = \frac{\sum\limits_{j=1}^{m} w_j^t A_j^t}{h^t} \tag{9.2.3}$$

式中：$W_{毛}^t$——研究区毛灌溉用水总量（亿 m³）；

　　　$W_{净}^t$——研究区净灌溉用水总量（亿 m³）；

　　　m——t 规划水平年作物种类总数；

　　　A_j^t——某作物灌溉面积（hm²）；

　　　w_j^t——t 规划水平年、第 j 类作物灌水定额（亿 m³/hm²）；

　　　h^t——t 规划水平年综合灌区渠系水利用系数。农田灌溉定额、农田灌溉面积、灌溉水利用系数，可参阅相关规划等文献确定。

- 林牧渔业

灌溉林地和牧场需水量预测采用定额预测方法，其计算步骤类似于农田灌溉需水量。根据灌溉水源和供水系统，分别确定田间水利用系数和各级渠系水利用系数，结合林果地与牧场发展面积预测指标，进行林地和牧场灌溉需水量预测。

鱼塘补水量为维持鱼塘一定水面面积和相应水深所需要补充的水量，采用亩均补水定额方法计算，亩均补水定额则根据鱼塘渗漏量及水面蒸发量与降水量的差值加以确定。

畜牧业需水量预测按照以下公式来计算：

$$W_{禽畜} = N_{禽畜} \times S \times \alpha \qquad (9.2.4)$$

式中：$W_{禽畜}$——代表禽畜养殖需水量；

　　　$N_{禽畜}$——代表禽畜养殖头数；

　　　S——代表禽畜净需水定额；

　　　α——代表禽畜生长周期。

针对 2030 水平年，史灌河流域套市级行政区的需水预测结果，见表 9.2.3 所示。工业、生活、生态需水一般不随来水条件发生显著变化，发生变化的主要是农业需水。

表 9.2.3　史灌河流域各省 2030 年需水预测结果　　　　　　　　单位：万 m³

年型	省份	工业	农业	生活	生态	调出	合计
50%	安徽省	7 056	42 336	5 720	6 709	52 000	113 821
	河南省	3 645	70 534	8 725	968	14 200	98 072
	合计	10 701	112 870	14 445	7 677	66 200	211 893
75%	安徽省	7 056	52 648	5 720	6 709	69 300	141 433
	河南省	3 645	87 891	8 725	968	20 200	121 429
	合计	10 701	140 539	14 445	7 677	89 500	262 862

续表

年型	省份	工业	农业	生活	生态	调出	合计
90%	安徽省	7 056	52 724	5 720	6 709	42 600	114 809
	河南省	3 645	89 428	8 725	968	12 500	115 266
	合计	10 701	142 152	14 445	7 677	55 100	230 075
95%	安徽省	7 056	52 739	5 720	6 709	40 500	112 724
	河南省	3 645	89 735	8 725	968	7 800	110 873
	合计	10 701	142 474	14 445	7 677	48 300	223 597
多年平均	安徽省	7 056	42 336	5 720	6 709	51 400	113 221
	河南省	3 645	70 534	8 725	968	15 000	98 872
	合计	10 701	112 870	14 445	7 677	66 400	212 093

由图9.2.3～图9.2.7可以看出,农业用水始终在史灌河流域以及流域两省占据60%以上的用水比例。其中,以50%保证率下安徽省的农业需水占比64%为最小值,以95%保证率下河南省农业需水占比77%为最大值。各年型农业需水占比的变化范围,史灌河流域为67%～71%、河南省为69%～77%、安徽省为64%～72%,各地区年型农业需水占比的差异均在10%以内。

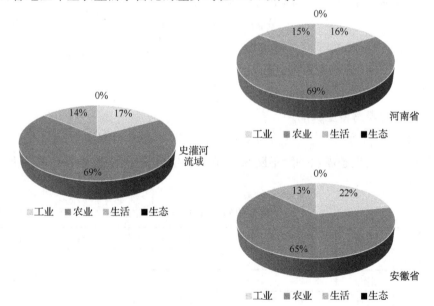

图9.2.3 史灌河流域及河南、安徽省各行业需水比例示意图(多年平均)

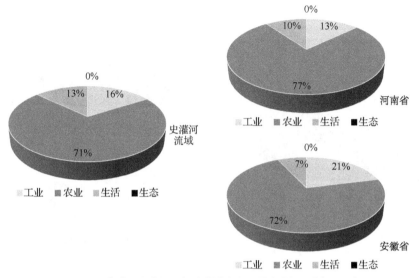

图 9.2.4 史灌河流域及河南、安徽省各行业需水比例示意图(95%)

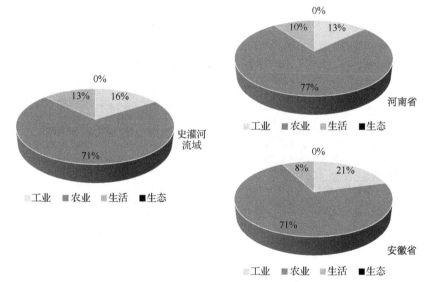

图 9.2.5 史灌河流域及河南、安徽省各行业需水比例示意图(90%)

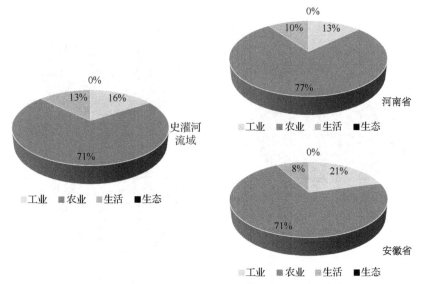

图 9.2.6　史灌河流域及河南、安徽省各行业需水比例示意图（75%）

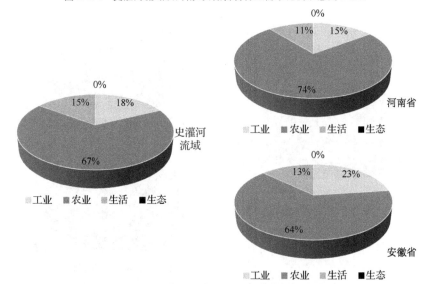

图 9.2.7　史灌河流域及河南、安徽省各行业需水比例示意图（50%）

　　对各分区生活需水、生产需水、生态需水预测结果进行汇总,得到史灌河流域不同规划水平年不同保证率需水量。在取得各分区生活需水、生产需水、生态需水预测结果的情况下,必须将年需水量分配到逐月、旬里去。根据有关资料分析,概化史灌河流域工业和生活需水逐月分配量如表 9.2.4 所示。

表 9.2.4 史灌河流域各行业概化需水量月内分配过程

月份	农业用水/%	工业用水/%	生活需水/%	生态需水/%
1	6.24	7.6	6	8.33
2	5.09	6.4	6	8.33
3	5.29	6.6	6	8.33
4	7.88	6.7	7	8.33
5	11.15	7.8	8	8.33
6	9.65	10.0	10	8.33
7	9.13	10.0	10	8.33
8	14.07	12.4	10	8.33
9	12.70	9.6	10	8.33
10	6.83	7.6	10	8.33
11	5.54	7.6	9	8.33
12	6.43	7.7	8	8.33

③ 耗水与退水分析

耗水量是指在输水过程中,通过蒸腾蒸发、土壤吸收、产品带走、居民和牧畜饮用等形式消耗掉,而不能回归到地表水体或地下含水层的水量。其中,灌溉耗水量包括支渠以下(不含支渠)渠系和田间的蒸腾、蒸发量,工业和城镇生活用水集中,消耗的水量相对较少,大部分水量成为废污水排放掉,农村住宅分散,一般没有供排水设施,居民生活和牲畜用水量的巨大部分被消耗掉。

耗水率为耗水量与用水量之比,是反映一个国家或地区用水水平的重要特征指标。耗水率可根据灌溉试验、灌区水量平衡、工厂水量平衡测试、废污水排放量监测和典型调查等有关资料估算。本成果依据全国第三次水资源调查评价成果统计分析得到。

④ 其他类型水源可供水量分析

本成果的重点在于地表水的水资源配置,但是考虑到其他水源的供水状况也影响用水户的需水满足情况,同时地表水以外其他水源的退水会加入到地表水资源的可分配水量中,因而在水量调度工作中虽然调度的对象主要是地表水,但是也有必要考虑其他类型水源的可供水水量状况。其他类型水源主要包括:地下水、其他(中水回用等)、外调水三类。

依据重点流域水量分配方案以及相关配套材料,可以获得 2030 年三类水源的可供水量在各省以及重点流域的总量(表 9.2.5)。结合三调中地下水可开采量相关成果将各省地下水可供水量成果向各地市分配。在地市内部,依面积比将地下水可供水量以及其他水源可供水量分配至各单元。

表 9.2.5 地下水、其他水源的地区间分配成果表 单位:万 m³

年型	省份	地下水	其他	总量
50%	安徽省	500	100	600
	河南省	2 000	0	2 000
	小计	2 500	100	2 600
75%	安徽省	400	100	500
	河南省	2 400	0	2 400
	小计	2 800	100	2 900
90%	安徽省	700	100	800
	河南省	2 600	0	2 600
	小计	3 300	100	3 400
95%	安徽省	800	100	900
	河南省	2 700	0	2 700
	小计	3 500	100	3 600
多年平均	安徽省	500	100	600
	河南省	2 100	0	2 100
	小计	2 600	100	2 700

注:"总量"仅指地下水、其他两类水源的可供水量的总量。

3) 模型输出要素设定

水量调度模型的直接输出结果包括各计算分区、市级(包括省直管县)、省级行政分区的各水源取水量;各部门取水量;节点逐月下泄水。后续计算结果包括各供水目标的缺水程度、需水满足度、各部门需水满足度、控制断面最小下泄流量满足度、控制断面年下泄水量满足度、地表水资源区域配置合理性评估等。

依据水量调度模型,在工程现有调度规则的基础上,在不同来水条件下,以水量分配方案约束各项指标,试算水量调度、工程调度方案,通过合理性、实操性、可行性分析,在科学论证基础上,依据优选得到的水量调度方案,提出不同条件下水库合理的汛前、汛末、汛后蓄泄调度规则,确保水量调度规则的可靠性和科学性。具体的输出信息包括以下内容。

（1）水文要素变化过程

各河道控制断面、工程的流量随时间变化过程，河道和水库的水资源可利用量。

（2）供需平衡结果

各计算节点（即计算单元、水源工程等）的长系列和逐年平衡计算结果，以及各类分区和工程在不同年来水量保证率、不同年供水量保证率下的供需平衡计算结果统计等。

（3）缺水程度与供水的组成及分布

不同供需平衡情况下的缺水率、缺水分布，以及不同水源的供水量。其中缺水率（或缺水深度、供水破坏深度）为反映供水不足时缺水的严重程度；缺水分布为缺水量不同时段的分布情况；由水资源工程系统供出的不同水源的供水量，是在不同水平年可实现的可供水量，为水资源利用量。

（4）工程及节点运行状态

所有工程（包括外调水）、引提水节点、重要断面的供水、弃水、需水状态过程，以及这些节点的上游各类水量（污水、本地径流、串联供水等）汇水过程。

（5）水资源的区域分配

水源工程对各计算区域的年供水量的逐年成果，以评定水资源地区分配的合理性。

4）模型参数设置

水量调度模型参数包括：特征参数、预设参数、优化参数三类。特征参数是水利工程、计算单元、水资源配置网络反映自身概况、水力特征的固定参数；预设参数是依据水量分配方案、水资源公报、水资源调查评价成果等配套资料中推算得到的统计参数，作为水量调度模型的预设参数写入数据库，仅允许水量调度技术人员修改；优化参数是与水量调度方案相关、可以在系统中在预设值域内调节设置的参数。

（1）特征参数

特征参数包括蓄引提调工程基本参数、调度参数；计算单元基本参数、水库/虚拟水库兴利库容等。水量调度模型中各计算单元采用结构相似的水量平衡方程描述计算单元在计算时段内供水水源到用水户、退水、下泄、水库蓄变的转换关系。模型上边界分别为上游水库、虚拟水库的初始蓄水量、各单元逐月产流量，下边界为各单元需水量、最小下泄流量。根据相关调查成果，概化史灌河重点流域各单元的虚拟水库库容如下。

表 9.2.6　史灌河流域各计算单元的虚拟库容表　　　　　单位:万 m³

序号	计算单元名称	总库容
1	梅山水库以上	206 600*
2	红石嘴以上	381
3	叶集以上区间	2 715
4	黎集以上区间	0
5	蒋家集以上区间	10 000
6	蒋家集—陈村区间	6 088
7	鲇鱼山水库以上	73 300*
8	马堽以上区间	4 502
9	霍邱县境内	2 284

注:* 指梅山、鲇鱼山水库需要根据所在月份不同,适时改变其蓄水量。

（2）预设参数

预设参数主要包括:退水系数、节点分水系数、计算单元调算序列号、下泄流量允许破坏深度等。生活用水、灌溉用水等用水部门的退水系数,依据水资源调查评价成果,参照相关综合规划成果确定。本成果依据全国第三次水资源调查评价成果统计分析得到。

表 9.2.7　史灌河流域 2010—2016 逐年耗水量统计表

年份		2010	2011	2012	2013	2014	2015	2016
耗水量/ 万 m³	农业	27 995	29 701	27 685	27 321	24 550	28 016	29 895
	工业	2 158	2 162	2 217	2 117	1 896	2 140	1 612
	生活	4 079	3 978	4 490	4 440	4 192	4 855	5 155
	生态	0	0	410	595	798	674	1 319
用水量/ 万 m³	农业	50 629	57 625	51 723	50 183	43 363	50 905	53 647
	工业	9 187	9 217	9 482	9 057	8 133	9 146	7 063
	生活	7 424	7 915	8 510	8 417	7 978	10 023	10 659
	生态	0	0	450	695	940	815	2 718
耗水率/%	农业	55	52	54	54	57	55	56
	工业	23	23	23	23	23	23	23
	生活	55	50	53	53	53	48	48
	生态	—	—	91	86	85	83	49

根据上述表格分析可知,史灌河流域各行业间耗水率的差异显著,同一行业逐

年的耗水率变化不明显。结合上述分析可知,有必要依据各行业耗水、用水的调查成果,在水量调度模型构建时采用不同的耗水率;而各行业耗水率可采用上表中耗水率均值表示。实际采用的各行业耗水率、退水率如图9.2.8所示。

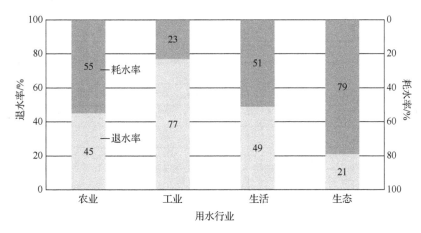

图 9.2.8 史灌河流域各行业耗水、退水率示意图

在应用中需要注意的是,上述耗水、退水都是针对总的用水量来讲,其涵盖了各用水户的所有类型水源,包括地表水、地下水、外调水、中水回用等其他用水等。史灌河流域水量调度模型预设的退水系数见表9.2.8。

表 9.2.8 史灌河流域水量调度模型预设的退水系数表

地区	退水系数				再生水回用率
	农业	生活	生态	工业	
六安市	0.24	0.44	0.28	0.75	10%
信阳市	0.24	0.44	0.28	0.75	10%

下泄流量允许破坏深度为调度期逐月下泄流量的最小值与水量分配方案约定最小下泄流量的比值。在水量调度计算过程中,会优先保证各单元逐月下泄水量达到了最小下泄水量,仅当计算单元上游来水、本地供水、地下与计划调水量均不满足单元用水及下泄时,才考虑破坏最小下泄流量,通过逐步减小本单元下泄流量以满足本单元用水需求;当本单元计算下泄流量与方案约定最小下泄流量的比值小于预设的最小下泄流量允许破坏深度时,舍弃该方案,并尝试重新生成水量调度方案。

根据流域各行政区需水状况、流域各河流水系的水利工程现状,在考虑水量调度方案中所约定下泄流量破坏方式以及方案可行性的前提下,初步预设各控制断面的下泄流量允许破坏深度参数见表9.2.9。

表 9.2.9 史灌河流域控制断面下泄流量允许破坏深度表

断面	水系	年型(来水频率)	下泄流量允许破坏深度参数
叶集	史河	50%	0.95
	史河	75%	0.9
	史河	90%	0.85
	史河	95%	0.8
	史河	多年平均	1
蒋家集	史灌河干流	50%	0.95
	史灌河干流	75%	0.9
	史灌河干流	90%	0.85
	史灌河干流	95%	0.8
	史灌河干流	多年平均	1
陈村	史灌河干流	50%	0.95
	史灌河干流	75%	0.9
	史灌河干流	90%	0.85
	史灌河干流	95%	0.8
	史灌河干流	多年平均	1

下泄流量允许破坏深度参数的取值范围为(0,1]。当设置下泄流量的允许破坏深度参数值为1时,表示该断面在当前来水条件下,不允许破坏最小下泄流量边界;当参数值小于1时,表示该断面在当前来水条件下,允许破坏最小下泄流量边界。

(3) 优化参数

优化参数主要分为以下三类:行业需水满足度、地表水分水系数、外调水缩放系数。

需水满足度是指 i 单元 j 月实际供水量与需水量的比值,取值范围在(0,1]。生活、生态优先满足,一般设定各单元、各月份生活与生态的需水满足度为100%,仅当枯水年、各水源供水量不能满足生活、生态需水时,才考虑缩减生活与生态的需水满足度。农业、工业、外调水的需水满足度是主要的控制参数,考虑到参数优化的可行性,一般在参数优化阶段将农业、工业的需水满足度设置为统一值,在人工调参阶段依据当地农业、工业生产的发展现状与预测成果进行合理性修正。当供水能力不足以同时满足本地生活、生态以及工业、农业时,以同比例缩减工业、农业的需水满足度;设置工业、农业的最小需水满足度作为控制条件;工业、农业用水优先满足,需水满足度阈值不得低于下限值。

地表水分水系数,是指本地水为满足下游下泄需求,在适当的场景中必须能够从上游或本单元的产水量、上游来水、蓄水量中,分出一部分用于满足下游或本单元的下泄水量与流量的要求,是强制要求计算单元必须向下游分配一部分地表水。参数取值范围在(0,1)。

外调水缩放系数是指考虑某个单元的分配水量、地下与外调水量可能不足以满足本地用水需求,这时尤其要考虑分配给本单元的外调水量是否有必要从本市其他单元或本省其他单元的外调水配额中分配一部分到本单元。另一方面,某些单元可能在适当的场景下,水量已足以满足本地用水,可以缩小外调水的分配。理论上,外调水缩放系数取值只需大于零,根据流域实际情况,根据不同水平年变动外调水缩放系数的取值,在95%来水条件下,取外调水缩放系数为(0,1.2];多年平均来水条件下,外调水缩放系数取值范围设定为(0,1]。

输入实际年份来水、用水过程,水库蓄水量、其他水利工程逐月下泄流量,通过与流域各级控制站实际下泄流量过程相对比,沿流域上游向下游的顺序逐级调试预设参数。利用SCEUA优化算法(洗牌复形演化算法),以综合需水满足度、最小需水满足度为加权目标函数进行参数优化,初步获得优化参数初值;然后以人工调参对模型参数反复调试验证,确保水量调度模型自身的可靠性、科学性,以及水量调度方案的合理性、可行性。

9.2.4 水量调度成果

1) 分配水量调度成果

《史灌河流域水量分配方案》现已批复,提出了史灌河的可分配水量、河道外水量分配方案及主要控制断面指标,史灌河流域地表水可分配水量是依据综合规划2030年工况条件下地下水、跨流域调水、其他水源供水量以及河道内生态环境用水量经合理配置确定的。在2030年规划工况无明确变化依据条件下,仍采用原工程规划成果。可分配水量水平年至2030年,分配对象为当地地表水。

表 9.2.10　涡河流域水量调度结果(下泄流量、下泄水量)

年型	断面	水量调度结果		水量分配方案指标	
		年度下泄水量/ 万 m³	满足下泄流量的月数/个	下泄水量*/ 万 m³	下泄流量/ (m³/s)
多年平均	叶集	81 500	12	81 500	0.6
	蒋家集	197 819	12	197 400	4.3
	陈村	258 120	12	225 100	4.92

续表

年型	断面	水量调度结果		水量分配方案指标	
		年度下泄水量/万 m³	满足下泄流量的月数/个	下泄水量*/万 m³	下泄流量/(m³/s)
50%	叶集	91 270	12	50 373	0.6
	蒋家集	166 019	12	138 355	4.3
	陈村	216 281	12	163 257	4.92
75%	叶集	17 571	12	17 200	0.6
	蒋家集	46 948	12	46 900	4.3
	陈村	63 906	12	63 400	4.92
90%	叶集	15 000	12	13 428	0.6
	蒋家集	40 807	12	40 752	4.3
	陈村	57 386	12	57 385	4.92
95%	叶集	14 898	12	11 100	0.6
	蒋家集	38 900	7	38 900	4.3
	陈村	54 496	7	53 400	4.92

注*:50%、90%年型最小下泄水量由线性插值获取。

2) 不同频率来水逐月分配

史灌河多年平均、50%、75%、90%及95%来水频率年份的月分配水量见表 9.2.11~表 9.2.15。

表 9.2.11　多年平均史灌河及各省月可分配水量　　　单位:亿 m³

月份	流域内			合计		
	史灌河流域	安徽省	河南省	史灌河流域	安徽省	河南省
1 月	0.16	0.10	0.06	0.16	0.10	0.06
2 月	0.17	0.10	0.07	0.20	0.13	0.07
3 月	0.22	0.12	0.10	0.29	0.17	0.12
4 月	0.75	0.25	0.50	1.19	0.59	0.60
5 月	1.78	0.55	1.23	2.41	1.03	1.38
6 月	2.17	0.69	1.48	4.41	2.42	1.99
7 月	1.41	0.48	0.93	3.01	1.72	1.29
8 月	1.36	0.46	0.90	2.64	1.45	1.19
9 月	0.39	0.19	0.20	0.65	0.39	0.26
10 月	0.21	0.08	0.13	0.27	0.14	0.13
11 月	0.21	0.12	0.09	0.21	0.12	0.09

续表

月份	流域内			合计		
	史灌河流域	安徽省	河南省	史灌河流域	安徽省	河南省
12 月	0.21	0.12	0.09	0.24	0.14	0.10
全年	9.04	3.26	5.78	15.68	8.40	7.28

表 9.2.12　50%来水频率史灌河及各省月可分配水量　　　　单位：亿 m³

月份	流域内			合计		
	史灌河流域	安徽省	河南省	史灌河流域	安徽省	河南省
1 月	0.17	0.10	0.07	0.17	0.10	0.07
2 月	0.18	0.10	0.08	0.22	0.13	0.09
3 月	0.21	0.11	0.10	0.27	0.15	0.12
4 月	0.65	0.16	0.49	1.20	0.58	0.62
5 月	2.05	0.59	1.46	3.76	1.93	1.83
6 月	1.67	0.62	1.05	3.44	2.00	1.44
7 月	1.60	0.48	1.12	2.86	1.47	1.39
8 月	1.32	0.42	0.90	2.33	1.21	1.12
9 月	0.41	0.19	0.22	0.59	0.35	0.24
10 月	0.27	0.14	0.13	0.32	0.19	0.13
11 月	0.20	0.11	0.09	0.21	0.12	0.09
12 月	0.20	0.11	0.09	0.22	0.12	0.10
全年	8.93	3.13	5.80	15.59	8.35	7.24

表 9.2.13　75%来水频率史灌河及各省月可分配水量　　　　单位：亿 m³

月份	流域内			合计		
	史灌河流域	安徽省	河南省	史灌河流域	安徽省	河南省
1 月	0.22	0.13	0.09	0.22	0.13	0.09
2 月	0.28	0.14	0.14	0.33	0.18	0.15
3 月	0.34	0.16	0.18	0.42	0.22	0.20
4 月	0.87	0.27	0.60	1.71	0.90	0.81
5 月	0.81	0.48	0.33	3.02	2.08	0.94
6 月	1.22	0.90	0.32	3.56	2.75	0.81
7 月	3.25	1.00	2.25	5.18	2.48	2.70
8 月	1.76	0.05	1.71	2.84	0.99	1.85
9 月	0.82	0.30	0.52	1.15	0.55	0.60
10 月	0.44	0.20	0.24	0.53	0.27	0.26

月份	流域内			合计		
	史灌河流域	安徽省	河南省	史灌河流域	安徽省	河南省
11 月	0.28	0.15	0.13	0.28	0.15	0.13
12 月	0.29	0.15	0.14	0.31	0.17	0.14
全年	10.58	3.93	6.65	19.55	10.87	8.68

表 9.2.14　90%来水频率史灌河及各省月可分配水量　　　　　单位：亿 m³

月份	流域内			合计		
	史灌河流域	安徽省	河南省	史灌河流域	安徽省	河南省
1 月	0.20	0.12	0.08	0.20	0.12	0.08
2 月	0.23	0.13	0.10	0.26	0.15	0.11
3 月	0.31	0.15	0.16	0.36	0.18	0.18
4 月	1.29	0.50	0.79	1.87	0.93	0.94
5 月	−0.15	−0.60	0.45	1.51	0.64	0.87
6 月	2.48	1.04	1.44	4.19	2.31	1.88
7 月	1.28	0.54	0.74	2.32	1.45	0.87
8 月	0.50	0.30	0.20	0.67	0.44	0.23
9 月	0.74	0.28	0.46	0.94	0.42	0.52
10 月	0.41	0.18	0.23	0.46	0.22	0.24
11 月	0.23	0.12	0.11	0.23	0.12	0.11
12 月	0.27	0.15	0.12	0.28	0.15	0.13
全年	7.79	2.91	4.88	13.29	7.13	6.16

表 9.2.15　95%来水频率史灌河及各省月可分配水量　　　　　单位：亿 m³

月份	流域内			合计		
	史灌河流域	安徽省	河南省	史灌河流域	安徽省	河南省
1 月	0.13	0.08	0.05	0.13	0.08	0.05
2 月	0.12	0.09	0.03	0.13	0.10	0.03
3 月	0.17	0.09	0.08	0.21	0.12	0.09
4 月	0.54	0.16	0.38	0.97	0.51	0.46
5 月	0.83	0.29	0.54	2.12	1.32	0.80
6 月	0.88	0.31	0.57	2.20	1.37	0.83
7 月	0.93	0.25	0.68	1.83	1.01	0.82
8 月	0.69	0.23	0.46	1.32	0.84	0.48
9 月	0.12	0.11	0.01	0.24	0.23	0.01

续表

月份	流域内			合计		
	史灌河流域	安徽省	河南省	史灌河流域	安徽省	河南省
10 月	0.09	0.09	0.00	0.12	0.12	0.00
11 月	0.12	0.09	0.03	0.12	0.09	0.03
12 月	0.09	0.00	0.00	0.10	0.10	0.00
全年	4.71	1.88	2.83	9.49	5.89	3.60

3) 控制断面指标细化

控制工程的下泄控制指标包括年下泄水量、最小下泄流量,均作为调度参考指标,不参与考核。根据"水量平衡原理"确定各控制工程的下泄水量指标。在考虑工程边界条件、区间来水、用水及退水的情况下,在水量调度模型中进行模拟,在年度可分配水量(年度取用水总量)、上下游考核断面下泄水量和最小下泄流量约束的前提下,针对各计算节点(即计算单元、水源工程等)的长系列来水过程和对应年份内的经济社会需求、河道内生态需求,进行长系列调算,提出年内各控制工程的下泄过程。史灌河多年平均、50%、75%、90%、95%来水频率,各控制工程的月下泄量情况见表 9.2.16~表 9.2.20。

表 9.2.16 史灌河水量调度主要控制工程多年平均月下泄量指标 单位:亿 m³

省份	控制工程	月份												全年	最小下泄流量/(m³/s)
		1	2	3	4	5	6	7	8	9	10	11	12		
安徽省	梅山水库坝下	0.26	0.31	0.33	0.34	3.17	3.75	1.87	1.55	0.56	0.17	0.15	0.12	12.58	4.82
	红石嘴(史河干流)	0.12	0.19	0.21	0.10	1.45	1.64	0.67	0.56	0.41	0.23	0.17	0.13	5.88	3.80
	沣史杭总干渠	0.00	0.03	0.05	0.34	0.49	1.73	1.23	0.99	0.20	0.06	0.00	0.01	5.13	0.03
	梅山南干渠	0.02	0.03	0.04	0.02	0.26	0.30	0.12	0.10	0.07	0.04	0.03	0.02	1.05	0.69
河南省	黎集(史河干流)	0.02	0.27	0.26	0.18	0.69	1.17	0.80	0.69	0.44	0.28	0.20	0.15	5.15	0.74
	鲇鱼山水库坝下	0.12	0.14	0.14	0.14	0.13	1.25	0.89	0.27	0.06	0.02	0.05	0.05	3.26	0.65
	引鲇入固	0.02	0.02	0.03	0.02	0.02	0.16	0.05	0.01	0.00	0.01	0.01	0.01	0.57	0.11
	马堽	0.14	0.51	0.40	0.27	0.36	2.10	1.11	0.72	0.15	0.08	0.10	0.10	6.04	3.02

表 9.2.17 史灌河水量调度主要控制工程 50% 来水频率月下泄量指标 单位:亿 m³

省份	控制工程	月份												全年	最小下泄流量/(m³/s)
		1	2	3	4	5	6	7	8	9	10	11	12		
安徽省	梅山水库坝下	0.25	0.25	0.26	0.29	3.70	3.08	3.65	1.58	0.65	0.23	0.16	0.18	14.28	6.24
	红石嘴(史河干流)	0.11	0.15	0.17	0.04	1.21	1.36	2.19	0.74	0.55	0.33	0.22	0.18	7.25	1.37
	沣史杭总干渠	0.00	0.02	0.04	0.41	1.34	1.38	0.99	0.79	0.16	0.05	0.00	0.01	5.19	0.02
	梅山南干渠	0.02	0.03	0.04	0.01	0.22	0.50	0.40	0.13	0.10	0.06	0.04	0.03	1.32	0.25

省份	控制工程	1	2	3	4	5	6	7	8	9	10	11	12	全年	最小下泄流量/(m³/s)
河南省	黎集(史河干流)	0.02	0.14	0.17	0.16	0.81	0.94	1.62	1.02	0.65	0.41	0.28	0.21	6.43	0.58
	鲇鱼山水库坝下	0.11	0.11	0.11	0.11	0.10	0.56	0.71	0.12	0.03	0.01	0.03	0.04	2.04	0.24
	引鲇入固	0.02	0.02	0.02	0.02	0.02	0.10	0.13	0.02	0.01	0.00	0.00	0.01	0.37	0.04
	马堽	0.08	0.15	0.20	0.20	0.52	0.61	1.30	0.33	0.13	0.06	0.06	0.07	3.71	2.12

表 9.2.18 史灌河水量调度主要控制工程 75% 来水频率月下泄量指标 单位:亿 m³

省份	控制工程	1	2	3	4	5	6	7	8	9	10	11	12	全年	最小下泄流量/(m³/s)
安徽省	梅山水库坝下	0.05	0.09	0.30	0.29	1.42	1.72	2.85	0.07	0.62	0.16	1.02	0.16	8.75	1.75
	红石嘴(史河干流)	0.00	0.01	0.03	0.01	0.03	0.04	0.54	0.08	0.09	0.04	0.06	0.00	0.93	0.01
	淠史杭总干渠	0.00	0.03	0.06	0.62	1.60	1.85	1.49	0.94	0.24	0.08	0.00	0.02	6.93	0.03
	梅山南干渠	0.00	0.00	0.00	0.01	0.00	0.01	0.10	0.01	0.02	0.01	0.01	0.00	0.17	0.00
河南省	黎集(史河干流)	0.02	0.02	0.04	0.04	0.05	0.02	0.53	0.25	0.15	0.05	0.11	0.07	1.35	0.70
	鲇鱼山水库坝下	0.03	0.03	0.03	0.04	0.03	0.05	0.09	0.05	0.07	0.03	0.03	0.03	0.51	1.01
	引鲇入固	0.00	0.00	0.00	0.01	0.01	0.01	0.02	0.01	0.01	0.00	0.01	0.00	0.08	0.18
	马堽	0.00	0.00	0.00	0.00	0.03	0.03	0.27	0.07	0.18	0.00	0.00	0.00	0.59	0.03

表 9.2.19 史灌河水量调度主要控制工程 90% 来水频率月下泄量指标 单位:亿 m³

省份	控制工程	1	2	3	4	5	6	7	8	9	10	11	12	全年	最小下泄流量/(m³/s)
安徽省	梅山水库坝下	0.05	0.29	0.62	0.57	0.42	1.90	0.83	0.08	0.16	0.20	0.17	0.14	5.43	1.75
	红石嘴(史河干流)	0.01	0.06	0.07	0.08	0.09	0.40	0.19	0.05	0.05	0.04	0.06	0.07	1.17	0.37
	淠史杭总干渠	0.00	0.02	0.04	0.43	1.24	1.28	0.91	0.14	0.15	0.05	0.00	0.01	4.27	0.02
	梅山南干渠	0.00	0.00	0.00	0.01	0.00	0.02	0.07	0.00	0.01	0.01	0.01	0.00	0.20	0.07
河南省	黎集(史河干流)	0.02	0.03	0.10	0.06	0.16	0.21	0.14	0.03	0.17	0.11	0.08	0.07	1.18	0.61
	鲇鱼山水库坝下	0.03	0.03	0.03	0.04	0.08	0.25	0.09	0.00	0.03	0.06	0.03	0.03	0.70	0.00
	引鲇入固	0.00	0.00	0.00	0.01	0.01	0.04	0.02	0.00	0.00	0.01	0.00	0.00	0.09	0.00
	马堽	0.00	0.00	0.00	0.03	0.03	0.05	0.03	0.02	0.00	0.00	0.00	0.01	0.19	0.03

表 9.2.20 史灌河水量调度主要控制工程 95% 来水频率月下泄量指标   单位：亿 m³

| 省份 | 控制工程 | 月份 | | | | | | | | | | | | 全年 | 最小下泄流量/(m³/s) |
		1	2	3	4	5	6	7	8	9	10	11	12		
安徽省	梅山水库坝下	0.05	0.05	0.24	0.92	1.17	1.88	2.43	0.82	0.19	0.55	0.05	0.01	8.36	0.39
	红石嘴(史河干流)	0.00	0.01	0.02	0.11	0.30	0.45	1.14	0.45	0.30	0.34	0.23	0.14	3.49	0.08
	淠史杭总干渠	0.00	0.02	0.03	0.36	1.03	1.06	0.76	0.61	0.12	0.04	0.00	0.01	4.04	0.02
	梅山南干渠	0.00	0.00	0.00	0.00	0.05	0.08	0.21	0.08	0.06	0.06	0.04	0.03	0.63	0.01
河南省	黎集(史河干流)	0.02	0.02	0.04	0.06	0.07	0.08	0.15	0.06	0.02	0.02	0.02	0.01	0.57	0.55
	鲇鱼山水库坝下	0.03	0.04	0.02	0.06	0.05	0.57	0.08	0.06	0.00	0.00	0.00	0.00	0.96	0.00
	引鲇入固	0.00	0.01	0.01	0.01	0.01	0.10	0.01	0.01	0.00	0.00	0.00	0.00	0.16	0.00
	马堽	0.00	0.01	0.01	0.01	0.02	0.86	0.37	0.05	0.00	0.00	0.00	0.00	1.32	0.00

9.3 水量调度计划编制示例

安徽省于 2022 年启动杭埠河、黄浒河水量调度计划编制工作,以促进两条河流的水量分配、调度方案的落地实施。在此以杭埠河 2023 年水量调度计划编制工作为例,说明江淮丘陵区年度水量调度计划编制工作基本流程、技术要求等。年度水量调度计划编制是以水量分配、调度方案为基础,在调度范围内,以调度期来水、需水预测分析为基础,结合水工程蓄水状态、调蓄能力等编制确定年度水量分配指标,进一步制定水工程和控制断面的月度调控方案。

杭埠河发源于岳西县主簿镇余畈村,跨安庆市、合肥市和六安市三市,流域面积 4 249 km²,多年平均降水量 1 000 mm,水资源总量 23.24 亿 m³,其中地表水资源量 21.91 亿 m³。杭埠河流域有龙河口水库和杭埠河灌区两处大型水利工程。龙河口水库控制面积 1 120 km²,总库容 9.03 亿 m³,兴利库容 4.65 亿 m³,建有落花冲引水口、梅岭进水闸、七门堰、牛角冲进水闸等附属控制工程。杭埠河灌区以龙河口水库为主要水源,总面积 1 854 km²、设计灌溉面积 155.1 万亩。

9.3.1 水情工情分析

1) 2023 年度来水预测分析

以多年平均来水量计算来水年型,依据《第三次安徽省水资源调查评价》1956—2016 系列评价成果,杭埠河流域多年平均来水量 21.91 亿 m³,相应年型约为 $P=40\%$、相应典型年定为 1982 年。根据来水预测结果,2023 年 1—4 季度龙河口水库及全流域天然径流量见表 9.3.1。

表 9.3.1　杭埠河流域 2023 年 1—4 季度预测来水量统计表　　　　单位：亿 m³

区域名称	一季度	二季度	三季度	四季度	全年期
龙河口水库	0.841	1.219	2.835	0.749	5.644
杭埠河流域	3.266	4.731	11.010	2.906	21.913

2）工情分析

杭埠河流域现有大型水库为龙河口水库，总库容 9.03 亿 m³。截至 2022 年 12 月 25 日 8 时，龙河口水库蓄水量 1.435 亿 m³，距正常蓄水位待蓄库容 3.726 亿 m³。杭埠河流域水资源系统概化图，如图 9.3.1 所示。

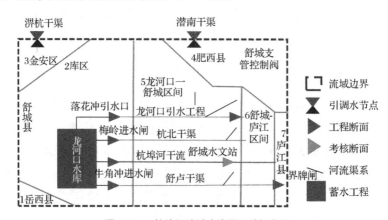

图 9.3.1　杭埠河流域水资源系统概化图

3）计划用水量

在制定年度水量调度计划时，需要首先请相关地方水行政主管部门、水工程管理单位报送供水、用水计划，经流域水量调度主管部门审查、校核后，编制流域各计算单元年度计划用水表。表中应该明确各计算单元逐月、各行业计划用水。2023 年杭埠河流域安庆、六安、合肥各地市计划用水量、来水量如表 9.3.2、表 9.3.3 所示。

表 9.3.2　杭埠河流域各单元计划用水量表　　　　单位：万 m³

地市	计算单元	行业	1月	2月	3月	4月	5月	6月	7月	8月	9月	10月	11月	12月	全年
安庆市	岳西县	农业	4	8	13	18	26	38	42	26	15	9	6	4	209
		工业	0	0	0	0	0	0	0	0	0	0	0	0	0
		生活	2	3	5	7	10	15	17	10	6	4	3	2	84
		生态	0	0	1	1	1	1	2	2	1	0	0	0	9

续表

地市	计算单元	行业	1月	2月	3月	4月	5月	6月	7月	8月	9月	10月	11月	12月	全年
安庆市	库区	农业	0	0	85	88	88	88	88	0	0	0	0	0	437
		工业	1	1	1	1	1	1	1	1	1	1	1	1	12
		生活	34	31	34	33	34	33	35	35	33	34	33	34	403
		生态	0	0	0	0	0	0	0	0	0	0	0	0	0
	金安区	农业	36	36	26	2 640	3 211	2 580	2 128	1 806	1 355	97	97	97	14 109
		工业	140	126	140	135	140	135	140	140	135	140	135	140	1646
		生活	124	112	124	120	124	120	124	124	120	124	120	124	1460
		生态	18	16	18	17	18	17	18	18	17	18	17	18	210
	龙河口-舒城区间	农业	42	42	30	3 080	3 745	3 009	2 481	2 106	1 581	113	113	113	16 455
		工业	163	147	163	158	163	158	163	163	158	163	158	163	1 920
		生活	145	131	145	140	145	140	145	145	140	145	140	145	1 706
		生态	21	19	21	20	21	20	21	21	20	21	20	21	246
	舒城-庐江区间	农业	167	167	167	2 251	2 701	2 176	1 802	1 501	1 127	6	6	6	12 077
		工业	61	55	61	59	61	59	61	61	59	61	59	61	718
		生活	142	129	142	137	142	137	142	142	137	142	137	142	1 671
		生态	0	0	0	0	0	0	0	0	0	0	0	0	0
合肥市	肥西县	农业	0	0	0	1 700	3 436	3 673	3 395	3 914	3 673	500	0	0	20 291
		工业	0	0	0	0	0	0	0	0	0	0	0	0	0
		生活	274	243	253	269	279	307	329	342	325	291	274	281	3 467
		生态	0	0	0	0	0	0	0	0	0	0	0	0	0
	庐江县	农业	53	11	160	853	427	320	533	384	192	171	16	80	3 200
		工业	0	0	0	0	0	0	0	0	0	0	0	0	0
		生活	42	42	42	42	42	42	42	42	42	42	42	42	504
		生态	0	0	0	0	0	0	0	0	0	0	0	0	0

表 9.3.3　杭埠河流域各单元来水量预测表　　　　　　单位:万 m³

地市	计算单元	1月	2月	3月	4月	5月	6月	7月	8月	9月	10月	11月	12月
安庆市	岳西县	109	219	851	670	436	602	1 932	1 492	549	80	701	268
六安市	库区	668	1 343	5 223	4 113	2 676	3 691	11 857	9 154	3 367	492	4 299	1 645
	金安区	630	1 267	4 927	3 879	2 524	3 482	11 184	8 634	3 176	464	4 055	1 552
	龙河口-舒城区间	412	827	3 218	2 534	1 648	2 274	7 305	5 639	2 074	303	2 648	1 013
	舒城-庐江区间	582	1 169	4 546	3 580	2 329	3 213	10 320	7 967	2 930	428	3 742	1 432
合肥市	肥西县	480	965	3 753	2 955	1 923	2 652	8 520	6 577	2 419	354	3 089	1 182
	庐江县	136	274	1 064	838	545	752	2 415	1 865	686	100	876	335

9.3.2 年度水量分配方案

根据《杭埠河流域水量调度方案(试行)》确定的流域各地市 2030 水平年水量分配指标,结合各地市水利(务)局上报水资源调度计划建议和淠史杭灌区管理总局上报工程运行计划建议,确定多年平均来水条件下杭埠河流域 2023 年度水量分配指标、控制工程供水量控制指标和控制断面最小下泄生态流量控制指标。

1) 退水及蓄变量

将杭埠河流域水资源配置网络以及来水、需水等数据导入 9.2 节所介绍的水量调度模型中,经多目标优化调度运算后得到各计算单元、各行业的逐月供水量,同时也能够得到退水量、各单元蓄变过程等,详见表 9.3.4、表 9.3.5。

表 9.3.4 杭埠河流域各计算单元各行业退水量统计　　　　单位:万 m³

地市	计算单元	行业	1月	2月	3月	4月	5月	6月	7月	8月	9月	10月	11月	12月	全年
安庆市	岳西县	农业	1	3	4	6	9	13	15	9	5	3	2	1	71
		工业	0	0	0	0	0	0	0	0	0	0	0	0	0
		生活	1	2	3	4	6	8	10	6	3	2	1	1	47
		生态	0	0	0	0	0	0	0	0	0	0	0	0	0
		小计	2	5	7	11	15	22	25	15	9	5	4	2	122
六安市	库区	农业	0	0	23	24	24	24	0	0	0	0	0	0	119
		工业	0	0	0	0	0	0	0	0	0	0	0	0	0
		生活	20	18	20	19	20	19	20	20	19	20	19	20	234
		生态	0	0	0	0	0	0	0	0	0	0	0	0	0
		小计	20	18	43	43	44	43	44	20	19	20	19	20	353
	金安区	农业	45	45	45	612	735	592	490	408	306	2	2	2	3 284
		工业	35	32	35	34	35	34	35	35	34	35	34	35	413
		生活	81	73	81	78	81	78	81	81	78	81	78	81	952
		生态	0	0	0	0	0	0	0	0	0	0	0	0	0
		小计	162	151	162	725	851	704	606	524	419	118	114	118	4 654
	龙河口-舒城区间	农业	10	10	9	716	873	702	579	491	369	26	26	26	3 837
		工业	82	74	82	79	82	79	82	82	79	82	79	82	964
		生活	71	64	71	68	71	68	71	71	68	71	68	71	833
		生态	2	2	2	2	2	2	2	2	2	2	2	2	24
		小计	165	150	164	866	1 028	851	733	646	518	181	176	181	5 659
	舒城-庐江区间	农业	0	0	0	595	1 203	1 285	1 188	1 370	1 285	175	0	0	7 101
		工业	0	0	0	0	0	0	0	0	0	0	0	0	0
		生活	156	139	144	153	159	175	188	195	185	166	156	160	1 976
		生态	0	0	0	0	0	0	0	0	0	0	0	0	0
		小计	156	139	144	748	1 362	14 60	1 376	1 565	1 471	341	156	160	9 078

续表

地市	计算单元	行业	1月	2月	3月	4月	5月	6月	7月	8月	9月	10月	11月	12月	全年
合肥市	肥西县	农业	11	11	11	835	1 018	818	675	573	430	31	31	31	4 475
		工业	95	86	95	92	95	92	95	95	92	95	92	95	1 119
		生活	82	75	82	80	82	80	82	82	80	82	80	82	969
		生态	3	3	3	3	3	3	3	3	3	3	3	3	36
		小计	192	174	191	1 010	1 199	993	855	753	604	211	206	211	6 599
	庐江县	农业	19	4	56	299	149	112	187	134	67	60	6	28	1 121
		工业	0	0	0	0	0	0	0	0	0	0	0	0	0
		生活	24	24	24	24	24	24	24	24	24	24	24	24	288
		生态	0	0	0	0	0	0	0	0	0	0	0	0	0
		小计	43	28	80	323	173	136	211	158	91	84	30	52	1 409

表 9.3.5　杭埠河流域各计算单元逐月蓄变量及下泄量统计　　　　　　　单位:万 m³

地市	计算单元	统计	1月	2月	3月	4月	5月	6月	7月	8月	9月	10月	11月	12月
安庆市	岳西县	期初	0	74	200	728	968	968	1 076	2 000	2 000	1 775	1 293	1 392
		期末	74	200	728	968	968	1 076	2 000	2 000	1 775	1 293	1 392	1 160
		下泄	32	86	312	415	415	461	972	1469	761	554	596	497
六安市	库区	期初	14 353	13 538	13 400	17 090	17 587	14 210	12 069	18 915	22 229	20 959	19 909	22 559
		期末	13 538	13 400	17 090	17 587	14 210	12 069	18 915	22 229	20 959	19 909	22 559	22 463
		下泄	1 098	1 087	1 386	1 426	1 152	979	1 534	1 802	1 699	1 614	1 829	1 821
	金安区	期初	0	237	677	2 723	2 948	3 017	3 915	5 000	5 000	4 768	2 578	3 280
		期末	237	677	2 723	2 948	3 017	3 915	5 000	5 000	4 768	2 578	3 280	2 378
		下泄	142	406	1 634	1 769	1 810	2 349	6 909	6 302	2 861	1 547	1 968	1 427
	龙河口-舒城区间	期初	0	753	1 338	2 970	3 000	3 000	3 000	3 000	3 000	3 000	2 443	3 000
		期末	753	1 338	2 970	3 000	3 000	3 000	3 000	3 000	3 000	2 443	3 000	2 900
		下泄	753	1 338	2 970	3 886	3 271	4 044	9 532	8 788	4 423	2 443	3 889	2 900
	舒城-庐江区间	期初	0	303	887	3 479	4 203	4 245	5 000	5 000	5 000	5 000	3 513	4 552
		期末	303	887	3 479	4 203	4 245	5 000	5 000	5 000	5 000	3 513	4 552	3 645
		下泄	303	887	3 479	4 203	4 245	5 087	17 281	14 579	6 264	3 513	4 552	3 645
合肥市	肥西县	期初	0	650	1 603	4 000	4 000	4 000	4 000	4 000	4 000	4 000	3 881	4 000
		期末	650	1 603	4 000	4 000	4 000	4 000	4 000	4 000	4 000	3 881	4 000	4 000
		下泄	650	1 603	5 388	6 778	5 717	7 954	22 195	19 780	8 538	3 881	8 110	4 969
	庐江县	期初	0	367	1 109	3 000	3 000	3 000	3 000	3 000	3 000	3 000	3 000	3 000
		期末	367	1 109	3 000	3 000	3 000	3 000	3 000	3 000	3 000	3 000	3 000	3 000
		下泄	367	1 109	4 438	7 043	5 966	8 480	24 246	21 377	9 081	3 852	8 957	5 234

2）年度水量分配指标

2023 年杭埠河流域河道外地表水分配水量总额为 8.070 亿 m³，其中安庆市 0.030 0 亿 m³、六安市 4.250 亿 m³、合肥市 3.790 亿 m³（含经界牌调出流域的 1.043 亿 m³ 水量）。各市河道外地表水分配水量详见表。

表 9.3.6 杭埠河流域 2023 年 1—4 季度地表水分配水量表 单位：亿 m³

地市		一季度	二季度	三季度	四季度	全年合计
安庆市		0.003 5	0.011 7	0.012 1	0.002 8	0.030 0
六安市		0.285 8	2.217	1.469	0.278 1	4.250
合肥市	流域内	0.112 0	1.139	1.321	0.173 9	2.746
	流域外	0.062 5	0.424 8	0.493 6	0.062 5	1.043
	小计	0.174 5	1.564	1.815	0.236 4	3.790
合计		0.463 8	3.793	3.296	0.517 3	8.070

3）控制工程供水量控制指标

2023 年度杭埠河流域梅岭进水闸、牛角冲进水闸、界牌闸供水控制量分别为 1.333 亿 m³、1.583 亿 m³、1.043 亿 m³。龙河口引水工程尚未投入使用，暂不涉及。

表 9.3.7 杭埠河流域 2023 年 1—4 季度控制工程供水量控制指标表 单位：亿 m³

工程名称	一季度	二季度	三季度	四季度	全年合计
梅岭进水闸	0.062 5	0.611 1	0.597 2	0.062 5	1.333
牛角冲进水闸	0.064 6	0.694 7	0.759 4	0.064 6	1.583
界牌闸	0.062 5	0.424 8	0.493 6	0.062 5	1.043

3）控制断面最小下泄生态流量控制指标

杭埠河流域生态考核断面为舒城断面，最小下泄生态流量指标为 1.51 m³/s。考核断面生态流量保障情况原则上按日均流量进行评价，日保证程度原则上应不小于 90%。

9.3.4 水量调度管理

1）调度过程管理

（1）断面监测计量

杭埠河流域的主要控制断面为舒城，由六安水文水资源局负责控制断面水量监测。杭埠河流域主要控制工程断面为梅岭进水闸、牛角冲进水闸、界牌闸、七门堰等,其中,界牌闸由淠史杭灌区管理总局负责水量调度监测,七门堰由舒城县水利局负责,其余断面由龙河口水库管理处负责。淠杭干渠、潜南干渠引水工程向流域内的输水量,由淠史杭灌区管理总局负责水量调度监测。

（2）控制断面与工程调度管理

省水利厅负责对舒城断面进行调度,六安、合肥两市负责组织协调调度并接受省水利厅的监督指导。淠史杭灌区管理总局负责组织界牌闸以及淠杭干渠、潜南干渠等水量调度,龙河口水库管理处负责执行梅岭进水闸、牛角冲进水闸水量调度,各市县水利(务)局负责沿河两岸取水口调度,上述工程调度均需接受省水利厅的监督指导。

（3）用水计划和用水指标管理

各市水利(务)局依据下达的年、季用水指标,负责辖区内各县/区、取用水单位的用水计划和用水指标管理工作。

2）数据报送

安庆、六安、合肥三市水行政主管部门应在每个季度末,提前10天向省水利厅上报杭埠河流域本季度水量调度计划执行情况、水量分配指标落实情况、主要用水户的取用水及舒城断面下泄情况;龙河口水库管理处、淠史杭灌区管理总局应在每个季度末,提前10天向省水利厅上报龙河口水库逐日蓄量和梅岭进水闸、牛角冲进水闸、界牌闸供水工程、淠杭干渠、潜南干渠供水量。

3）水量调度预警

（1）河道外用水调度预警

当梅岭进水闸、牛角冲进水闸、界牌闸以及沿河两岸重要的取水口取用水量达到年计划中批复季度分配水量指标的 $90\%\sim100\%$ 时,则视情启动蓝色预警,各引水工程和取水口要分析本年度余留期的用水情况,合理制定调度计划;或向相应管辖权限的水行政主管部门提出用水计划调整申请,待批准后方可继续取用水。

（2）生态流量调度预警

根据《杭埠河生态流量保障实施方案》,当舒城断面日均流量小于等于 $1.81\ \mathrm{m^3/s}$ 时,省水利厅发布蓝色预警;小于等于 $1.51\ \mathrm{m^3/s}$ 时,省水利厅发布橙色预警;小于等于 $1.21\ \mathrm{m^3/s}$ 时,省水利厅发布红色预警。当舒城控制断面启动橙色预警时,上游地区保证生活用水,控制农业用水,限制规模以上高耗水工业用水大户用水,加强水利工程优化调度,保障断面生态流量。当舒城控制断面启动红色预警时,上游地区保证生活用水,压减农业及工业用水。

（3）应急预警

根据龙河口水库承担的供水任务,当水库坝前水位低于 58.5 m 时,杭埠河流域启动应急调度模式,各控制断面和取水口的引水量、引水规模,均服从抗旱应急调度的要求。

9.4　水工程调度方案编制示例

在江淮丘陵边界附近存在较多人工湖泊、引调水工程等,其中位于蚌埠市的龙子湖以淮河为主要引水水源,是蚌埠市城市形象的重要组成部分,湖景区集风景怡人的自然风光、韵味无穷的人文景观为一体,可服务于蚌埠市水生态保护,以及周边滁州、淮南等地开展观光旅游的人工湖泊。随着城市的发展、规模的扩大、功能的增加和改善,龙子湖已从城市边缘逐渐变为城中重要的景观,本节以龙子湖补水调水工程为例,说明工程调度方案编制工作流程及重点等。

9.4.1　工作背景及必要性

龙子湖位于安徽省蚌埠市市区东南部,流域面积 140 km²,湖面南北长约 6.5 km、东西宽 1.0 km。龙子湖正常蓄水位 17.5 m,20 年一遇设计防洪水位为 19.0 m。龙子湖出口段分布有曹山闸、龙子湖站、龙子河站、郑家渡退补水涵、郑家渡闸及郑家渡站等多个建筑物,且龙子河站、龙子湖站排涝标准不足,存在郑家渡站出水箱涵淤积,排涝和灌溉效益难以发挥等问题。在蚌埠市水利局组织下,拟实施蚌埠市龙子河口综合枢纽建设工程,将区域内多个水利设施整合,以改善区域环境和提高区域排涝能力。考虑到待整合的水利设施中包括郑家渡排灌站,该站具有灌溉、自排、抽排等功能,工程应保留原郑家渡排灌站的补水灌溉功能,由于原郑家渡站之前补水灌溉方案未明确,不利于日常实际调度工作,因此需针对性编制龙子河口枢纽工程补水调度方案。

1）编制目的和意义

龙子湖流域内部地表水系为淮河支流,流域内地表水资源比较丰沛,但时空分布不均,区域内雨季和汛期均集中在汛期 5～9 月,期间内降雨量和地表水资源量占到全年总量的 50%～70%。流域内上游丘陵山丘区水资源条件相对较差,干旱年缺水问题显著存在,因此为加强龙子湖水生态保护,合理调配水资源,在龙子湖和淮河交汇口建设补水站,在枯水年向龙子湖补水是必要的,相应本次补水调度方案编制的目的在于：

（1）明确调度启补水位与补水控制水位，为日常龙子湖龙子河口枢纽工程补水调度工作提供依据。

（2）龙子湖岸线规划被定义为重点保护生态岸线，对其水生态的保护也提出了更高的要求，为更好地保护龙子湖水生态环境，明确其最低控制水位，保护有法可依是十分必要的。

（3）龙子河枢纽作为淮河补水工程，应根据相关法律规定办理相应取水许可手续，而根据明确后的补水调度方案确定典型年具体补水量数值，是完善项目取水许可证基础信息的必要前提。

2）水量调度权限与方式

龙子湖流域防洪、排涝、蓄水由蚌埠市防汛抗旱指挥部调度，由工程运行管理单位负责组织实施；补水由市政府指令或受益部门提出调度申请，蚌埠市防汛抗旱指挥部调度，工程运行管理单位负责实施，市政府或受益部门承担相关费用。龙子湖流域水量调度实行年度水量调度计划与月、旬水量补水调度方案和实时调度指令相结合的调度方式。

3）编制依据

依据《中华人民共和国水法》《关于蚌埠市方邱湖地区防洪除涝规划的意见》《蚌埠市龙子湖健康评估报告》《蚌埠市龙子河（湖）水量分配方案》《蚌埠市防汛抗旱指挥部办公室关于印发龙子湖控制运用办法的通知》等区域资料并结合蚌埠市龙子河口枢纽工程近年来实际取水调度工作，编制工程补水调度方案。

9.4.2　项目概况

1）龙子河枢纽工程

龙子河即龙子湖入淮河段（曹山闸以下），长约 2.0 km，主河槽河道底宽约 20～40 m，河底高程 9.5～13.5 m，两岸滩地宽窄不一，出口处滩地宽约 300 m，滩面高程 15～19 m。在 2 km 的河道范围建有 6 座防洪排涝控制工程，分别为：曹山闸、郑家渡防洪闸、龙子河排涝站、龙子湖排涝站、郑家渡站、老牛汪堤涵。（图 9.4.1）

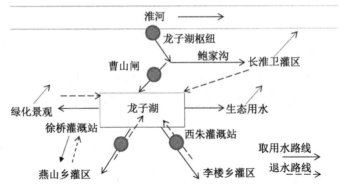

图 9.4.1 龙子河入淮河段现有水利工程布置示意图

(1) 所涉及主要工程简介

① 曹山闸

曹山闸(图 9.4.2)位于城市防洪圈堤上,兴建于 1955 年,2008 年进行了拆除重建,曹山闸的主要作用是防洪和排涝,兼具引水、蓄水功能。曹山闸为 3 孔穿堤箱涵,单孔净宽 4 m,闸底板高程为 13.5 m,设计流量采用 5 年一遇排涝流量为 70.0 m³/s,设计排涝水位外河采用 5 年一遇水位,设计排涝水位为内河侧 17.55 m,外河侧 17.70 m,可以防御淮河 100 年一遇洪水,防洪水位为 22.47 m。

图 9.4.2 曹山闸

② 郑家渡防洪闸

郑家渡防洪闸(图9.4.3)位于龙子湖入淮段中部,该闸建于 20 世纪 70 年代,为少筋混凝土结构,现状 2 孔 4.0 m×4.0 m。原设计主要作用是在郑家渡站向龙子湖补水时关闸节制,同时也有防洪功能,随着龙子湖泵站的建成,郑家渡站向龙子湖补水时关闸节制的功能由龙子湖泵站代替,郑家渡闸已基本没有使用功能。

图 9.4.3　郑家渡防洪闸

③ 龙子湖排涝站

龙子湖排涝站(图9.4.4)位于龙子湖入淮段河道上、郑家渡闸和曹山闸之间,龙子湖排涝泵站设计抽排流量为 40 m³/s,装机 3 165 kW;自排流量 70 m³/s,正常运行后,龙子湖的防洪能力达到 20 年一遇。

④ 龙子河排涝站

龙子河排涝站(图9.4.5)位于郑家渡闸北侧、防洪圈堤堤后,是一座城市排涝泵站,始建于 1958 年,1989 年改建,设计装机 1 360 kW,设计排涝能力 15 m³/s,2007 年在站南侧又新建子泵站 1 座,设计安装 310 kW 潜水轴流电泵,增加排涝能力 3 m³/s,共计抽排流量 18 m³/s。

图 9.4.4 龙子湖排涝站

图 9.4.5 龙子河排涝站

⑤ 郑家渡站

郑家渡站(图 9.4.6)位于龙子湖入淮河段右岸、方邱湖行洪堤内,总装机 785 kW,主要功能为从淮河向鲍家沟灌溉,还可兼排鲍家沟涝水,设计流量均为 8 m³/s,穿堤涵为 1 孔、尺寸 3.5 m×2.2 m,底板高程 9.37 m。

图 9.4.6　郑家渡站

⑥ 老牛汪堤涵

老牛汪堤涵(图 9.4.7)为 2 孔 2.5 m×2.5 m 钢筋混凝土箱涵,涵底高程为 14.0 m。主要作用是引补水和排涝,通过郑家渡站抽淮河水,经鲍家沟、老牛汪堤涵、龙子湖入淮段、曹山闸向龙子湖补水;排涝是利用该涵,引龙子湖涝水入鲍家沟,由长淮排涝站和郑家渡排涝站抽排入淮河。

(2) 原郑家渡排灌站概况

郑家渡排灌站始建于 1970 年,于 2002 年 3 月进行拆除重建,2003 年 11 月 11 日建成并发挥效益。该站排灌设计流量 8 m³/s,总装机 4 台套 900QZ - 70 A 潜水泵,总容量 740 kW,单机容量 185 kW,由一台 1 000 kVA 主变供电,可承担蚌埠市龙子湖区补水及长淮卫区域 4 万亩农田灌溉任务,至 2004 年 3 月 1 日由蚌埠市水利局直属机电排灌站接收管理。

图 9.4.7　老牛汪堤涵

（3）原郑家渡排灌站历年实际补水情况

郑家渡站至 2004 年移交蚌埠市水利局直属机电排灌站接收管理后，分别在 2004 年、2006 年、2007 年和 2022 年由淮河抽水向鲍家沟进行了补水灌溉，最大年调水量 189 万 m³，合计补水灌溉总水量 495 万 m³，各年实际补水时间及补水量详见表 9.4.1。

表 9.4.1　郑家渡排灌站多年灌溉补水统计表

时间	台时	水量/ 万 m³	电量/ 万 kWh	补水前龙子湖 水位/m	补水后龙子湖 水位/m
2004 年 7 月 2 日—8 月	153	122	2.7	—	—
2006 年 6 月 10 日—6 月 29 日	135	108	2.45	16.0	16.1
2007 年 6 月—12 月 8 日	237	189	4.38	—	—
2022 年 6 月 1 日—6 月 5 日	95	76	1.8	16.5	16.5
合计	620	495	11.33	—	—

（4）龙子河口枢纽工程建设规划

龙子河口综合枢纽布置工程是淮干蚌埠至浮山段行洪区调整和建设工程（蚌埠市境内项目）配套工程的一部分，位于蚌埠闸下 12.4 km 左右淮河与龙子河的交汇点，是蚌埠主城区与长淮卫临港开发区连接的纽带。工程主要任务为提高区域排涝能力,改善区域环境,优化龙子河出口段水工建筑物布局,主要工程内容为建设龙子河口封闭堤防,拆除郑家渡闸、郑家渡站,建设龙子河口枢纽泵站工程,建设集抽排与自排于一体,具有排涝和灌溉功能的综合枢纽,其中枢纽排涝功能主要解决龙子湖站、龙子河站和郑家渡站原排区内涝水,枢纽灌溉功能在满足原郑家渡站灌溉提水任务的同时,适时向龙子湖进行生态补水。

① 工程防洪标准

根据《淮河流域防洪规划报告》《蚌埠市城市总体规划(2012—2030 年)》等相关规划,龙子河口封闭堤防防洪标准为 100 年一遇。

② 工程排涝标准

根据《蚌埠市排水(雨水)防涝综合规划(2013—2030 年)》《蚌埠市方邱湖地区防洪除涝规划》等,该区域排涝标准为 30 年一遇最大 24 h 降雨,24 h 排至最高蓄涝水位。

③ 泵站工程级别

龙子河口综合枢纽布置工程位于龙子河河口,具有抽排、自排、灌溉等功能,设计抽排流量 80 m³/s,设计自排流量 80 m³/s,灌溉流量 8 m³/s。

排涝泵站等别为Ⅱ等大(2)型泵站,进水闸、前池、泵室、汇水箱等主要建筑物级别均为 2 级,次要建筑物级别为 3 级。灌溉泵站为Ⅳ等小(1)型泵站,灌溉前池、灌溉泵室等主要建筑物级别均为 4 级,次要建筑物级别为 5 级。

工程范围与灌溉、排涝面积:项目本体工程总面积 492.55 亩,永久征地 455.55 亩,临时占地 37 亩,主要占地类型为耕地、林地、水域及水利设施用地。

龙子河口枢纽工程依次由进水渠、进水控制闸(排湖拦污检修闸、排圩拦污检修闸及引水涵、排城拦污检修闸及引水涵)、前池及前池分隔墙、泵房(含自排流道)、压力水箱、穿堤箱涵及防洪闸首、出口防护段及出水渠、灌溉站、封闭堤、场区内外交通等附属工程等组成,工程特征水位见表 9.4.2。

表 9.4.2 龙子河口综合枢纽布置工程泵站特征水位表

特征水位			备注
排涝泵站设计流量	m³/s	80	
进水池水位	设计运行水位	m	16.70	调蓄区设计水位推算至站前的水位
	最高运行水位	m	17.50	最高内涝水位
	最低运行水位	m	16.50	正常蓄水位
	最高水位	m	19.00	龙子湖最高水位

特征水位				备注
出水池水位	设计水位	m	21.15	10年一遇主排期最高1 d平均水位
	最高运行水位	m	22.30	100年一遇洪水位
	最低运行水位	m	16.64	以每年6—8月水位高于16.5的数据作为统计样本,取出每年的最低水位,并计算最低水位的多年平均值
	防洪水位	m	22.80	100年一遇洪水位+0.5 m

2）地区概况

（1）区域基本情况

① 社会地理

蚌埠市地处淮河中游,辖怀远、五河、固镇三县,以及龙子湖、蚌山、禹会、淮上四个行政区,国家级蚌埠高新技术产业开发区和蚌埠经济开发区两个功能区。全市总面积 5 952 km²,2020 年 11 月人口普查全市人口 329.6 万,其中市区人口133.6 万人;市区面积约 960 km²,市区建成区面积约 140 km²。2020 年蚌埠市全年地区生产总值(GDP)约 2 083 亿元,第一产业增加值 255 亿元,第二产业增加值835 亿元,第三产业增加值 993 亿元,扣除三县 GDP 数据后,分析范围内蚌埠市区2020 年生产总值(GDP)约 1 062 亿元。

蚌埠市位于江淮丘陵与淮北平原交界处,淮河干流自西向东横贯市区,淮河以南为丘陵区,沿淮 2 km 范围内地势低洼,高程在 18～22 m 之间,现城市建成区大多位于低洼地;2 km 以外地势渐高,地面高程一般在 22～35 m。辖区内有锥子山、曹山、黑虎山等大小山头 20 余座,高程在 35～201 m,城市淮河以北部分属淮北平原,地形平坦,地面高程一般在 17～20 m。

② 水文气象

蚌埠市地处我国南北气候过渡带,气候特点是:四季分明、气候温和,夏热多雨,秋旱少雨,冬寒晴燥。暴雨天气系统主要是涡切变和台风,大多出现在 6～9月,期间降水量占全年降水量的 60%～80%,且降水量年际变化很大。根据历年资料统计分析,蚌埠站多年平均降雨量 945 mm,历史年最大降雨量为 1 565 mm(1965 年),最小降雨量 471.5 mm(1978 年)。

③ 河流水系与水利工程

蚌埠市境内有多条支流汇入淮河,自西向东主要包括天河、八里沟、席家沟、龙子河、鲍家沟、泥淮新河等。龙子河口枢纽工程区涉及水系主要为龙子河、鲍家沟。

龙子河为淮河干流蚌埠闸下右岸的一级支流,位于蚌埠市区东部,蚌埠中心片区和东片地区之间,其水源于东、西芦山,向北经曹山闸、郑家渡闸入淮河,河道长约 10 km。距出口 1.2 km 处建有郑家渡闸,距出口 2.0 km 处建有曹山闸。曹山闸以上至徐桥段水面开阔,为湖区。龙子湖集水面积 140 km²,流域形状如扇,辐射形的河岔伸向东、南、西三面,集高地来水于湖内。湖面南北长 6.5 km,宽约 1 km。在正常蓄水位 17.5 m 时,水面面积为 8.7 km²。

龙子河周围有曹山、雪华山和西芦山,有"三山夹一湖"之称,是蚌埠市构筑山水园林城市的重要组成部分,随着城市东向拓展,龙子湖已经成为城中湖,其周边地区成为蚌埠市最具发展潜力的区域之一。龙子河城区段长度约为 10 km,湖底宽约 1 000 m,湖水面积约为 8.7 km²,湖底高程约为 14.5 m,湖常水位 17.5 m,湖库容约为 1 800 万 m³。

鲍家沟位于蚌埠市东部、淮河南岸的方邱湖内,自西向东走向基本与淮河平行,为自然排水河道。历史上,鲍家沟全长 22.0 km(其中蚌埠市境内长 12.6 km,凤阳县境内长 9.4 km),由于蚌凤边界水事纠纷,在汪庙截断鲍家沟,以西的 47 km² 来水向西经长淮新河排入淮,以东涝水(含蚌埠汪庙河 22.3 km²)按原排水出路由凤阳境内东鲍家沟排入淮河。鲍家沟现状河道西起郑家渡站,东至汪庙,全长 12.74 km。流域内沿淮为平原洼地,面积 33 km²,地势平坦低洼,地面高程 16.5~19.0 m;南部为低山丘陵区,面积 14 km²,地形自南向北倾斜,一般高程 16.5~35 m。

（2）区域水资源状况

① 地表水资源量

蚌埠市多年平均降水量 890 mm。受季风的影响,降水量年内分配很不均衡,主要集中于汛期,汛期(6~9 月)约占全年降水量的 61%。降雨年际变化大,1991 年降水量达 1 627.8 mm,1978 年降水只有 475 mm,最大降水量是最小降水量的 3.43 倍。根据《蚌埠市水资源公报(2016—2020 年)》,蚌埠市 2016—2020 年降水量分别为 949.6 mm、1 166.1 mm、1 183.2 mm、597.8 mm、948.9 mm,其中 2020 年较多年平均降水量多 8.7%,属偏丰年份(见表 9.4.3)。

表 9.4.3 蚌埠市近五年降水量与多年平均降水量比较

年份	年降水量		与多年平均降水量比较/%
	mm	亿 m³	
2016	949.6	56.52	+8.7
2017	1 166.1	12.83	+31.0
2018	1 183.2	13.02	+32.9
2019	597.8	6.58	−32.8
2020	948.9	56.48	+8.7

根据第三次水资源调查评价数据以及蚌埠市水资源综合规划,蚌埠市区多年平均蒸发量为 846.4 mm,最大年蒸发量为 1992 年的 1 014.7 mm,最小年蒸发量为 2003 年的 666.0 mm,最大年蒸发量是最小年的 1.52 倍。汛期多年平均蒸发量为 497.7 mm,占多年平均蒸发总量的 58.8%,连续最大四个月蒸发量在 5～8 月份,蒸发量达 410.9 mm,约占多年平均蒸发总量的 48.5%。

根据第三次水资源调查评价数据以及蚌埠市水资源综合规划,蚌埠市区多年平均径流深均值 232.6 mm。频率为 20%、50%、75%、95% 的地表水资源量分别为 1.95 亿 m³、1.28 亿 m³、0.87 亿 m³、0.78 亿 m³。

② 地下水资源量

根据第三次水资源调查评价数据以及蚌埠市水资源综合规划,蚌埠市区多年平均平原区地下水总补给量为 0.780 亿 m³,其中,降雨入渗补给量、地表水体灌溉入渗补给量、井灌回归补给量、地表水体渗漏补给量分别占总补给量的 88.59%、5.13%、0.26%、6.15%。蚌埠市区多年平均平原区地下水总排泄量为 0.748 亿 m³,其中,潜水蒸发量、实际开采量、河道排泄量和越流补给量分别占总排泄量的 55.2%、13.8%、20.3% 和 10.7%。

蚌埠市区多年平均浅层地下水资源量为 0.9 亿 m³。以 P-Ⅲ 型曲线适线,设计年浅层地下水资源量,蚌埠市区频率为 20%、50%、75%、95% 的浅层地下水资源量分别为 1.08 亿 m³、0.82 亿 m³、0.62 亿 m³ 和 0.44 亿 m³。

蚌埠市区深层地下水资源广泛分布于淮河以北平原,以目前控制深度 150 m 以上而言,含水层为中细砂,粗砂及半胶结的砂层组成,厚度 5～15 m。在天然条件下,中深层、深层地下水循环交替十分缓慢,考虑越流补给、开采弹性释放和侧向补给等因素,蚌埠市区中深层地下水安全开采量为 0.132 亿 m³。

③ 水资源总量

蚌埠市区多年平均水资源总量 2.095 亿 m³,其中地表水水资源量 1.398 亿 m³,

地产水系数 0.371。蚌埠市区频率为 20％、50％、75％、95％的水资源总量分别为 2.72 亿 m³、1.96 亿 m³、1.46 亿 m³、0.93 亿 m³。

3）龙子湖概况

龙子河（湖）位于安徽省蚌埠市市区东南部，地理坐标在东经 117°21′～117°25′，北纬 32°52′～32°59′之间，流域面积 140 km²，其中建成区面积约 30 km²，龙子湖湖面南北长约 6.5 km，东西宽 1.0 km，水面面积 8.85 km²，龙子湖正常蓄水位 17.5 m，20 年一遇设计防洪水位为 19.0 m。龙子河（湖）源于湖西南岸附近的东、西芦山，多条山间河流汇集而下，形成龙子湖，经南北走向，至龙子湖北后，湖面狭窄，形成龙子河，最终注入淮河，湖面大致形状为扇形。龙子湖流域内多年平均地表水资源量约为 3 446.8 万 m³，其中经开区、蚌山区和龙子湖区计算水量分别为 1 114.1 万 m³、1 685.5 万 m³、647.3 万 m³（表 9.4.4）。

表 9.4.4　龙子湖流域地表水资源量计算成果表

分区		流域面积/km²	多年平均降雨量/万 m³	多年平均径流量/万 m³
蚌洪区间南岸		528	49 600	13 000
龙子湖流域		140	13 156	3 446.8
其中	经开区	45.25	4 252	1 114.1
	蚌山区	68.46	6 433	1 685.5
	龙子湖区	26.29	2 470	647.3

根据《蚌埠市水功能区划》，龙子湖划分为 1 个一级水功能区，即龙子湖蚌埠开发利用区，1 个二级水功能区，即龙子湖蚌埠景观娱乐用水区。龙子湖南以农业灌溉用水为主，龙子湖中部、北部以景观娱乐用水为主。近年来，随着相关管理部门联合治理，龙子湖水环境逐年改善，现状龙子湖水功能区代表断面龙子湖湖心大桥水质类别已能达到Ⅲ类，现状水质总体良好，能够满足水功能区水质目标要求。

4）蚌埠水文站基本情况

蚌埠水文站位于安徽省蚌埠市龙子湖区吴家渡，始建于 1913 年 5 月，地理位置为东经 117°22′09″，北纬 32°57′29″。水文站位于淮河干流中游段，集水面积 12.13 km²，距下游河口距离为 175 km，是淮河干流中游控制站，国家重要水文站，一类精度站。建站以来采用冻结基面，冻结基面与 85 基准比较差值为－0.212 m，测站保证水位 22.6 m，警戒水位 22.30 m。历史最高洪水位 22.18 m，发生于 1954 年 8 月 5 日。

测站现有测验项目有：降水、蒸发、水位、流量、悬移质泥沙、水质、墒情、气象辅助项目等。主要任务是防汛抗旱、水资源管理和水质监测，及时为蚌埠市各级领导及水行政主管部门提供水文情报和分析资料。其收集的水文资料是水利、城建、防洪规划的基本依据，为水资源评价、水环境监测、水土保持等提供技术服务，为防洪、饮水、生态安全担负着可靠的技术支撑。

9.4.3　可利用量分析

1）本次调水方案典型年的选取

因龙子湖流域无多年来水量统计资料，本次首先根据蚌埠市多年降雨量统计资料进行排频，确定相应典型年，蚌埠市灌溉年降水量经验频率统计见表 9.4.5。

表 9.4.5　蚌埠市灌溉年降水量经验频率成果（40%以上）

灌溉年	年降雨量/mm	经验频率/%	灌溉年	年降雨量/mm	经验频率/%
1965—1966	562.8	98.2	1957—1958	888.2	67.3
1977—1978	607.0	96.4	2008—2009	890.8	65.5
1998—1999	676.8	94.5	1964—1965	904.2	63.6
2000—2001	693.3	92.7	1950—1951	926.8	61.8
1966—1967	720.3	90.9	1985—1986	939.1	60.0
2003—2004	721.0	89.1	1976—1977	942.9	58.2
1975—1976	725.3	87.3	1987—1988	954.8	56.4
1991—1992	750.5	85.5	1970—1971	959.7	54.5
1952—1953	763.7	83.6	1978—1979	967.5	52.7
1980—1981	767.4	81.8	2004—2005	972.6	50.9
1993—1994	776.9	80.0	2007—2008	984.0	49.1
1973—1974	818.4	78.2	1989—1990	987.5	47.3
1960—1961	848.6	76.4	1972—1973	987.7	45.5
1994—1995	871.8	74.5	1969—1970	987.9	43.6
1958—1959	878.3	72.7	1999—2000	993.9	41.8
1996—1997	878.5	70.9	1954—1955	997.3	40.0
1956—1957	886.4	69.1			

据此确定本次论证 75%、90%、95% 典型年分别为 1994—1995、2003—2004、1998—1999 年，本次补水调度方案考虑到龙子湖水位保证的需要，根据 95% 枯水年及 1998—1999 年实际来水过程对龙子湖水量平衡进行分析。

2）典型年来水量的确定

考虑到本项目位于蚌埠市吴家渡水文站下游 3.4 km，距吴家渡站较近，因此典型年来水量直接根据吴家渡站灌溉年降水量确定,95%保证率下龙子湖流域灌溉年来水量计算成果见表9.4.6。

表 9.4.6 龙子湖流域 95%保证率来水量计算成果

年降水量/mm	流域面积/km²	年降水量/万 m³	径流系数	年来水量/万 m³
599.4	140	8 391.6	0.263 3	2 209

3)龙子湖流域用水量

根据现状调查,龙子湖用水户包括周边农田已批复用水量,河道内消耗用水量(湖内生物及下渗水量),河道外生态用水量(龙子湖沿岸景观市政用水量),水面蒸发用水四个部分,各环节用水量分析如下。

(1)农业用水量

龙子湖周边农业用水批复情况见表9.4.7。农业用水保证率一般为75%,在95%典型年虽然因区域干旱,农业用水量较75%保证率下用水量更高,但根据水资源管理要求,保证用水的计算仅考虑合法批复的水量,因此在95%枯水年,农业用水量仍按合法批复水量910万 m³/a进行计算。

表 9.4.7 龙子湖周边灌区批复用水量

分区	取水证批复用水量/(万 m³/a)
蚌山区燕山乡灌区	550
龙子湖长淮卫灌区	320
龙子湖李楼乡灌区	40
合计	910

(2)河道内消耗用水

湖泊蓄水阶段,会因湖内生物用水及下渗补给地下水,从而导致水量消耗,根据《蚌埠市龙子河(湖)水量分配方案》批复成果,龙子河(湖)道内消耗水量为554.2万 m³。

(3)景观需水量

在龙子湖周边种植了树木、花草,提升沿湖的环境和生活品质,为居民营造一个良好的生活环境,湖泊周边绿化面积6.8 km²。

$$景观需水量 \ W = A_{绿地} \cdot q \tag{9.4.1}$$

式中:$A_{绿地}$——湖泊周边需要浇洒的公共绿地的面积,取 6.8 km²;

q——绿化用水定额,依据《安徽省行业用水定额》(DB34/T 679—2019),取0.9 m³/(m² · a)。

经测算得到龙子湖周边景观绿化用水量为 612 万 m³。

（4）水面蒸发

根据《蚌埠市水资源综合规划（2010—2030 年）》分析，蚌埠市多年平均蒸发量为 846.4 mm，最大年蒸发量 1 014.7 mm，相应 95％枯水年蒸发量为 989 mm，根据龙子湖水面面积 8.85 km²，相应 95％年型蒸发量为 875.3 万 m³。

龙子湖 95％枯水年用水量统计见表 9.4.8。

表 9.4.8　论证范围内现状年用水量汇总表　　　　　　单位：万 m³/a

农业用水量	湖内用水量	湖外用水量	蒸发	合计
910	554.2	612	875.3	2951.5

4）龙子湖水文特征分析

根据《蚌埠市龙子河（湖）水量分配方案》《蚌埠市防汛抗旱指挥部办公室关于印发龙子湖控制运用办法的通知》等已批复成果分析，龙子湖相应水位控制标准如下：

正常蓄水位：龙子湖正常蓄水位控制在 17.50 m；

最低生态水位：最低生态水位为 16.0 m，一旦低于 16 m 开启郑家渡站向龙子湖补水。

景观控制水位：根据龙子湖景观设计要求，龙子湖水位宜控制在 17.0 m 以上；

图 9.4.8　龙子湖正常蓄水位控制下实景图

渔业用水水位:渔业用水水位在 16.5 m 以上为宜。

防汛控制水位:受淮河高水位顶托,且龙子湖水位达到龙子湖排涝站的设计起抽排水位(17.70 m),视汛情开启曹山闸,通过龙子湖排涝站抽排龙子湖涝水,干旱期及用水高峰期,经市防汛抗旱指挥部同意,龙子湖水位视情可适当抬高,不超过17.8 m。

表 9.4.9　龙子湖水位库容关系表

水位/m	库容/万 m³	现状水位控制节点说明
>17.8	>1 830	高于 17.8 m 时,执行防汛补水调度方案
17.8	1 830	最高控制水位
17.5	1 550	正常蓄水位
17	1 250	最低景观控制水位
16.5	850	最低渔业用水水位
16	500	现状批复龙子湖最低水位

9.4.4　调水方案比选

1)龙子河枢纽工程调水方案控制条件

(1)排涝控制水位

根据龙子湖防汛控制水位制定原则,干旱期及用水高峰期,经市防汛抗旱指挥部同意,龙子湖水位视情可适当抬高,不超过 17.8 m,因此本次 95% 枯水年排涝控制水位(库容最高限制水位)确定为 17.8 m,当水位达到 17.8 m 时启动龙子湖枢纽排涝站,进行排涝。

(2)补水控制水位

① 龙子湖最低补水水位:推荐取值在 16.5~16.8 m 区间。

② 补水上限水位:当龙子湖水位即将低于该最低补水水位时,开启龙子河枢纽进行补水,为避免补水次数过于频繁,多次开关机对枢纽运行的影响,每次枢纽开启后将淮河水调入龙子湖,将龙子湖水位补至 17~17.2 m 后方停止补水。

(3)补水量

龙子河枢纽取水量按照 8 m³/s 进行建设,日补水量 69 万 m³(按 24 h 计算)。

2)工程各补水调度方案下淮河补水量

根据相应控制水位要求,详见表 9.4.10。

表 9.4.10　龙子湖水位库容关系表

水位/m	库容/万 m³	现状水位控制节点说明
>17.8	>1 830	高于 17.8 m 时,执行防汛补水调度方案
17.8	1 830	日常最高控制水位
17.5	1 550	正常蓄水位
17.2	1 360	—
17.1	1 300	—
17	1 250	最低景观控制水位
16.5	850	最低渔业用水位
16	500	现状批复龙子湖最低水位,一旦低于此水位,开始淮河调水

根据近期龙子湖实际运行经验,现状确定的 16 m 最低调水水位较低,已与蚌埠市水生态保护要求有一定差距,从实际需要出发建议将最低调水水位控制指标提高。

根据实际需要,选择多方案比选,确定相应控制水位。启补水位按照 16.0～16.9 m,共 10 个数据在 95％枯水年下,进行实际取用水情况的日典型年调算。

(1) 补水后水位为 17.0 m 时

根据 95％枯水年日典型年降雨—径流—区域用水调算成果,相应控制水位典型年淮河补水量成果见表 9.4.11。

表 9.4.11　龙子湖水位调水水位对应淮河补水量(补水水位 17.0 m)

水位/m	库容/万 m³	补水量/万 m³		开机日期	备注
16.8	1 055	第一次补水	69	5 月 20 日	根据 16.8 m 调算表模拟预测,16.8 m 时已需要多次调水,同时 16.9 m 的调水起始水位也距 17.0 m 的调水终点水位距离较近,不利于实际操作,因此不再考虑高于 16.8 m 后的水位补水调度方案
			69	5 月 21 日	
			69	5 月 22 日	
		第二次补水	69	6 月 11 日	
			69	6 月 12 日	
			69	6 月 13 日	
			21	6 月 14 日	
		总计补水量 435			

续表

水位/ m	库容/ 万 m³	补水量/ 万 m³	开机 日期	备注
16.7	965	69	6 月 3 日	17.0 m 时推荐方案
		69	6 月 4 日	
		69	6 月 5 日	
		69	6 月 6 日	
		69	6 月 7 日	
		18	6 月 8 日	
		总计补水量 363		
16.6	880	69	6 月 9 日	
		69	6 月 10 日	
		69	6 月 11 日	
		69	6 月 12 日	
		69	6 月 13 日	
		69	6 月 14 日	
		24	6 月 15 日	
		总计补水量 438		
16.5	800	69	6 月 18 日	
		69	6 月 19 日	
		69	6 月 20 日	
		69	6 月 21 日	
		总计补水量 276		
16.4	720	无需补水		6 月 20 日出现汛前最低库容 766 万 m³,9 月 28 日出现全年最低库容 737 万 m³,均高于 16.4 m,可见当补水水位定为 16.4 m 或更低时,无需补水
16.3	650			
16.2	590			
16.1	540			
16.0	500			

根据上表可见,当补水后水位为 17.0 m 时,推荐补水调度方案为 16.7～17.0 m 该方案类比其他方案,在保护龙子湖水生态以及工程管理便捷性上最优。

(2) 补水后水位为 17.1 m 时

根据前文确定的最低启补水位 16.5 m,将其补水后水位确定为 17.1 m,相应控制水位典型年淮河补水量成果见表 9.4.12。

表 9.4.12　龙子湖水位调水水位对应淮河补水量（补水水位 17.1 m）

水位/ m	库容/ 万 m³	补水量/ 万 m³		开机 日期	备注
16.8	1 055	第一次 补水	69	5 月 20 日	起调水位定为 16.8 m 时，需要多次补水，不利于实际操作，因此不再考虑高于 16.8 m 后的水位补水调度方案
			69	5 月 21 日	
			69	5 月 22 日	
			47	5 月 23 日	
		第二次 补水	69	6 月 18 日	
			69	6 月 19 日	
			69	6 月 20 日	
			46	6 月 21 日	
		总计补水量 507			
16.7	965		69	6 月 3 日	17.1 m 时推荐方案
			69	6 月 4 日	
			69	6 月 5 日	
			69	6 月 6 日	
			69	6 月 7 日	
			68	6 月 8 日	
		总计补水量 413			
16.6	880		69	6 月 9 日	
			69	6 月 10 日	
			69	6 月 11 日	
			69	6 月 12 日	
			69	6 月 13 日	
			69	6 月 14 日	
			69	6 月 15 日	
			9	6 月 16 日	
		总计补水量 492			
16.5	800		69	6 月 18 日	6 月 22 日大雨，利用大雨可补水至 17.1 m 左右，不建议雨天继续补水
			69	6 月 19 日	
			69	6 月 20 日	
			69	6 月 21 日	
		总计补水量 276			

根据上表可见，当补水后水位为 17.1 m 时，推荐补水调度方案为 16.7～

17.1 m 该方案类比其他方案,在保护龙子湖水生态以及工程管理便捷性上最优。

（3）补水后水位为 17.2 m 时

当补水后水位确定为 17.2 m,相应控制水位典型年淮河补水量成果见表 9.4.13。

表 9.4.13　龙子湖水位调水水位对应淮河补水量(补水水位 17.2 m)

水位/ m	库容/ 万 m³	补水量/ 万 m³		开机 日期	备注
16.9	1 150	第一次 补水	69	2 月 8 日	起调水位定为 16.9 m 时,需要多次补水,不利于实际操作,因此不再考虑高于 16.9 m 后的水位补水调度方案
			69	2 月 9 日	
			69	2 月 10 日	
			9	2 月 11 日	
		第二次 补水	69	6 月 5 日	
			69	6 月 6 日	
			69	6 月 7 日	
			50	6 月 8 日	
		第三次 补水	69	9 月 25 日	
			69	9 月 26 日	
			69	9 月 27 日	
			53	9 月 28 日	
		总计补水量733			
16.8	1 055		69	5 月 20 日	17.2 m 时推荐方案
			69	5 月 21 日	
			69	5 月 22 日	
			69	5 月 23 日	
			44	5 月 24 日	
		总计补水量320			
16.7	965		69	6 月 3 日	
			69	6 月 4 日	
			69	6 月 5 日	
			69	6 月 6 日	
			69	6 月 7 日	
			69	6 月 8 日	
			69	6 月 9 日	
			20	6 月 10 日	
		总计补水量503			

水位/m	库容/万 m³	补水量/万 m³	开机日期	备注
16.6	880	69	6 月 9 日	
		69	6 月 10 日	
		69	6 月 11 日	
		69	6 月 12 日	
		69	6 月 13 日	
		69	6 月 14 日	
		69	6 月 15 日	
		69	6 月 16 日	
		总计补水量 552		
16.5	800	69	6 月 18 日	6 月 22 日大雨,利用大雨可补水至 17.1 m 左右,不建议雨天继续补水
		69	6 月 19 日	
		69	6 月 20 日	
		69	6 月 21 日	
		总计补水量 276		

根据上表可见,当补水后水位为 17.2 m 时,推荐补水调度方案为 16.8～17.2 m 该方案类比其他方案,在保护龙子湖水生态,降低调水工程投入中总体较好。

9.4.5　补水调度方案分析

根据前文分析及日调节计算成果表,本次推荐补水调度方案见表 9.4.14。

表 9.4.14　本次推荐补水控制水位及对应补水情况

方案	补水控制水位情况	淮河补水量/万 m³	补水天数	备注
1	16.7～17.0 m	363	6	
2	16.7～17.1 m	413	6	
3	16.8～17.2 m	320	5	推荐方案

根据上表分析成果可知,当补水水位确定在 16.8～17.2 m 时,不仅补水量最小,补水天数最低,同时也将龙子湖最低控制水位提升至 16.8 m,有效地保证了龙子湖景观及生态水位,因此最终推荐该补水方案。

参 考 文 献

[1] 张效武. 安徽省水资源开发利用布局分析研究[J]. 江淮水利科技,2019(3): 41-42.

[2] 李宝春. 基于因子分析法和熵权法的安徽省水资源承载力综合评价[J]. 现代农业科技,2023(16):142-145.

[3] 王向飞,时秀梅,孙旭. 水资源规划及利用[M]. 北京:中国华侨出版社,2020.

[4] 李原园,李云玲,李爱花. 全国水资源综合规划编制总体思路与技术路线[J]. 中国水利,2011(23):36-41,96.

[5] 万晓明. 水资源可持续利用标准体系研究[D]. 南京:河海大学,2005.

[6] 潘亚,马媛. 基于学习曲线的安徽省经济增长对水资源需求影响的研究[J]. 人民珠江,2023,44(4):29-38.

[7] 水利部. 水利部关于进一步加强水资源论证工作的意见[J]. 中华人民共和国水利部公报,2020(4):10-12.

[8] 安徽省人民政府. 安徽省取水许可和水资源费征收管理实施办法[J]. 安徽省人民政府公报,2008(15):18-23.

[9] 张志章,孙淑云,董四方,等. 《节水型社会评价标准(试行)》评价与完善建议[J]. 中国水利,2020(23):18-20,23.

[10] 徐佳. 安徽省江淮丘陵区管灌系统设计与分析[J]. 现代农业科技,2020(9): 178-179.

[11] 国务院. 国务院印发《水污染防治行动计划》[J]. 中国防汛抗旱,2015,25 (3):99.

[12] 水利部. 水利部河长办印发河湖健康评价指南(试行)[J]. 水电站机电技术, 2020,43(9):36.

[13] 李云,李春明,王晓刚等. 河湖健康评价指标体系的构建与思考[J]. 中国水利,2020,(20):4-7.

[14] 陈莺燕. 《河湖健康评价指南(试行)》实际应用与问题探讨[J]. 水利技术监督,2022,30(11):11-15.

[15] 张海涛，王亦宁. 进一步推进全国重要饮用水水源地安全保障达标建设的思考[J]. 中国水利，2018(9)：17 - 19，38.

[16] 彭才喜，邓志民. 新时代重要饮用水水源地安全保障评估思考[J]. 水利水电快报，2021，42(2)：50 - 53.

[17] 师洋，姜利兵，冯晨. 水源地安全保障达标建设评估指标体系浅议[J]. 水资源开发与管理，2015，13(4)：13 - 16.

[18] 陈琴. 河流型饮用水水源地安全保障机制研究[D]. 重庆：重庆大学，2020.

[19] 水利部. 水利部关于印发水资源调度管理办法的通知[J]. 中华人民共和国水利部公报，2021(4)：17 - 20.

[20] 程晓冰. 强化水资源统一调度 助力水利高质量发展[J]. 中国水利，2022(21)：23 - 24，36.

[21] 水利部. 水利部关于做好跨省江河流域水量调度管理工作的意见[J]. 中华人民共和国水利部公报，2018(3)：1 - 3.

[22] 黄军. 多目标条件下安徽省江淮分水岭重点流域水量分配方案研究[J]. 水利发展研究，2023，23(9)：49 - 55.

[23] 中华人民共和国国家质量监督检验检疫总局，中国国家标准化管理委员会. 建设项目水资源论证导则：GB/T 35580—2017[S]. 北京：中国标准出版社，2017.

[24] 中华人民共和国水利部. 火电建设项目水资源论证导则：SL 763—2018[S]. 北京：中国水利水电出版社，2018.

[25] 安徽省质量技术监督局. 安徽省行业用水定额：DB34/T 679—2019[S]. 2019.

[26] 水利部. 水利部关于开展规划和建设项目节水评价工作的指导意见[J]. 中华人民共和国水利部公报，2019(2)：10 - 11.